New Introduction to Cosmetology

최신 미용학개론

임은진 · 김은하 · 김현옥 · 박민선 · 안채리 · 김윤정

Gadam BOOK & DESIGN PLUS

머릿글

미용산업은 2009년 국가 경쟁력 강화 산업 중 하나로 선정 이후 지금에 이르기까지 빠른 성장세를 타고 확장되어 타 산업과의 융합복합을 이루기도 하고 단일 산업으로 고용계수를 높이면서 발전해왔습니다.

사회가 선진화 될수록 서비스 산업의 부가가치는 높아지고, 특히 미용 서비스는 화장품 및 뷰티 디바이스 등 제조업 기반의 뷰티 산업에도 영향력을 발휘하고 있다고 해도 과언이 아닙니다. 특히 한국의 미용서비스는 기술력에 있어서도 K-beauty 문화에 한 역할을 담당하였습니다.

미용학 개론은 미용학 분야의 입문서로 그동안 후세들을 양성하고 산업을 이해하는데 있어 미용학 개론의 훌륭한 저서들이 많이 활용되었습니다. 본 서는 미용 산업이 기초 분야와 세부 전공 분야로 분류하여 살펴보았으며, 미용학을 처음 접하는 학생들에게 미용 산업 전반의 이해를 넓히고 세부 전공을 결정하기 전 전반적인 산업을 이해하는데 도움이 되고자 노력하였습니다.

본 서를 집필함에 있어 앞선 선행 도서들이 많은 도움이 되었으며, 참고문헌 활용에 도움을 준 선행 문헌들의 집필진에게도 감사를 전하는 바입니다. 또한 본 서의 각 파트별 집필진으로 참여해준 공저 분들에게도 감사의 마음을 전합니다. 또한 본서의 부족한 부분을 너그러이 양해해주기를 부탁드리며 이후 출간되는 저서들을 통해 더 발전된 미용학 개론의 출간을 기대해봅니다.

2025년 3월 대표저자 임은진

최신 미용학개론
New Introduction to Cosmetology

[목차]

I. 미용의 개요

제1장. 미용과 미용학의 개념 14

제2장. 미용산업 개요 16

1. 미용 산업의 특성 16
2. 미용인의 자질과 태도 17

II. 미용학의 기초분야

제1장. 미용문화사 20

1. 미용의 기원 20
   1) 종교설 20
   2) 보호설 21
   3) 장식설 21
2. 서양에서의 미용 문화사 22
   1) 이집트 시대 22
   2) 그리스 시대 24
   3) 로마 시대 25
   4) 중세 시대 26
   5) 르네상스 시대 27
   6) 근세 28
   7) 근대 29
   8) 현대 30
3. 한국의 미용문화사 31
   1) 고조선 및 삼한시대 31
   2) 삼국시대 32

최신 미용학개론
New Introduction to Cosmetology

제2장. 인체생리학 41
1. 세포 41
1) 세포의 구성 41
2) 세포의 기능 43
2. 골격계 44
1) 골격계의 구성 44
2) 뼈의 기능 44
3) 뼈의 구조 45
4) 뼈의 분류 45
3. 근육계 48
1) 근육(musclc)의 기능 48
2) 근육의 분류 48
4. 신경계 52
1) 신경계의 기능 및 구성 52
2) 신경세포 : 뉴런(neuron) 53
5. 순환계 54
1) 혈액의 구성 54
2) 혈액의 기능 55
3) 심장 55
4) 혈관 56
6. 소화기계 58
1) 소화작용 58
2) 소화기 계통의 종류 59
7. 내분비계 62
1) 내분비선 62
2) 호르몬 62
8. 배설계 65
1) 신장의 구조와 기능 65
2) 소변의 생성과 배설 65
3) 남성 생식기 66
4) 여성생식기 67

최신 미용학개론
New Introduction to Cosmetology

제3장. 공중보건학 73
1. 공중 보건학의 정의와 범위 73
1) 공중 보건학의 정의 73
2) 공중 보건학의 범위 74
2. 건강과 질병 75
1) 건강과 건강증진 75
2) 질병과 질병 발생요인 76
3. 감염병 관리 78
1) 감염병 발생의 3대 요인 78
2) 전염병 생성과정 78
4. 법정 감염병 관리 81
1) 법정 감염병의 종류 81
2) 감염병의 신고와 보고 의무 82
3) 검역과 격리 82

제4장. 화장품학 85
1. 화장품의 개요 85
1) 화장품의 정의 85
2) 화장품의 요건 85
2. 화장품 성분 86
1) 수성 성분 86
2) 유성성분 86
3) 계면활성제 88
4) 점증제 89
5) 고급 지방산 90
6) 고급 알코올 90
7) 에스테르류 90
8) 실리콘류 90
9) 산화방지제 91
10) 색소 91
11) 방부제 91

최신 미용학개론
New Introduction to Cosmetology

12) 향료 92
13) 컨셉 원료 92
14) 기타 원료 92
3. 기초 화장품 93
1) 청정 및 세정 화장품 94
2) 피부 정돈 화장품 94
3) 보습 화장품 94
4) 보호 화장품 95
5) 영양공급 화장품 95
6) 기능 활성 화장품 96
4. 기능성 화장품 96
1) 미백 기능성 화장품 96
2) 주름개선 기능성 화장품 97
3) 자외선 차단 기능성 화장품 98
5. 바디 케어 화장품 100
6. 색조 화장품 101
1) 색조 화장품의 특성과 분류 101
7. 네일 에나멜 102
8. 모발 화장품 102
1) 모발 화장품의 특징 102
2) 모발 화장품의 품목 103

제5장. 색채학 108
1. 색의 분류 108
2. 색의 3 속성 108
3. 삼원색 111
4. 미용 색채학 111

제6장. 미용경영 112
1. 미용경영의 개념 112
2. 미용경영 환경의 특징 112

3. 미용경영 과정 113
1) 계획화 113
2) 조직화 113
3) 지휘화 113
4) 통제화 114
4. 미용경영 관리 114
1) 인적자원관리 114
2) 생산관리 115
3) 마케팅관리 115
4) 재무관리 116

Ⅲ. 미용업의 전공별 분야

제1장. 국가자격 종목별 분류 122
1. 미용사(일반) Hairdresser 122
1) 개요 122
2) 수행직무 122
3) 진로 및 전망 122
4) 취득방법 123
2. 이용사(일반) Hairdresser 123
1) 개요 123
2) 수행직무 123
3) 진로 및 전망 124
4) 취득방법 124
3. 미용사(피부) Esthetician 125
1) 개요 125
2) 수행직무 125
3) 진로 및 전망 125
4) 취득방법 125
4. 미용사(네일) Nail technician 126

1) 개요 126
2) 수행직무 126
3) 진로 및 전망 126
4) 취득방법 126
5. 미용사(메이크업) Make up Artist 127
1) 개요 127
2) 수행직무 127
3) 진로 및 전망 127
4) 취득방법 127

제2장. 미용 세부 전공분야 : 헤어미용 129
1. 헤어 미용 개요 129
1) 헤어스타일의 개념 129
2) 미용사의 개념 130
3) 헤어미용 시장의 변화 132
4) 헤어디자인의 요소 133
2. 모발학 136
1) 모발의 기능 136
2) 모발의 특성 136
3) 모발의 성분 139
4) 모발의 구조 140
5) 모발의 성장주기 143
6) 모발의 형상에 따른 분류 144
7) 탈모(alopecia) 145
3. 헤어미용의 주요분야 148
1) 헤어 커트 148
2) 헤어 커트의 기본형 150
3) 퍼머넌트 웨이브 155
4. 염색 161
1) 헤어 컬러의 개념 161
2) 염모제의 종류 162

3) 염모의 원리 164
4) 탈색 164
5) 색상에 따른 헤어컬러 165
6) 헤어 컬러에 따른 이미지 166
7) 헤어 컬러 시술 준비사항 167
5. 블로우 드라이 169
1) 블로우 드라이의 개념 169
2) 블로우 드라이 원리 169
3) 블로우 드라이의 요소 169
6. 두피 · 모발관리 170
1) 두피 · 모발관리 시장 170
2) 두피의 분류 172
3) 두피모발관리 과정 175

제3장. 미용 세부전공 분야 : 피부미용 188
1. 피부 미용 개요 188
1) 피부미용의 개념 188
2) 피부관리사의 개념 189
3) 피부미용 시장의 변화 190
2. 피부학 190
1) 피부의 정의 190
2) 피부의 구조 191
3) 피부의 생리적 작용 198
3. 피부미용의 기본 관리 분야 200
1) 피부분석과 고객카드 작성 200
2) 안면관리 203
3) 전신관리 206
4) 특수 피부 관리 206
5) 비만 관리 210
6) 발 관리 212
7) 림프 드레나쥐 215

8) 메디컬 에스테틱 217
9) 다양한 피부관리 요법 221
4. 피부미용 기기학 224
1) 피부미용에 적용되는 전류 224
2) 감응 전류 225
3) 초음파 226
4) 진공 흡입기 226
5. 제모(除毛)관리 228
1) 제모의 개념 228
2) 제모의 종류 228

제4장. 미용 세부전공 분야 : 메이크업미용 232
1. 메이크업의 개념 232
2. 메이크업의 목적 234
1) 미(美)를 위한 장식적 목적 234
2) 보호를 위한 실용적 목적 234
3) 종족 보호 및 주술적 목적 234
4) 표식의 목적 235
3. 메이크업의 요소 235
1) 통일감 235
2) 조화미 236
4. 메이크업의 분류 237
1) 뷰티 메이크업 237
2) 이미지 메이크업 237
3) 아트 메이크업 237
4) 응용 메이크업 238
5) 무대 분장 238
6) 특수 분장 239
7) 바디 페인팅 239
5. 뷰티 메이크업의 표현 240
1) 베이스 메이크업 240

최신 미용학개론
New Introduction to Cosmetology

2) 포인트 메이크업 241
3) 메이크업의 표현기법 242

제5장. 미용 세부전공 분야 : 네일미용 252
1. 네일 미용의 개요 252
1) 네일(nail)미용의 정의 252
2) 네일 미용의 기능 252
2. 네일미용의 역사 253
1) 외국 네일 미용의 변천사 253
2) 한국 네일 미용의 변천사 255
3. 네일 미용인의 역할 256
4. 네일의 구조학 257
1) 네일(손톱)의 특성 및 성장 257
2) 네일의 구조 257
3) 네일의 모양(shape) 260
5. 네일미용의 기구 및 재료 261
1) 기구 261
2) 재료 262

부록. 미용사 국가자격증 출제기준 271

I. 미용의 개요

제1장. 미용과 미용학의 개념

제2장. 미용 산업 개요

제1장. 미용과 미용학의 개념

인체를 아름답게 가꾸어 주는 미용은 의의 관련 법률인 공중위생법에서 다음과 같이 정의하고 있다. '미용 업이란 손님의 얼굴, 머리, 피부 등을 손질하여 손님의 외모를 아름답게 꾸미는 영업'으로 정의이라 하였다.(제2조 정의)

위의 정의에서 '미용은 외모를 아름답게 꾸미는 것'이란 법리적 정의를 살펴볼 수 있으며, 구체적으로는 아름답게 꾸미는 것에서 의복이나 의료적 행위를 가하지 않고 인체에 물리적, 화학적 영향과 기술을 통해 인체의 피부와 모발, 조갑 등의 용모를 아름답게 가꾸거나 개선시키는 것을 말한다.

미용의 세부 분야에 헤어미용, 피부미용, 메이크업미용, 네일미용을 중심으로 한 스파, 메디컬 스킨케어, 기타 미용을 포함하는 대체요법과 관련된 사업분야가 있으며 이는 아름답게 개선시켜주는 미용의 행위와 기술을 통합하는 개념을 모두 포함한다.

2000년대로 들어서면서 미용은 뷰티산업이라는 이름으로 조금 더 포괄적인 의미로 진화하였으며 뷰티 산업은 인체를 건강하고 아름답게 관리하기 위해 제공되는 서비스와 서비스 제공에 사용되는 화장품, 미용 용품, 미용 기기 등의 제조 · 생산 · 개발과 관련된 산업[1]으로 확대되었다. 또한 뷰티 산업은 인간의 미에 대한 심리 충족과 미적 표현을 통하여 타인과의 커뮤니케이션 욕구를 충족시켜 주기 위해 제공되는 유 · 무형의 상품을 생산하고 고객에게 판매하는 산업[2]이라는 관점 등이 그것이다.

이에 미용학이란 미용 또는 뷰티산업에 적용하고 기능하는 여러 학문적 토대와 기술, 복합적 기술과 제품의 제조와 관련된 융 · 복합 학문으로 인체를 아름답게 가꾸고 개선하기 위한 미용 분야에 대한 학문으로 여기에는 방법론적 미용 기술과 기술의 습득가지 포함된다고 할 수 있다. 이는 미용학과에서 전공기초교과목의 이론적 토대 위에 실기교육의 융 · 복합을 통한 실재론적 미용산업의 인재를 육성하고 있는 것과 부합된다.

---

1) 한국보건산업진흥원, 뷰티테마(산업)단지 지정방안(2011)
2) 보건산업진흥법(안)(2010)

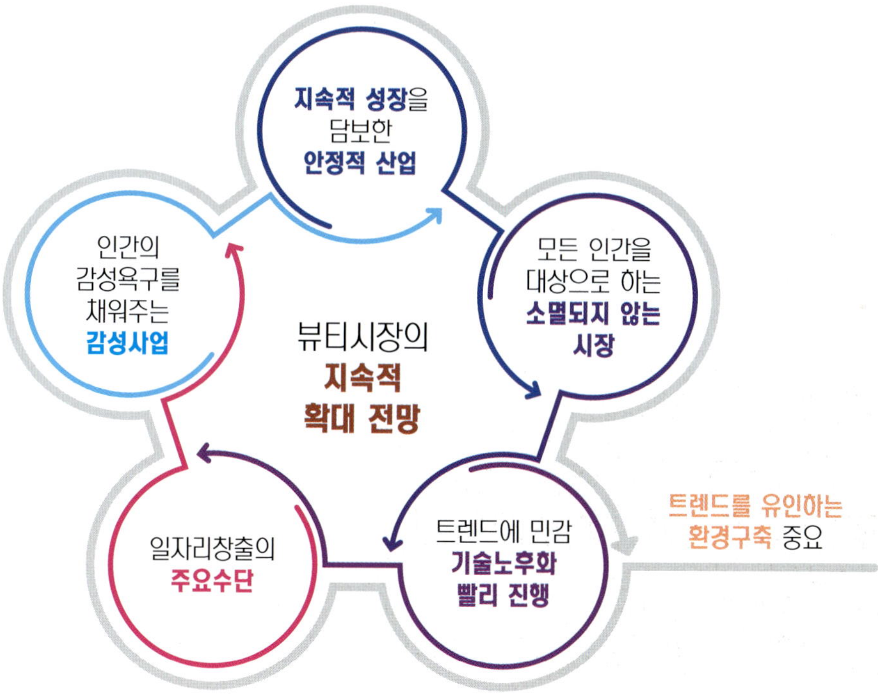

[그림 1-1] 현대 뷰티 산업의 특성

제2장. 미용산업 개요

1. 미용 분야의 진로 진출

미용 산업은 다양화되고 있으며 이에 따라 다음과 같은 진로 진출 방향이 있다.

[표 1-1] 미용인의 산업 직무분야

분 야	설 명
화장품 관련	회장품 회시 교육 강시 및 미용 시원, 판메시원, 콜센터 상담원, C/S 센터 직원, 영업 사원, 미용 홍보, 마케팅 분야 등
헤어미용	헤어 디자이너(헤어 스타일리스트), 헤어 강사, 두피관리사, 미용실 및 두피관리센터 경영자 등
피부미용	피부관리사, 각 분야 뷰티 테라피스트, 병의원의 메디컬 스킨케어 관리사, 체형 관리사, 피부미용 강사, 수기요법 강사 등
메이크업미용	메이크업 아티스트, 무대 · 영화 · TV 분장사, 패션쇼의 메이크업 담당자 등 네일 아티스트, 네일 소규모 창업, 네일 재료 유통, 네일 강사 등
네일미용	미용고등학교의 미용교사, 뷰티아카데미 및 전문학원의 미용 강사, 신문 · 잡지 · 뷰디에디터, 미용 산업체 경영 및 관리자 등
기타	미용고의 미용교사, 뷰티아카데미 및 전문학원의 미용 강사, 신문 · 잡지 · 미용 편집인, 자유 작가, 경영 및 관리자

2. 미용 산업의 특성

- 현대 미용 산업의 환경 특성상 미에 대한 욕구와 기대 수준은 결코 낮아질 수 없는 상향성을 추구하므로 향후 지속적 성장을 담보할 수 있다.
- 미용산업은 인간의 감성적 욕구를 채워주는 가치들과 관련된 대표적 감성 소비 산업이다.
- 미에 대한 욕구는 남녀불문, 세대 초월, 보편적 인간 본연의 욕구로 사회

발전에 따라 소멸되지 않고 더욱 확장된다.

- 미용 산업은 기본적 지식과 기술을 토대로 한 유행 민감성은 트렌드 창출이라는 공식 하에 언제나 지속적 혁신이 중요한 트렌드 산업이다.
- 뷰티 산업 중 뷰티제조업에 비하여 뷰티 서비스 분야는 상대적으로 인적 서비스에 기반한 산업에 해당하여 일자리 창출의 주요 방법이 되며 주로 청년, 여성층의 신규 고용 창출 효과가 높은 편이다.

3. 미용인의 자질과 태도

미용인으로서 필요한 자질과 태도는 다음과 같다.

- 서비스 마인드의 배양이 필요하다.
- 대인접객업의 특성상 고객을 좋아하고 사람 만나는 것을 즐거워 해야 한다.
- 평생 학습의 태도가 있어야 한다.
- 직원을 소중히 존중하는 자세가 필요하다.
- 새로운 트렌드와 변화에 적응하여야 한다.
- 한결같은 성실함과 부지런함이 몸에 배어야 한다.
- 신체적, 정서적 건강함이 있어야 한다.
- 직무에 대한 열정과 목표가 있어야 한다.

> 미용인은 손님을 맞이하고 손님에게 잘 어울리는 헤어 스타일과 메이크업, 피부 관리 서비스의 선택에 대한 조언을 할 수 있어야 하고 고객의 얼굴 형태와 헤어 스타일, 화장의 조화를 인지할 수 있는 능력과 모발, 피부의 질감 및 손상을 느낄 수 있는 감각을 발달시키고 유행을 선도해 나가기 위하여 정보를 신속하게 수집, 활용할 수 있어야 한다.

■ 단원문제

1. 다음 중 바람직한 미용인의 자질과 태도로 거리가 먼 것은?

① 서비스 마인드의 고양
② 고객에 대한 분류 및 응대 차별
③ 새로운 트렌드의 창출 및 변화에 적응
④ 신체적, 정서적 건강함

2. 다음 중 미용 분야의 진출 방향과 거리가 먼 것은?

① 화장품 회사 교육강사
② 미용실의 디자이너
③ 피부미용실의 관리사
④ 이벤트 기획자

■ 해답과 TIP

1. ② 2. ④

II. 미용학의 기초분야

제1장. 미용문화사

제2장. 인체생리학

제3장. 공중보건학

제4장. 화장품학

제5장. 색채학

제6장. 미용경영학

제1장. 미용문화사

1. 미용의 기원

아름다움을 위한 인류의 미용 문화의 역사는 선사시대 때부터 시작되었다. 미용은 인류 문명이 역사 시대로 접어들기 전부터 어디서나 사용 흔적을 발견할 수 있으며 인류의 역사 발전과 함께 급격한 발전과 분화를 거듭하고 있는 분야이다. 미용의 범주 안에서 화장품은 인간의 아름다워지고 싶어 하는 욕구와 욕망의 혼합체이며 화장품뿐만 아니라 아름다워지고 싶어 하는 여러 기술과 방법인 미용 기술과 함께 활용되므로 미용의 역사에서는 이들을 함께 살펴보아야 한다.

처음에 인간은 신체의 장점과 좋은 면은 돋보이게 하고 단점은 감추거나 고쳐 자신의 가장 좋은 모습만을 보여주려 하였다. 옛 시대에 겨울에 손이 트거나 갈리지는 것을 막고 건조함을 방지하고자 돼지기름 등의 동물 기름을 피부에 바르거나 건조 기후에서 사막의 모래바람을 막고 인체의 건강을 유지하기 위해 머리에 장식적인 모자나 터번을 두르고 통풍이 용이한 모자를 쓰는 것이 대표적이다.

신체를 돋보이게 하는 인류의 다양한 노력과 방법은 여러 가지 주장이 있으나 대표적인 학설로 지지받고 있는 것들은 다음과 같다.

1) 종교설

종교적 제의나 신께 주술적인 방법을 통해 의식을 행할 때 제사관이나 사제는 신체를 청결하게 하고, 향기나 나는 특별한 물질을 발라 다른 사람과 다른 향취로 신의 위엄과 엄숙함, 능력을 강조하고자 하였다. 또한 일반인과 구별되는 복장과 장신구, 도구를 사용함으로써 신께 다가갈 수 있는 특별한 능력을 과시하고자 하였다. 이는 신에게 정결한 마음과 육체를 통해 한걸음 더 다가가고자 하는 목적과 신에게 경배와 정성을 다해 원하는 것을 이루고자 하는 기원과 숭배를 나타내기 때문이다.

이러한 아름다움과 화장품에 대한 종교적 기원설은 세계 유수의 종교에서 사제나 복사, 스님이 입는 특별한 복식과 준비과정, 향료의 사용에서 볼 수 있으며 일부 민족의 신체에 대한 채색, 문신, 복식, 도구 사용 등의 사례를 통해 생생히 볼 수 있다.

2) 보호설

자신의 안전과 집단의 안전을 위해 외부의 위험으로부터 스스로를 보호하고자 신체를 치장하였던 것이 인간 자신의 아름다움을 장식하는 것으로 발전하였다는 학설이다. 이는 외부의 위험 요소가 사라진 후 장식성의 습관과 관습이 남아 이어진 것으로 볼 수 있다.

흔히 선사시대 이후의 인류가 전쟁이나 싸움 전에 부족 간의 문양을 채색하거나 문신하여 동질감을 높이고 아군과 적군을 식별하려 했으며 적에게 공포감을 주어 기선을 제압하고 승리의 심리적 이로움을 얻고자 했던 것이 대표적이다.

이러한 습관과 전통이 민족과 부족 간의 독특한 문양과 색채감을 발전시키고 문화적 자양분이 되어 계승 된 경우가 많으며 인도 여성의 헤나 문신과 우리나라의 연지, 곤지 전통 역시 문화적 관습으로 미의식의 전통을 이어가고 있는 예이다.

3) 장식설

특정 시기에 신체에 특정한 문양을 그리거나 문신, 시술을 하던 방식에서 상례적인 장식과 채색, 문신, 도구 등의 사용이 관습화되어 미와 화장품으로 발전했다는 학설이다.

이는 선사시대부터 인류가 자신의 부족, 종족, 계급, 집단 내 서열, 신분을 구별하고 특징지으며 자신만의 정체성을 표현하고자 한 것으로 각 시대와 나라마다 신분이나 계급별로 의상색, 장식 정도를 규제한 역사를 통해 알 수 있다. 특히 고대일수록 신분이 높은 사제와 왕, 귀족들은 남녀를 불문하고 화려한 의복과 장신구, 치장, 사치가 높았던 것을 살펴볼 때 일반 백성과 구별되고 구분되는 높은 과시성을 파악할 수 있으며 현대의 명품 소비도 이와 같은 욕망의 연장선상으로 해석할 수 있다.

2. 서양에서의 미용 문화사

서양에서의 미용과 화장품은 시대적, 역사적, 문화적 구분에 따라 이집트 시대, 고대 그리스 시대, 로마 시대, 중세 시대, 르네상스 시대, 근세 절대 왕정 시대, 근대, 현대의 시기로 정립해 볼 수 있다.

1) 이집트 시대

세계 4대 문명 중의 하나인 이집트는 메소포타미아 문명과 함께 서구 문화에 기원적 영향을 미친 문명으로 나일강의 규칙적인 범람과을 통해 생겨난 넓고 기름진 충적토에서의 농업 생산성과 나일강의 수운을 통한 통상과 교류, 지중해를 통한 해외 교역으로 인한 부유함이 낳은 토대이다.

이집트는 기름진 충적토의 영향으로 밀과 면화 등의 물산이 풍부하고 고대부터 풍요롭고 부유한 지역으로 알려져 강력한 파라오의 왕권과 독특한 종교관을 통해 거대한 피라미드와 신전, 스핑크스, 오벨리스크 등의 문화적 유산을 남겼다.

특히 피라미드에는 그 당시의 생활상과 문화상을 상형문자로 남겨 생생한 생활사 연구가 가능하게 하였고, 각종 벽화와 그림 등의 유물을 통해 이집트인들의 화려한 색채감과 다양한 장신구, 의상, 헤어 스타일, 미의식 등을 간접적으로 살펴 볼 수가 있다.

이집트에서는 건조하고 무더운 기온과 대기 환경으로 인해 안면 부위의 열을 식히고 통풍을 용이하게 하기 위한 가발과 헤어 스타일, 모자 등의 장신구가 애용되었다. 신분이 높을수록 가발의 높이를 높게 하고 인모 등을 이용해 장식성과 통풍이 유리하도록 디자인하여 사용하였으며 신분적 우월감을 과시하기 위해 왕족과 귀족, 사제 계급에서는 원색을 이용한 화려한 가발과 장신구, 보석 등을 이용한 부의 과시가 화려하게 어우러졌다.

더운 기온에 인체의 체온을 식히고 건강한 항상성 유지를 위해 강가의 진흙을 이용한 웨이브 가발도 흔히 사용 하였던 것으로 추정된다. 진흙을 모발에 발라 일정한 간격과 형태로 닿거나 막대나 나뭇가지 등의 도구를 이용해 태양열을 가해 형성된 웨이브가 퍼머넌트 웨이브의 원시적 기원이라 할 수 있다.

미이라를 만들고 풍부한 물산과 국가적 부유함을 살려 내세의 안녕과 행복을 빌었던 이집트인들은 강한 태양광으로부터 눈을 보호하기 위해 눈 주변에 검정이나 초록 등의 색채를 이용해 라인을 그려 강조하고 종교적 의미를 부여하였다.

특히 헤나를 이용한 다양한 색채 부여로 다양한 메이크업 효과를 표현하였으며 이집트의 마지막 왕인 클레오파트라 여왕으로 상징되는 다양한 미의식의 표현 및 각종 미용법은 이집트가 가진 문화적, 역사적 영향력을 반증하기도 한다.

클레오파트라 여왕은 동생과 공동 왕위에 올랐으나 국내 세력과의 세력 경쟁에서 동생에게 져 존폐 위기에 있다 로마의 카이사르와 연합해 이집트 앙권을 한 손에 거머쥐고, 카이사르와 연인 관계로 발전해 로마에 입성해 카이사르의 아들을 낳았으나 정식 결혼 관계가 아니어서 카이사르로부터 법적인 후계자 자리를 얻지 못하고 카이사르 사망 후 옥타비아누스와의 정쟁을 피해 다시 이집트로 돌아와 후일을 도모 하려 하였다.

이후 옥타비아누스와 대립하던 안토니우스와 연합하여 옥타비아누스와 대결하고 안토니우스와 연인이 되어 함께 로마의 내전에 참여했다 옥타비아누스에게 패해 자결하며 이집트 왕조는 멸망하여 로마의 속국으로 전락하게 된다. 옥타비아누스는 후에 초대 로마 황제가 되고 로마 제국 번영의 길과 초석을 놓는 황제로 역사상 기록된다.

클레오파트라는 이집트의 여왕이나 인종적으로 알렉산더 대왕의 이집트 정벌로 이집트 왕이 된 그리스계 선조를 둔 그리스인계로 키가 작고 영특하며 미모가 뛰어난 편은 아니나 매우 총기가 있고 지적인 매력을 풍기는 여성이었다고 한다. 파스칼리 표현한 '클레오파트라의 코가 조금만 낮았더라면 역사는 달라졌을 것이다'라는 표현은 후세인들이 로마 제국 최고의 권력자인 카이사르와 안토니우스를 모두 사로잡은 클레오파트라의 매력을 매우 뛰어난 이교도 여왕으로 해석하는 오류로 인해 생겨난 것이라 할 수 있다.

클레오파트라는 지금의 피부과학적 지식으로 평가할 때에도 매우 뛰어난 피부 관리 비법을 가지고 있어 진귀하고 향기로운 각종 식물 추출 에센셜 오일과 향료를 통해 신비하고 우아한 이미지로 연출 했으며, 목욕을 즐기고 우유로 목욕을 즐기고 당나귀 젖이나 낙타 젖을 발효시킨 젖산을 목욕제로 사용해 지금의 AHA가 주는 노화 각질 및 피부결 개선, 촉촉한 보습 유지, 피부 표피의 재생 기능 강화 등의 효과를 누렸다. 또한 각종 향료와 식물 추출물을 이용한 연고 및 유액을 제조해 피부 보호용 화장품과 해충 방지 및 자외선으로부터 피부를 보호하는 용도로 사용하기도 하였다.

클레오파트라의 미용법과 화장품 등은 당시 최고의 문명국이었던 로마에 전파되어 이방의 매력적인 여인이 로마 권력자를 어떻게 사로잡은 비법인지에 대한 관심으로 널리 유행하기도 하였다.

[그림 2-1] 이집트 시대 생활상을 담은 부조

2) 그리스 시대

그리스인들은 척박한 자연환경으로 인해 일직부터 해상 활동을 통해 지중해 각지에서 식민지를 건설하며 이민을 통한 도시국가를 형성하며 발전하였다. 주로 해상 무역을 통해 지중해 전역에 네트워크를 형성하는 문명으로 그리스 본토, 에게해 연안, 흑해 연안, 이탈리아의 시칠리아 및 해안 연안, 스페인 등지 등에 폭넓게 거주하였다. 알렉산더 대왕의 그리스 통일 후 페르시아 및 인도 북부와 오리엔트와 이집트, 북아프리카 등의 대제국을 건설한 뒤 동서양의 문화를 융합하여 그리스적 전통과 가치관이 대제국 안에서 다양하게 융합되어 활용되는 결과를 낳았다.

그리스인들은 미의식에서 조화와 균형을 통한 질서와 자연스러운 아름다움을 숭상 하였고 과도한 치장과 강한 색조를 통한 아름다움을 즐겨했던 이집트와 달리 여성의 짙은 색채 부여와 과도한 장식성을 멀리해 수수하고 자연스러운 뷰티 문화를 갖게 하였다.

이는 상대적으로 남성에 비해 여성의 지위가 매우 낮은 그리스의 가부장적 문화의 특징으로 보여진다. 헤어스타일은 부드럽고 물결치는 자연스러운 웨이브와 머리를 흘러내리지 않게 고정하는 머리망이나 머리띠 등의 소박한 헤어 장신구를 주로 하였고, 피부의 보습과 보호를 위해 그리스인 의사 갈렌이 만든 콜드크림을 처음으로 만든 문명이기도 하다.

그리스는 로마 제국에 멸망 후 그리스 로마 문명으로 복합되어 부리기도 하며 문학, 철학, 예술, 조각, 건축 등의 다양한 학문과 문화, 종교 등의 특성을 로마에 물려줘 서양 문화 공통의 문화적 기원이 되게 하였다.

그리스 여인들은 머리에 두른 얇고 하얀 베일로 우아한 드레이프성이 일품인 그리스식 의상과 맞춰 입었으며 히포크라테스는 질병 치료와 건강 증진을 위해 영양과 식이, 피부 건강을 위한 마사지 요법, 피부병 연구, 위생 연구 등의 연구를 통해 전인적인 건강법과 실재 활용법에 대한 연구를 주장하기도 하였다.

[그림 2-2] 밀로의 아프로디테 조각상

3) 로마 시대

로마는 그리스를 멸망시키고 카르타고도 멸망시켜 지중해 전체를 지배하는 절대 강자로 부상 하였다. 이후 카이사르의 갈리아 정벌과 브리타니아 정벌로 서유럽 문명의 경계선과 거의 일치하는 로마의 영토를 넓혔고, 이후 후계자인 옥타비아누스(아우구스투스 황제)에 의해 더욱 넓은 영토와 강력한 군대를 통해 서로마 제국이 멸망할 때까지 고대의 학문과 철학, 예술, 문화적 다양성이 공존하는 문명국가를 이룩하였다.

로마의 남성은 남아있는 조각과 그림을 통해 살펴보면 짧은 길이의 머리에 가벼운 웨이브를 넣은 형태를 하였고, 여성은 가발을 이용해 다양한 스타일을 연출하거나 머리를 땋고 각종 장신구를 통해 아름다움을 나타내었다.

특히 로마 시대 인들은 다른 민족과 다르게 유난히 목욕과 아로마 에센셜 오일, 향료를 이용한 마사지와 사우나를 즐긴 민족으로 황제는 로마 시민의 욕구에 부응하고 자신의 위엄과 민심을 얻기 위한 방책으로 대규모의 목욕탕을 지어 로마 시민에게 제공하였다.

[그림 2-3] 로마의 트레비 분수

로마인들은 상수도와 하수도 시설 및 분수, 목욕탕 시설을 많이 지었고 그리스 여성들과 다르게 로마의 여인들은 사치와 향락, 짙은 색채 화장, 염색 등을 통한 미모 가꾸기에 열과 성을 다하는 시대였다.

4) 중세 시대

중세 시대는 로마 제국이 멸망 후 로마의 멸망이 도덕적 타락과 사치로 인한 하느님의 징벌이라는 엄격한 기독교적 신앙 아래 금욕적 삶과 종교적 삶을 통해 구원받기를 희망하는 종교의 시대이기도 하다.

이를 계기로 고대의 자유분방하고 화려한 문양은 악으로 규정되고 목욕, 사우나, 마사지, 화장품, 화장 등의 요소는 전통이 단절되고 의상도 온 몸을 감싸 금욕적 삶을 위한 형태만 허용되었다. 개인의 위생과 청결을 위한 세정도 몰이해 되어 결국 개인위생과 도시의 환경 위생의 부족으로 흑사병과 같은 대 재앙을 만나 중세 유럽인구가 큰 폭으로 감소하고 '피리 부는 사나이'와 같은 전설이 생겨나게 되었다.

종교가 지배하던 중세 시대는 로마 시대에 비해 모든 문명의 퇴보가 진행되어 '암흑시대'라 일컬으며 특히 여성에 대한 무자비한 탄압이 자행되어 마녀 재판으로 인한 수많은 여성의 희생이 발생 하였고, 이단이라는 이유로 잔혹한 고문에 처해 억울하게 죽임을 당하는 사람이 많았다. 이러한 이유로 아름다움을 위한 화장과 장신구, 화장품 등은 발전할 수 없었고 향료와 허브 등의 활용도 퇴보하는 결과를 가져 왔다.

5) 르네상스 시대

종세의 마지막 시기에서 십자군 전쟁을 통한 동방과 이슬람 세계와의 조우 및 서로마 제국의 멸망 이후에도 굳건한 역사를 자랑하는 동로마제국(비잔틴 제국)과의 교류로 점차 앞선 동로마 제국은 로마제국적 유산과 전통, 앞선 기술과 과학, 의학 등을 통한 앞선 문명의 이슬람 문명과의 접촉에서 고대의 문학, 철학, 역사, 과학, 예술, 문화 등에 자각과 관심을 불러 일으켰다. 앞선 이슬람의 과학과 화학, 수학, 의학 등의 지식은 유럽에 대학의 설립 및 연금술을 기치로 내건 화학의 발전을 가져왔고 신 위주의 가치관에서 인간 중심의 가치관으로 전환되게 하는 사고의 계기를 불러 왔다.

이러한 인식과 가치의 변화는 동방과 무역을 통해 다양한 문물을 접하고 금융업을 통해 거대한 부를 쌓은 피렌체의 메디치 가문이 선도 하

[그림 2-4] 르네상스 시대의 조각과 회화

였다. 이탈리아의 피렌체에서는 '르네상스'라고 불리는 인간성 회복 및 문예부흥의 시기로 레오나르도 다빈치, 미켈란젤로, 라파엘로 등의 르네상스 시대의 3대 미술가를 탄생 시켰고 곧 바티칸을 중심으로 한 거대한 건축물의 건축과 알프스 이북으로의 다른 유럽 국가에도 널리 르네상스적 사회 현상이 전파되었다.

르네상스 시대에는 중세의 노출이 없고 불편한 의상과 헤어 스타일 대신 보다 자유롭고 편안힌 의상과 헤어 네트 및 진주가 박힌 상류층의 네트 등이 나타났다.

6) 근세

프랑스 부르봉 왕가와 영국의 엘리자베스 여왕 등의 강력한 왕권 수립이 가능해짐으로써 절대 왕정 국가가 유럽의 각국에 성립되며 궁정 문화 및 귀족 문화가 형성되어 유럽 국가에 많은 영향을 미쳤다.

주로 동방에서 수입된 값비싼 비단과 직물, 화려한 가발 및 장신구, 하얗고 장렬한 화장, 연회와 파티, 화려한 궁전 등이 이 시대의 특징으로 표현된다. 염색과 가발이 남녀 모두 필수적으로 애용되고 모자와 장신구, 하이힐 등이 사용되고 체취를 감추고 향긋한 향취를 부여하기 위한 향수가 유행 하였다.

사치스런 왕족과 귀족의 아름다움을 위해 향료, 화장품 제조 및 이 · 미용사가 매우 많이 필요하였고 전문 직종으로 부상 할 수 있는 계기가 되었다. 특히 루이 15세의 애인인 마담 퐁파두르는 아름다운 초상과 지적인 계몽사상과의 교류를 통해 프랑스 중정 문화를 유럽적 유행으로 증폭시켰고 1789년 프랑스 대혁명으로 절대 왕정이 프랑스에서 붕괴되기 전까지 사치와 향락은 계속 발전하였다.

[그림 2-5] 엘리자베스 여왕

[그림 2-6] 마담 퐁파두르 초상화(좌), 마리 앙뜨와네트 초상(우)

7) 근대

프랑스 대혁명 이후 산업 혁명을 통한 근대 시민 계급이 부르주아 계급으로 귀족을 대체한 주도 세력으로 성장하며 부침을 거듭하며 자본주의적 방향으로 발전한 시대이다. 나폴레옹 시대, 왕정복고 시대, 나폴레옹 3세 시대를 거쳐 다양한 역사적 부침에 따라 급격한 문화적 변화가 나타났고 1870년 대 이후 보불 전쟁, 이탈리아의 통일국가와 프로이센의 통일 국가의 성립으로 오늘날과 같은 민족 국가 단위의 국가가 성립 되었다.

근대는 제국주의의 팽창으로 식민지의 원자재와 시장의 확보로 서구 국가들이 부유하게 되어 급격한 부르주아 계급이 증대되고 자본 축적

[그림 2-7] 생베르나르 고개의 나폴레옹

이 진행 되었으나 노동자와 도시 빈민, 식민지 국가 국민들은 수탈과 가난, 탄압의 역사에서 신음하던 때이기도 하다.

근대에는 드레스의 치마폭이 몹시 넓은 크리놀린 스타일부터 엉덩이를 강조한 버슬 스타 등이 유행 하였고 프랑스의 겔랑이 근대적 화장품 회사 및 향수 회사로 출범하고 독일의 슈바츠코프사가 최초의 파우더 샴푸를 제조하여 현대적 화장품 산업의 기원을 마련한 시대이다.

8) 현대

20세기에는 제1차 세계대전과 제2차 세계 대전을 통해 여성의 참정권의 인정과 사회 참여 및 경제 활동의 욕구가 커진 시대이며 교육 및 의학, 교류의 증가로 글로벌 네트워크로 지리적 편차를 극복하는 과학 기술의 시대이기도 하다.

영화와 tv 등의 발달로 왕족과 귀족을 대체해 연예인이 유행의 선두주자가 되었고 미니 스커트, 판탈롱 팬츠, 히피 패션, 숏 커트 등의 스타일의 변신과 다양한 화장품의 제조 및 세분화가 발생 하였고, 미를 위한 산업이 화장품 산업, 피부미용 산업, 헤어미용 산업, 메이크업 산업, 네일아트 산업 등으로 분화되고 전문화되는 시기를 맞았다.

[그림 2-8] 현대의 패션 스타일

3. 한국의 미용문화사

우리나라에서의 아름다움을 향한 역사기록에는 단편적인 내용이 전해오며 종합적이고 체계적인 내용으로 발전한 것은 20세기에 들어서면서이다.

위에서 살펴본 것처럼 선사이대 이후로 진행된 메이크업의 유래를 살펴볼 때에 기원이 이처럼 유규하고 오래됨에도 불구하고, 현대적인 개념의 메이크업의 이론과 실재적 인력 배출이 제대로 정립되며 산업화를 이룬 시기는 매우 짧은 편에 속한다.

이는 현대 인류 문화에 큰 영향을 기친 서유럽의 역사에서 종교가 현실 생활에 강한 영향을 미치며 금욕적이고 이상적인 모습으로 인간을 통제 하였다.

특히 여성의 메이크업과 아름다움의 추구를 억압하며 제한을 두어 메이크업이 순수한 아름다움의 추구 수단이 아닌 종교의식에 필요한 치장 또는 치료행위의 일부로 전승 되었고, 서양의 장례의식에서 종교적 제의로 변질되어 사체(死體)를 보존하고 마지막 인사를 고하기 위한 장식으로 기능을 오래 지속하였기 때문이다.

1) 고조선 및 삼한시대

우리 민족의 시조인 단군 신화에서 호랑이와 곰이 먹은 쑥과 마늘은 약재 및 중요 약용 식물로써의 중요성을 나타내며, 이것을 먹으며 동굴에서 100일 동안 견디는 내용은 햇빛을 피해 피부가 하얗고 맑아지는 것을 숭상한 그 시대 민중의 모습을 반영한 것으로 보여진다.

이를 통해 우리 민족은 피부가 하얘지고 고와지는 것을 여성의 아름다움으로 숭상한 미의식을 가졌으며, 또한 그 시대에 쑥과 마늘이라는 약용식물의 중요성을 엿볼 수 있다.

이러한 민족적 미의식이 전승되어 우리 민족은 백옥같이 하얀 피부를 가진 사람을 신분이 높고 고귀한 사람이라 생각하고, 햇볕에 나가 일하지 않아도 되는 무노동계급의 귀인(貴人)이라 여기는 문화를 낳았다.

이는 중위도권의 동아시아권 자연환경에서 노동을 하지 않아도 일상생활을 충분히 영위할 수 있는 차별과 특권의식을 반영하는 중요한 차이점으로 작용하여 신분 및 경제력에 의한 신분적, 계급적, 계층적 차이를 만들기도 하였다.

즉, 하얀 피부색에 대한 동경은 신분적, 계층적, 경제적, 사회적 지배계급과 직결되는 표시이며, 고대로부터 오늘날까지 한국인이 흰색을 좋아하는 결과로 나타나는데 현재에도 미백 기능성 화장품에 대한 높은 선호도와 구매 열풍을 통해 확인할 수 있다.

우리나라 북부지역의 산악지대에서는 겨울철 피부가 갈라지고 거칠어지며 동상이 걸리는 것을 막고자 돈지(豚脂 : 돼지기름) 또는 돈고 (豚膏: 돼지기름 연고)를 이용해 겨울철 피부의 건강을 유지 하였다.

우리와 방계 혈통을 가진 북방 유목민인 말갈인들은 오줌으로 세수하였으며, 이는 우리 기록에도 오줌 세수를 통한 깨끗한 피부와 미백 효과를 위한 민간적 풍속과 일맥상통하는 공통적 문화라 할 수 있다.

우리나라 남부의 마한지역에서는 둥근 옥을 의복에 매달아 장식하고 머리를 묶어 상투를 트는 형태를 보였으며, 변한에서는 문신을 하기도 하였고 이러한 습속이 일본인을 낮춰 부르는 '왜인(倭人)과 같았다'라는 기록이 전해지기도 한다. 고조선 이후부터 우리민족은 음주가무를 즐기는 민족이며, 변관(辨冠 : 모자)을 쓰고 비단옷을 입었다고 전해지는 풍류의 민족임을 알 수 있었다.

> 우리나라에서는 고대 단국 신화에서 보여 지는 곰과 호랑이의 동굴에서의 쑥과 마늘 이야기에서 비롯되듯이 이를 지킨 곰은 피부가 하얗고 아름다운 여성으로 화하였으나 호랑이는 실패한 이야기를 통해 알 수 있듯이 미백을 아름다움의 제일의 요소로 꼽았다고 추측할 수 있다.
> 이러한 미의식에서 기원하여 고구려 고분 벽화에서는 일산을 드는 시종을 통해 그 당시 귀족들의 햇빛을 멀리하고 하얀 피부를 염원한 미의식을 유추해 볼 수 있다.

2) 삼국시대

고대국가의 체계와 역사를 갖기 시작한 고구려, 백제, 신라, 가야 등은 역사서를 통해 조금 더 많은 일면을 알 수 있는 시대이다.

(1) 고구려

고구려는 북방 수렵민족의 호방함과 대륙의 기상, 민족의 방파제 기능을 통한 용맹한 정신으로 인해 호방하고 스케일이 큰 미용 문화의 면모는 고분벽화에 잘 나타나 있다.

무용총의 수렵도에서는 호방한 수렵인의 말타기와 활솜씨, 의상 등을 보여주고, 평안남도 남포시 강서 수산리 벽화에 표현 된 귀부인의 모습을 보면 머리에 관을 쓰고 있으며 뺨과 입술이 붉은색으로 채색되어 있는데 이는 우리가 아는 연지라 할 수 있다.

쌍영총 벽화에서는 여인이 연지화장을 하고 있다. 강서 수산리벽화의 귀부인은 묘지명에 있어 동수의 처로 추정되는 귀부인이라 연지 화장이 당연이 가능하나, 쌍영총 벽화의 여인은 시녀로 추정되나 모두 연지 화장을 한 공통점으로 보아 그 당시에 이미 연지를 통한 화장이 여성의 지위 고하와 상관없이 일반적인 메이크업의 모습이라 할 수 있다.

고구려 고분벽화를 통해 나타난 여인의 헤어 스타일은 머리카락을 뒷머리부터 앞머리로 감아올려 끝 머리를 앞머리 가운데에 감아 꽂아 얹은머리, 뒤통수에 낮게 머리를 튼 쪽머리, 양쪽 귀 옆에 머리카락의 일부를 늘어뜨리는 푼기명머리, 뒷머리에 낮게 머리카락을 묶는 중발머리로 요약된다.

[그림 2-9] 수산리 벽화 귀부인

이러한 헤어스타일에 모두 깨끗한 옷 입기를 좋아하며 '삼국사기'에는 악공(樂工)과 무녀(舞女)가 이마에 연지로 화장한 사실이 전해지고 있다.

(2) 백제

일본의 옛 문헌인 '삼재도회 三才圖會'에 따르면 일본 사람들은 화장을 하지 않고 화장품도 만들 줄 몰랐으나 백제로부터 화장품의 제조 기술과 화장 기술을 익혀 비로소 화장을 하였다고 기록되어 있다.

이러한 기록에 근거할 시, 백제 사람들의 화장술과 화장품의 제조 기술은 왜에게 저수되고도 남을 만큼 매우 높은 수준이었을 것으로 추측되며, 남아있는 백제인의 기술에 따르면 백제 사람들은 머리카락을 길고 아름답게 가꾼 마한의 전통을 계승하여 남자는 상투를 틀었고, 여자의 경우 부인은 머리를 두 갈래로 땋아 틀어 올린 쪽머리를 하고, 처녀는 두 갈래로 땋아 늘어뜨린 댕기머리를 하였다. 백제 사람들은 두발형뿐만 아니라 옷치장과 화장 역시 신분에 따라 달리하였던 것으로 추측된다.

이러한 백제는 국가의 발전 과정에 고구려에서 갈라져 나온 부여인이라는 정체성을 명확히 한다. 또한 중국의 수, 당나라 및 중국 남조의 국가와 활발한 교역을 통해 국제 국가의 면모를 보인 나라이며, 중국 양나라의 '양서'에는 '백제인은 키가 크고 의복이 정갈하고 깨끗하다'라는 내용이 기록되어 있으며, 의복 및 헤어 스타일도 중국과의 교류와 백제만의 양식의 조화를 이루어 발전했

[그림 2-10] 무녕왕 금제관식

다고 볼 수 있다.

백제는 기록이 많지 않으나 그 당시 인구 구성비에서 신라보다 인구가 3배나 많은 것으로 추정되며 비옥한 평야 지대와 중국 남조와의 활발한 교류로 가장 수준 높은 문화 생활을 즐기고 미용 문화에서도 앞서나간 것으로 추정된다.

이는 무령왕릉의 발굴을 통해 백제 문화의 우수성과 세련미가 널리 알려졌으며 금을 이용한 장식품 등으로 후대에 전래되고 있다.

백제 사람들의 미용 문화에 대한 중국의 기록에서 '백제 사람들은 얼굴에 분은 바르나 연지 화장은 하지 않는다(施粉無朱-시분무주)'라고 하였다. 이외에도 중국의 '수서' 및 '주서 백제전'에서의 기록을 종합하여 살펴보면 '백제의 부인들은 분대화장을 하지 않으며 결혼 전에는머리를 길게 땋아 늘어뜨리거나 머리를 얹어 다니되 한 가닥을 내려 기혼녀와 구별하고, 결혼하면 머리를 두갈래로 나누어 머리 위에 얹고 다니는 것'으로 볼 수 있다.

이러한 문헌 기록은 그 당시 중국의 풍속과 달라 나타난 기록으로 백제 여인들은 그 당시의 중국 여인에 비해 짙은 연지 화장보다는 담백하고 하얀 피부 표현과 은은한 분위기의 화장을 하지 않으며 긴 머리를 선호했다는 것을 알 수 있다.

(3) 신라와 통일신라 시대

삼국을 통일하여 역사의 승자가 된 신라는 고구려와 백제에 비해 월등히 많은 미용 문화에 대한 기록이 전해진다. 신라 여인들은 가체(加髢 : 다리)를 사용하여 풍부한 헤어스타일을 선보였고, 금은주옥과 오색비단으로 꾸몄다고 한다.

중국의 기록인 '신당서'에서 '아름답게 머리카락을 휘감았으며 아름다운 주채로 장식하여 멋을 내고 남자는 머리를 잘라 팔고, 머리에 흑건을 썼으며, 머리카락은 여인네들이 시장에서 모두 사고 판다'로 나와 있어 가체와 가발을 이용한 미용 문화가 매우 융성했음을 알 수 있다.

우리나라 역사서인 '삼국사기'의 '신라본기'에도 당나라에 사신이 갈 때에 '과

하마(말), 우황, 인삼, 미발(美髮), 금은 등을 가지고 갔다'는 기록에도 나올 만큼 신라의 미발(아름다운 머리카락, 가발 및 가채)은 동아시아 교역에서 아주 중요한 교역품이자 신라의 대표적인 수출 상품이었다. 이는 그 당시 중국의 미발보다 뛰어났다는 것을 반증하며, 우리나라가 1960~1970년대의 가발산업의 발달과 기술을 통해 세계적인 가발 수출국으로 부상한 것을 볼 때, 매우 의미 있는 미용 산업의 전통이라 볼 수 있다.

통일 이후에는 머리를 빗어 높게 올린 스타일을 선호하였으며, 올림머리 및 쪽머리, 가체를 이용한 얹은 머리 등의 다양한 형태를 향유하였다.

신라인들은 아름다운 몸에 아름다운 정신이 깃든다는 생각을 가지고 남성인 화랑들도 국가적 중대 사안이나, 전쟁 등을 통한 중대 결단을 할 때 짙은 화장을 하였다. 이는 화랑의 목숨을 걸고 자신의 신념을 바치는 의식처럼 시행하였으며, 지금의 화장과는 다른 최고 엘리트의 권위 및 충효의 정신이 깃들어 있다.

신라인들은 쌀 등의 곡류를 곱게 빻은 가루나 희고 고운 조개껍데기의 분말, 분꽃 씨앗의 분말, 백토 및 활석을 등으로 백분을 만들어 얼굴에 바르고, 홍화에 기름을 섞어 붉은색 연지를 만들어 사용 하였으며 미묵을 통해 눈썹을 그리고 향료와 향낭을 통해 은은한 향기를 즐겼다.

그러나 백분은 피부에 밀착감과 부착성이 좋지 않아 얼굴의 잔털을 없애고 발라야 하는 특징이 있으며 나중에 여기에 납을 첨가한 연분(鉛粉)을 사용하여 피부 밀착감을 높였다.

신라에서는 이러한 연분의 제조 및 사용이 널리 알려진 것으로 보이며, 일본의 기록에 따르면 신라의 승려가 연분(鉛粉)을 692년(효소왕 1)에 일본에서 만들었으므로 상을 주었다는 기록이 전해지고 있다.

특히 신라 왕실의 불교 숭상 및 중국과의 교류를 통한 불교의 영향으로 몸을 정갈히 하고 목욕을 자주하며 향기로운 향을 피우거나 차를 마시는 생활 문화가 대중화 되었고, 향을 먹어 몸 자체에서 은은하고 향긋한 향이 나도록 하였다. 이러한는 향 문화가 불교제의 등의 종교의식 뿐만 아니라 신분에 따른 제약 없이 일반 백성들도 애용한 것으로 보여진다.

통일 이후 중국식 이름 및 관제로 모든 것이 중국화 되어 가며 여성의 의복 및 머리, 화장, 장식품 등도 중국화 되어 더욱 화려하고 사치스러워졌을 것으로 추측되며 이러한 영향은 민간에도 전파되어 대단히 융성한 미용 문화를 꽃 피웠을 것으로 추정된다.

이러한 신라인의 화장품 및 화장문화는 그 시대에는 보편적인 미용문화 및 화장품으로 사용되고, 삼국통일 이후에 안정된 정치력으로 널리 대중화 된 것으로 보여지며, 이후 우리나라의 근대화를 통한 산업화 이전까지도 이러한 화장법은 전승되어 왔다.

(4) 고려시대

고려시대는 짧은 시기의 후삼국 시대를 거쳐 견훤의 후백제를 제압하고 통일신라를 흡수하여 고려가 재통일국가를 이룩하며 시작되었다. 고려 왕건은 전국 각지의 지방 호주들과 혼인동맹을 맺어 정치적 안정을 꾀하였고, 이러한 특성에 기반하여 고려시대는 귀족적 세련미와 화려함이 특징이며, 호방하고 활발한 국제 무역을 통한 세계적 인지도를 획득하여 우리나라의 영어식 명칭인 '코리아'가 탄생 하였다.

이 시기에는 주로 벽란도를 통한 무역과 불교를 통한 통치 체제의 정비가 주를 이루었으며 문벌귀족적 사회로 족보가 가문별로 나타나며 성의식이 개방적이고 무역상인과의 국제 결혼도 잦아지며 미용문화도 화려해지고 탐미주의(耽美主義)적 특징이 농후한 시기이다.

송나라 사신 서긍(徐兢)이 저술한 '고려도경 高麗圖經'에 따르면 '남녀가 한 개울에서 함께 목욕 하기도 하고, 하루에 수 차례나 목욕하였다'고 하였으며 '남자는 결혼하면 머리를 올려 상투를 만들고, 여자는 신분에 상관없이 머리를 오른쪽 어깨에 드리우고 나머지는 늘여놓고 비단이나 비녀 등으로 추계를 드리웠다'고 하였다.

이후 원나라의 간섭기 이후에는 원의 복식과 미용문화가 유입되어 몽고식 스타일이 인기였으며 고려 시대의 미용법은 고려가 겪는 정치적으로 격변기와 중국과의 관계와 밀접한 영향을 받으며 나타나는 특징으로 볼 수 있다.

이외에도 '고려도경'에는 고려 여인들이 분은 바르되 연지를 자주 사용하지 않으며, 눈썹은 넓게 그리는 편이고, 검은 비단으로 만든 너울을 쓰며 비단으로 만든 향기 주머니를 차고 다니는데 이러한 향낭을 여러 개 차고 다닐수록 자랑스럽게 여겼다고 하였다.

이러한 고려도경의 기록을 통해 고려가 활발하고 개방적이며 국제적인 관계 속에서 미용 문화 및 화장문화가 발달하였어도, 통일신라 이후의 우리 민족 고유의 담담하고 은은한 화장문화가 지속되어 왔다는 것을 알 수 있다.

그러나 신분이 낮은 기생들에게서는 진한 색채화장을 한 분대화장(粉黛化粧)이 특징으로 나타나며, 이러한 분대 화장이 기생을 뜻하는 별칭으로 불리워 '분대'라는 말이 기생을 뜻하기도 하였다.

분대 화장은 피부 표현을 할 때에 백분을 많이 발라 본래의 피부색을 판별하지 못할 만큼 하얗게 표현하고, 눈썹은 인위적으로 가다듬고 미묵을 사용하여 가늘고 또렷하게 그려주고, 머리카락에는 윤이 날 만큼 기름을 듬뿍 발라 윤기 있게 표현하는 것이 특징으로 일반적인 은은하고 옅은 화장을 즐기는 민족 정서상 이러한 기생의 짙은 화장은 화류계 여성이나 하는 것으로 인식되었다.

분대 화장을 반기지 않은 이유에는 민족의 정서상 본질을 알아보기 어렵게 왜곡한 진한 피부표현과 눈썹, 연지 등의 형태 변화는 진실이 아니라는 생각으로 가식과 선정성의 대명사로 받아졌기 때문이며, 이후 우리나라에서는 진하거나 야한 화장을 한 여인들을 기생이나 분대로 부르며 하대하였고, 이러한 민족 정서는 고려와 조선시대를 거쳐 현대에도 이어졌다.

이러한 인식이 고착화 된 후에는 양반가의 여성과 일반 민가의 여인들은 평상시에는 화장하지 않고 결혼식이나 특별한 경우에만 은은한 화장을 하여 기생들의 천민과 스스로를 구별하려 노력하였다.

그리고 고려시대에는 국가적 생산품목에 화장도구인 빗과 거울이 포함되어 있어 그 시대의 화려한 화장과 미용문화의 발달 정도를 엿볼 수 있다.

(5) 조선시대

조선은 역성혁명을 통해 고려를 멸망시키고 새로 개창한 국가로 여러모로 고려와의 차별화를 통해 국자와 왕실의 정당성을 획득하려는 노력이 많았다.

조선은 건국 초기에 고려시대의 폐단인 문벌 귀족의 사치와 퇴폐풍조를 엄금 하였고, 불교를 탄압하여 사찰의 토지 및 재산을 몰수하고 유교를 내세우며 근검 · 절약의 사회 풍조로 일신하려 하였다.

이러한 정치적 필요성에 의해 민간의 사치스러운 옷차림과 장신구, 화장 등을 매우 엄격하게 제약하였고 일시에 이러한 기품을 걷어내지는 못하였으나 점차 일반 백성들의 풍속도 고려시대에 비하여 조금씩 소박하고 검소하게 변모하여 갔다.

이후 유교를 통한 의식 변화와 지배층의 강력한 의지로 민간의 여성들은 화장과 미용문화에 대한 향유를 즐길 수 없게 되었고, 신분적으로 여성 스스로도 유교적 이데올로기에 몰입하여 신분이 낮은 기생을 경시하고 하대하여 짙은 화장인 분대화장을 피하고자 하였다. 이러한 영향으로 조선시대의 여성들은 일생에 한번 혼인할 때에만 연지곤지를 통한 화장을 할 수 있었으며 의식이나 연회 등에서는 오히려 화려한 보여주기식 치장이 나타나기도 하였다.

조선 후기의 임진왜란과 병자호란을 통한 전란의 피해와 궁핍으로 침체되었다가 영정조 시기의 중흥기에 다시 꽃을 피워 화려한 가체와 장신구로 인한 폐해가 커지자 가체금지령을 내려 쪽진 머리나 화관, 족두리로 대신하도록 하였다. 그러나 가체 대신 사용한 화관과 족두리에 금 · 은 및 화려한 칠보, 주옥 등을 장식하니 역으로 사치가 더욱 심해지기도 하였다.

현대와 가장 가까운 근대국가였던 조선시대에는 기록과 문헌이 많이 남아 있어 다른 시대 보다 미용문화 및 화장품에 대한 내용을 많이 살펴볼 수 있는데 가장 대표적인 것이 조선후기의 안정복이 지은 한문소설인 '여용국전 女容國傳'이다. 이 소설은 여성용 화장품과 화장도구를 의인화(擬人化)하여 쓴 소설로, 여인의 얼굴을 한 나라로 표현하여 화장을 정치로 상징하여 정치적인 의견을 다양한 화장물품을 통해 비유하여 교훈을 주고 있다. 여기에는 거울, 족집게, 모시실, 수건, 경대, 세숫대야 등의 화장도구와 분, 연지, 머릿기름, 밀기름, 향, 미안수 등의 갖은 미용품과 20여 가지에 이르는 다양한 화장품 등이 나타나고 있다.

[그림 2-11] 신윤복의 미인도

이렇게 다양한 화장품과 화장도구들은 주로 방물장수들을 통해 가가호호 방문하며 팔았고, 숙종 때에는 이러한 방물장수 중 화장품 관련의 매분구(賣粉嫗)에 대한 기록이 있으며, 매분구는 화장품 및 미용물품을 주로 판매하는 여성이자 일종의 화류계 여성으로 기능한 것으로 나타나고 있다.

그리고 매분구에 의한 판매 외에도 민간의 수요가 크게 증대하여 서울의 시장에서도 분전(粉廛)이 있었으며 이는 오늘날의 종합 화장품 미용용품 전문 매장이라 할 수 있다.

또한 조선시대에도 고려시대처럼 화장품과 미용용품을 국가적으로 생산하였으며 이를 위해 거울과 빗을 만드는 경장 및 소장의 관장(官匠)이 존재하고 이외에도 분장(粉匠)과 향장(香匠)이 따로 있었다. 이 분장은 주로 왕실 및 궁궐, 관청에서 사용할 관급 분을 제조하였으며, 이후 조선 후기의 생산력 증대로 인한 경제적 수준의 증가로 관급이 아닌 민간에서 자체적으로 만들어 파는 수공예업자인 사장(私匠)이 나타났으나 서유럽의 근세와 근대와 같은 전문적인 화장품 및 미용품의 판매와는 다른 소박한 수준으로 나타났다.

(6) 개화기 및 일제 강점기

개화기에는 외국의 선교사를 통한 기록이 많은데 조선인이 불결하고 목욕을 자주 하지 않아 위생이 낙후되어 있고, 화장품 및 미용용품의 판매 및 유통이 매우 빈약하다고 기록되고 있다.

그리고 급한 개항에 따른 조선의 상황과 이질적인 신문물 및 제품의 유입으로 조선의 전통적 제품과 물품들은 시장에서 밀리기 시작하면서 명맥 유지가 어려워지는 상황에 직면하게 된다.

이후 일제 강점기를 거치며 서구 물품과 화장품 보다는 일본의 화장품과 미용 물품이 유입되며 우리나라는 일본식 개항과 문화적 접목 상황에 놓이게 되며 이를 통해 한국식 화장품과 문화는 저급한 수준으로 인식하게 되었다.

이 시기에는 크림, 백분, 비누, 향수 등이 유입 되어 큰 인기를 끌어 국내 제조업자의 분발을 이끌었다.

종로 포목점의 박승직이 만든 '박가분'은 우리나라 관허 1호의 화장품으로 인기를 얻자, 전국 각지에서 서가분, 장가분, 서울분, 설화분 등이 발매 되었고, 머릿결 관리를 위한 제품과 로션류에 해당하는 연부액, 금강액, 유액, 연향유 등도 함께 인기를 얻었다.

박가분을 만든 박승직은 오늘날 두산그룹 경영자의 선조로 한국의 화장품 산업에서 선구자적 역할을 하였으나, 인기상품인 박가분은 함유된 납으로 인한 독성과 폐해가 너무 커서 후에 관허가 취소되기도 하였다.

일본에 의한 조선의 침탈과 식민지 지배, 일제에 의한 전통의 말살, 식민사관의 영향으로 우리의 전통적인 화장문화 및 미용적 전통은 낡고 저급한 것으로 폄하되었다.

수입품으로 들어오는 신문물에 열광하는 국민 의식을 형성했으며, 서양식 문화가 물밀 듯이 유입되어 연지를 대신한 립스틱을 통한 진한 화장과 강렬한 향내와 퍼머머리를 통한 모던걸 스타일의 신여성이 시대의 아이콘으로 나타나기도 하였다.

(7) 현대

광복 이후 6.25 전쟁의 발발로 피폐해진 한국은 미국의 원조 및 주한미군을 통한 접대부의 등장과 함께 미국식 미의식이 우리나라에 널리 유포되었다.

개항기 및 식민지 시대와 미군 주둔을 통해 외세 및 수입품에 의한 열렬한 추종의식이 형성되며 지금까지 짙은 화장을 분대라 하대하던 의식에 일부 변화가 생기며 1960년에 이르러 한국에서 화장품 및 미용문화가 급격히 발전하게 된다.

방문판매를 통한 미용문화 및 화장문화가 전파되며 각 화장품 회사들이 광고와 홍보를 통해 생활 전반에 걸친 미의식의 발전으로 이어지며 다양한 품목의 세분화와 국제적 유행 흐름을 따라가게 되고 그중에서도 헐리우드 및 미국식 유행을 가감 없이 받아들이게 된다.

미군 부대의 PX를 통한 미국산 화장품의 시중 유통 및 선호도 증가, 방문판매를 통한 일대일 마케팅의 확대, 1980년대의 화장품 전문점의 전성시대를 거쳐 88올림픽 이후의 수입개방화로 국내 화장품 업계와 미용업계는 지각 변동을 겪은 후 현재는 아시아 최고의 뷰티문화를 발전시킨 강자로 군림하고 있다.

특히 한류의 전파 및 한국 대중문화의 경쟁력으로 이에 수반된 뷰티 문화 및 화장 문화 등은 앞으로의 발전 가능성을 더욱 높여주고 있다.

선사이대 이후로 진행된 메이크업의 유래를 살펴보면 기원이 이처럼 유구하고 오래되었음에도 불구하고, 현대적인 개념의 메이크업의 이론과 실재적 인력 배출이 제대로 정립되며 산업화를 이룬 시기는 매우 짧은 편에 속한다.

이는 현대 인류 문화에 큰 영향을 미친 서유럽의 역사에서 종교가 현실 생활에 강한 영향을 줌으로써 인간의 욕구와 욕망에 대한 억압적인 분위기 속에 여성이 몸을 꾸미고 치장하는 것에 제한을 두어 메이크업이 아름다움을 추구하는 수단이 아닌 종교의식에 필요한 치장 또는 치료행위의 일부로 전승 되었고, 서양의 장례의식에서 종교적 제의로 변질되어 사체(死體)를 보존하고 마지막 인사를 고하기 위한 장식으로 기능을 오래 지속하였기 때문이다.

이후 산업 혁명 및 제1, 2차 세계대전 이후 급변하는 사회 현상과 경제력의 발달, 미디어 및 대중문화의 발달을 통해 메이크업은 드디어 종교의 억압과 사회적 제한을 벗어나 대중 속으로 들어올 수 있었고, 현재는 인간이 추구하는 중요한 삶의 즐거움이자 필수적인 요소로 자리잡았다.

이러한 세계사적인 흐름 가운데 우리나라가 추구한 아름다움의 본질을 이해하고 우리나라 미용의 특수성과 발전 과정을 살펴보는 것은 문화 및 예술로서 미용을 이해하는데 도움이 될 것이다. 또한 최근 대한민국의 K-뷰티가 한류의 중심에 자리 잡고 한류스타들의 메이크업과 화장품에 대한 높은 관심으로 이어지면서 K-뷰티가 세계 뷰티산업의 유행을 이끌어 내고 있다는 점에서 K-뷰티만의 독자적인 상품성과 방향성을 제시하고 발전시키는데 도움이 될 것이다.

제2장. 인체생리학

1. 세포

1) 세포의 구성

세포는 모든 생명체의 기본적인 생명의 단위로 가장 단순한 생명체는 단세포로 구성되어 있으며 각각의 세포는 고도로 조직화된 단위이다. 세포 안에는 세포소기관이라고 하는 특수 구조가 있으며 이들은 특별한 기능들을 수행한다. 세포 내에는 핵을 포함하고 있는데 이들은 세포의 유전물질을 함유하는 세포소기관으로서 세포의 기능을 조절한다. 핵을 둘러싸고 있는 살아있는 물질을 세포질이라고 하며 여러 형태의 세포소기관을 포함하고 있다. 세포질은 세포막에 의해 둘러싸여 있다.

(1) 핵(Nucleus)

세포의 모든 활동을 조절하는 세포내 기관으로 유전물질인 DNA가 들어 있다. 핵 내부는 2겹의 막으로 둘러싸여 주변의 세포질과 분리된다.

◆ DNA(deoxyribonucleic acid)
DNA는 핵산의 일종으로 유전자의 본체를 이룬다.

(2) 세포질(Cytoplasm)

세포에서 핵과 세포벽, 그리고 세포 함유물 등을 제외한 부분을 세포질이라 한다. 영양물을 저장했다가 세포 성장과 재생에 필요할 때 제공한다.

(3) 세포막(Cell membrane)

단백질과 지질로 구성되어 있으며 세포와 세포 외부의 경계를 짓는 막으로 세포 내의 물질들을 보호하고 세포간 물질 이동을 조절한다.

① 리보솜(Ribosome)

리보솜은 단백질의 합성이 일어나는 세포소기관으로 세포질 내에서 유리된 상태로 존재하거나 소포체의 막에 결합된 형태로 존재한다.

② 미토콘드리아(Mitochondria)

미토콘드리아는 조직호흡을 하는 장소로 산화적 인산화에 의해 대부분의 ATP를 합성하는 중요한 장소이다. 많은 에너지를 필요로 하는 세포들은 적은 에너지를 필요로 하는 세포들보다 더 많은 미토콘드리아를 갖는다. 즉, 운동을 할 때 근육 세포 내의 미토콘드리아 수는 증가하며 근육의 수축을 위해 필요한 부가적인 ATP를 공급하게 된다.

◆ ATP(Adenosine triphosphate)
유기화합물로 아데노신3인산이라고도 한다. 세포내에서 일어나는 대부분의 화학반응에 필요한 중요 에너지원으로 ATP 한 분자가 가수분해를 통해 다량의 에너지를 방출하며 이는 생물활동에 사용된다.

③ 소포체

소포체는 바깥쪽 핵막에서 세포질로 뻗어 있는 막의 연속이다. 조면 소포체는 리보솜이 결합된 소포체로 많은 리보솜을 갖고 있다. 즉 세포내에 많은 양의 조면 소포체가 있다는 것은 단백질의 합성의 양을 의미한다. 반면 리보솜이 없는 소포체는 활면 소포체라고 하는데 활면 소포체는 세포에서 지질을 합성하는 곳이다.

④ 골지체

골지체는 휘어지고 막으로 둘러싸인 소낭들이 밀접하게 중첩된 더미로 구성되어 있으며 골지체는 물질들을 농축하고 변형하며 포장하는 역할을 한다. 즉 리보솜에서 합성된 단백질들은 소포체로부터 골지체로 이동된다.

⑤ 리소좀

리소좀은 골지체로부터 형성된 막에 둘러싸여 있는 장소이다. 이들은 세포질 내에서 소화계통의 기능을 하는 여러 종류의 효소들을 많이 함유하는데 이 효소들은 세포질 내에 들어온 물질들의 소화 및 분해하는 역할을 한다.

⑥ 섬모, 편모, 융모

가. 섬모 : 섬모는 세포 표면으로 사출하며 운동성이 있어 세포의 표면을 따라 물질을 이동시키는 기능을 한다. 섬모의 수는 세포마다 1개에서 수천

개까지 매우 다양하다.

나. 편모 : 섬모와 유사한 구조를 갖지만 훨씬 더 길며 편모의 수는 보통 하나의 세포에 1개만 존재한다.

다. 융모 : 세포막에서 원통형으로 돌출되어 있으나 운동성은 없으나 융모를 갖는 세포내에서 미세 융모의 수는 무수히 많으며 세포의 표면적을 증가시키는 기능을 한다.

2) 세포의 기능

(1) 물질의 이동

세포막은 어떤 물질은 통과시키고 어떤 물질은 통과시키지 않는 선택적 투과성(selective permeability)을 갖는다. 체내의 물질들은 수동수송이나 능동수송의 과정을 통해 세포막을 통과한다. 수동수송은 ATP에서 생기는 에너지를 필요로 하지 않지만, 능동수송 과정은 ATP로부터 생성된 에너지를 반드시 이용한다.

수동수송(passive transport)은 세포 내 대사에 의한 화학 에너지를 이용하지 않고, 세포내 · 외의 농도경사, 농도 차와 전위차의 균형에 의한 전기화학적 힘의 차이 또는 압력차로 일어나는 물질수송을 의미하며 확산(diffusion), 삼투(osmosis) 그리고 여과(filtration)가 있다.

세포내 · 외의 물질농도 경사 또는 전기화학적 힘의 농도와는 반대로 세포 밖에서 안으로 또는 세포 안에서 밖으로 물질을 수송하는 기구를 능동수송(active transport)이라고 한다. 능동수송은 에너지의 소모를 요하는 과정으로 ATP는 ADP와 인산염(P)으로 분해되며 에너지를 방출한다.

(2) 단백질 합성

세포의 활성은 효소에 의해 조절되며 DNA는 단백질의 합성을 조절한다.

(3) 세포분열

세포분열은 생식세포를 제외한 모든 조직 내에서 유사분열에 의해 가수분해효소를 함유하는 막 구조물로 이루어진다. 즉 유사분열은 성장 및 조직의 재생을 위해 새로운 세포를 만드는 과정이다. 이 기간 동안에 DNA가 복제되며 복제된 DNA가 2개의 세포로 분리된다.

(4) 분화

각 개체는 단일 세포인 수정란에서부터 시작하여 세포분열에 의해 인체를 구성하는 수십조의 세포를 만들어 낸다. 이러한 모든 세포들은 유사분열을 통해 형성되기 때문에 한 개체의 몸 안에 있는 모든 세포들은 동일한 DNA를 포함하게 된다. 분화는 세포가 특수한 구조 및 기능으로 발달하는 과정으로 DNA의 선택적 활성화 또는 비활성화에 기인한다.

2. 골격계

1) 골격계의 구성

인체의 골격은 206개 정도의 뼈가 이어져 있고, 우리 몸은 크게 나누어 머리부문, 몸통, 그리고 사지로 이루어져 있다. 뼈는 근육이나 인대의 부착부가 될 뿐만 아니라 여러 개의 뼈가 모여 빈자리를 마련하여 그 속에 장기를 보호해 준다.

연골은 특수한 형태의 결합조직으로 인체의 접힘, 장력, 압력을 견딜 수 있게 해준다. 관절은 두 개 이상의 뼈가 합쳐져서 이루어진다. 관절이 없으면 뼈가 움직일 수 없으며, 관절이 움직일 수 있는 것은 인대가 있기 때문이다. 띠 모양으로 생긴 인대는 뼈와 뼈를 연결하는 반면, 힘줄은 근육과 뼈를 연결한다. 두개골의 관절은 봉합과 턱관절이 있으며, 봉합은 머리뼈 사이, 턱관절은 측두골과 하악골의 관절을 의미한다.

뼈는 우리의 인체 중에서 치아를 제외하면 가장 단단하다. 뼈는 서로 견고하게 연결된 섬유조직으로 구성되어 있으며 약 3분의 1은 유기물질, 3분의 2는 무기물질로 구성되어 있다.

2) 뼈의 기능

지지기능, 지렛대작용 기능, 내부장기 보호 기능, 조혈기능 및 무기질 저장 기능 등이 있다. 뼈는 신체의 모양과 힘을 주고 상처로부터 조직을 보호하며 근육의 부속물로서 이를 돕는 역할을 하며 모든 신체운동의 지렛대 역할을 한다.

뼈는 유기질 35%, 무기질 45%, 수분 20%로 구성되어 있으며 무기질은 중 칼슘(Ca)은 인체의 99%, 인(P)은 인체 전체의 90%가 분포되어, 뼈는 이들의 중요한 저장소가 된다. 또한 골수강(medullary cavity)내의 골수 조직에서는 조혈 작용이 일어난다.

3) 뼈의 구조

(1) 골막

두 겹의 강한 결합조직의 막으로 혈관과 림프관, 신경이 많이 분포되어 있으며 뼈의 화학적 성분인 콜라겐 단백질인 인대와 건이 부착되어 뼈와 뼈를 연결시키고 있다. 골막은 골의 바깥 면을 덮고 있는 두껍고 치밀한 결합 조직층으로 중간층과 외층으로 구별되고, 내층은 골 발생 층으로 치밀한 골 모세포가 배열되어 혈관이 풍부하며 신생골 형성에 활동적으로 작용하는 부위이다.

(2) 골조직

구 분	설 명
치밀골	치밀골은 뼈의 외부를 이루는 견고한 부분을 말하며 혈관이 적다.
해면골	해면골은 뼈의 내부를 이루며, 구멍이 많이 뚫려 있어 마치 해면 모양을 하고 있고 부서지기 쉬우며 혈관이 많다.

(3) 골수

혈구를 생산하는 조혈기관으로 적혈구나 백혈구를 생산한다.

4) 뼈의 분류

뼈는 모양에 따라 장골, 단골, 편평골 및 불규칙골로 분류된다.

구 분	설 명
장골	너비에 비해 길이가 긴뼈를 의미하며 팔과 다리에 주로 분포한다.
단골	너비와 길이가 거의 같으며 손목과 발목에 존재한다.
편평골	편평하거나 커브(curve) 형태의 얇은 머리뼈, 갈비뼈, 복장뼈 등이 해당된다.
불규칙골	뼈와 뼈를 이어줄 때 필요한 형태로 모양이 불규칙하며 엉치뼈와 척추뼈가 이에 해당된다.

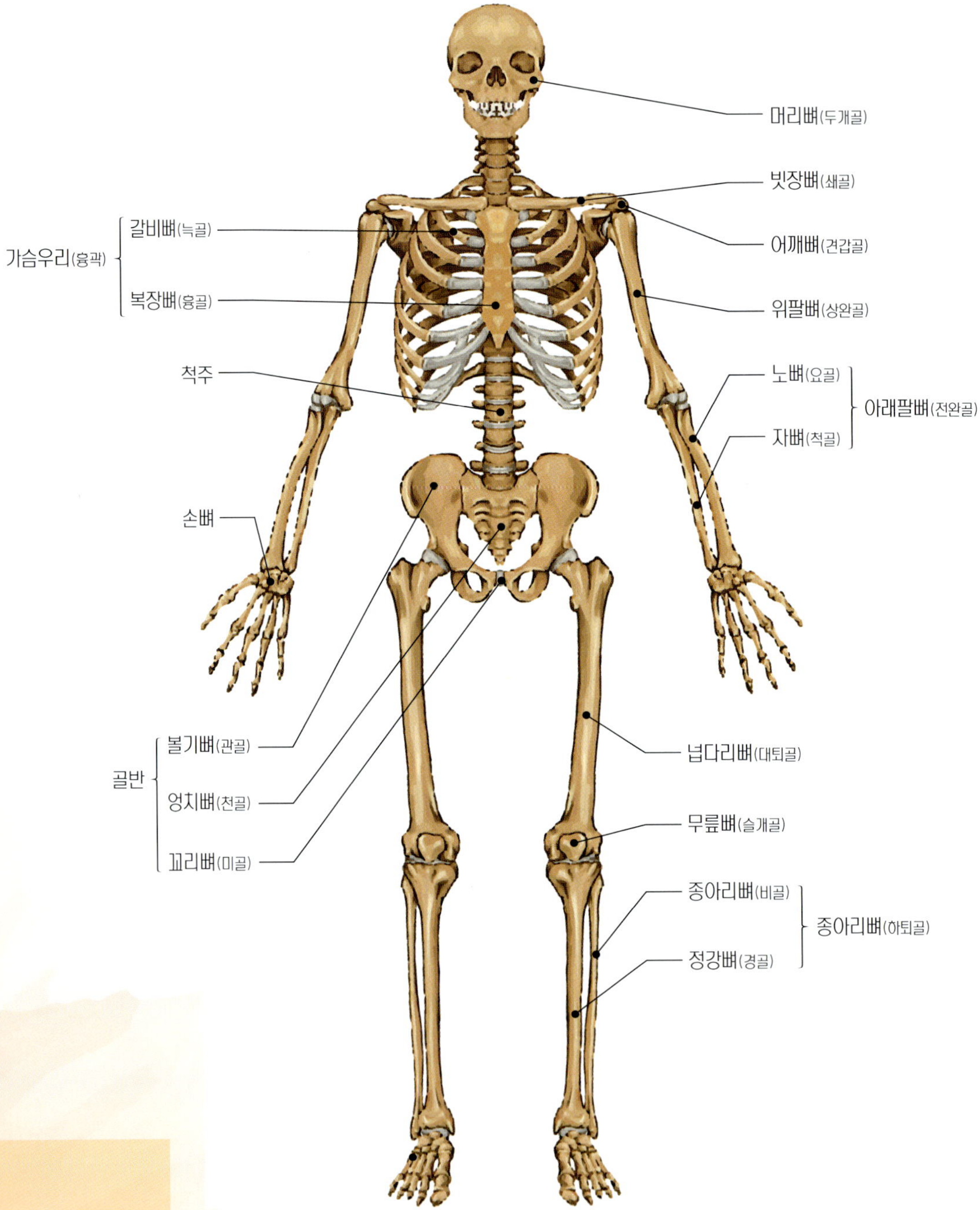

[그림 2-12] 인체의 골격계(앞)

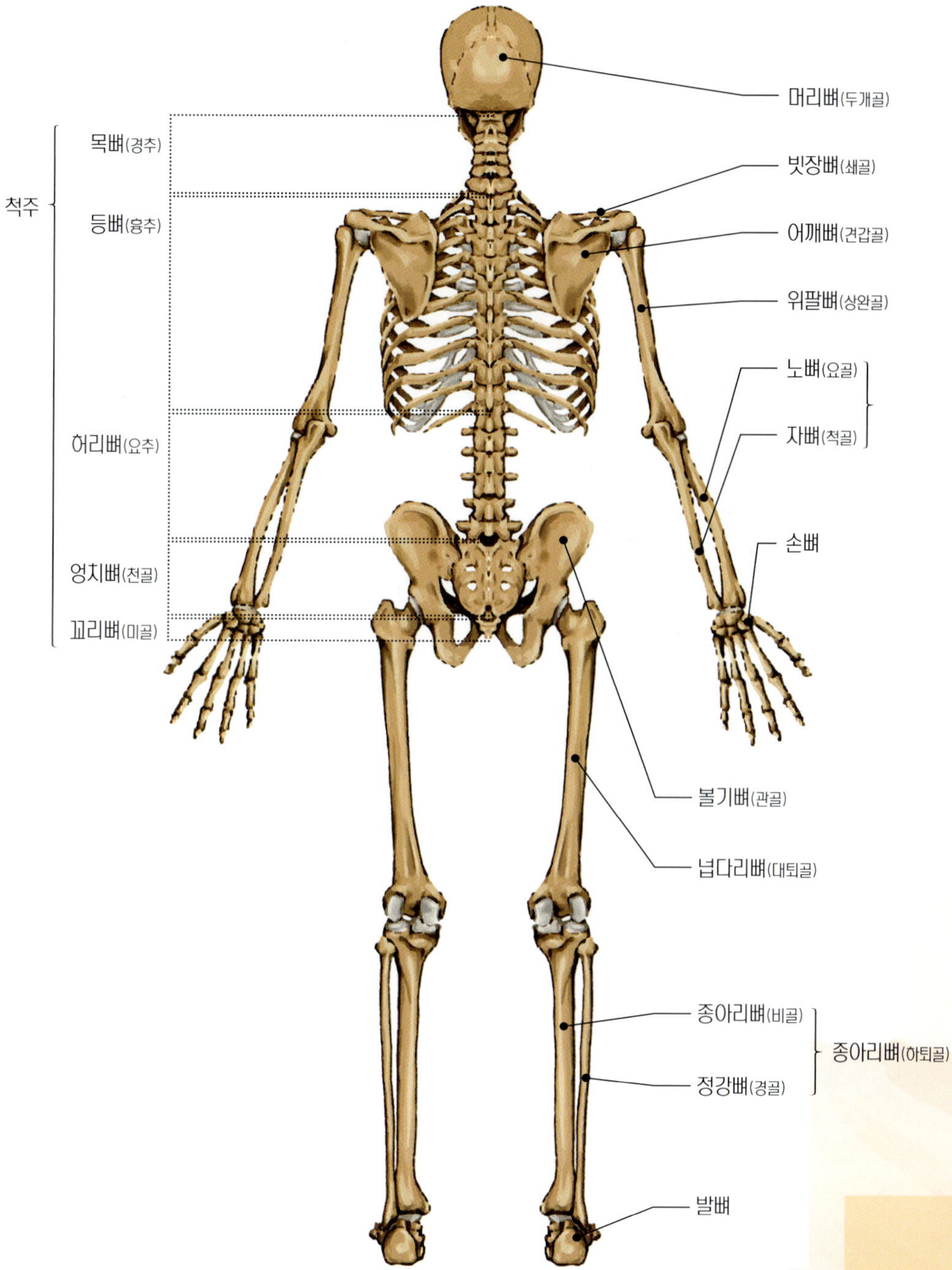
머리뼈(두개골)
빗장뼈(쇄골)
어깨뼈(견갑골)
위팔뼈(상완골)
노뼈(요골)
자뼈(척골)
손뼈
척주
목뼈(경추)
등뼈(흉추)
허리뼈(요추)
엉치뼈(천골)
꼬리뼈(미골)
볼기뼈(관골)
넙다리뼈(대퇴골)
종아리뼈(비골)
정강뼈(경골)
종아리뼈(하퇴골)
발뼈

인체의 골격계(뒤)

3. 근육계

1) 근육(Muscle)의 기능

근육이란 근세포들이 모여서 된 결합조직으로 수축 운동을 통해 개체의 이동과 자세 유지, 체액분비 등을 담당하는 신체기관이다. 근육의 가장 중요한 기능은 운동으로 이는 근육의 수축을 통해 나타나는데, 액틴으로 구성된 가는 근육미세섬유가 마이오신으로 되어 있는 굵은근육미세섬유의 중앙으로 미끄러져 들어와 근절의 길이가 짧아지면서 근육의 길이가 짧아진다.

2) 근육의 분류

우리 몸의 뼈에 부착하여 몸의 운동에 도움을 주는 근육을 골격근이라고 하는데, 전신에 400개 정도가 있고 체중의 40%를 차지하고 있으며 근육에는 골격근 쪽에 내장을 이루고 있는 내장근이 있다. 골격근은 우리의 의지에 의해 움직이기 때문에 수의근이라 하고, 내장근은 우리의 뜻대로 움직이지 않기 때문에 불수의근이라고 한다. 또, 골격근은 횡문근에 속하며 현미경으로 관찰해 보면 근세포에 옆줄이 보이기 때문이다.

(1) 골격근육

골격근육은 체중의 40~50% 정도를 차지하는데 근육바깥막으로 싸여 있고 근육다발막이라는 결체조직막에 의하여 주위 조직과 구분되며 이 결체조직막은 근육 내로 들어가 근육섬유막을 형성한다. 근육의 양끝은 대부분 힘줄에 의해 뼈에 연결되어 있고 일부는 직접 뼈에 붙어 있다. 골격근육은 수의근으로 형태는 줄무늬근육이며 운동을 통해 우리가 발달시키고자하는 근육이 이에 해당된다.

(2) 내장근육

내장근육은 수축을 조절할 수 없는 불수의근으로 소화기관 등의 내장기관, 혈관, 기도 등을 이루고 있는 근육이다. 내장근육은 소화기관에서 꿈틀운동(peristails)을 일으키며, 허파의 기도 직경을 변화시켜 공기의 흐름을 촉진하거나, 혈관의 수축 및 확장에 관여한다.

(3) 심장근육

심장의 벽을 형성하는 근육으로 신체 어느 부위에서도 심근섬유와 동일한 것은 없다. 가로무늬근이면서 내장근근육과 같은 불수의근이므로 의식적으로 통제할 수 없다. 이러한 심장근육은 다른 두 근육과는 달리 섬유들이 가지를 친 상태로 서로 연결되어 있어서 독특한 형태로 수축과 이완을 한다.

◆ 수의근과 불수의근

수의근은 얼굴, 팔, 다리의 근육처럼 자신의 의지에 의해 마음대로 움직일 수 있는 근육이다. 불수의근은 위장, 내장과 같이 의지에 관계없이 그 기능을 발휘하는 불수의근이다.

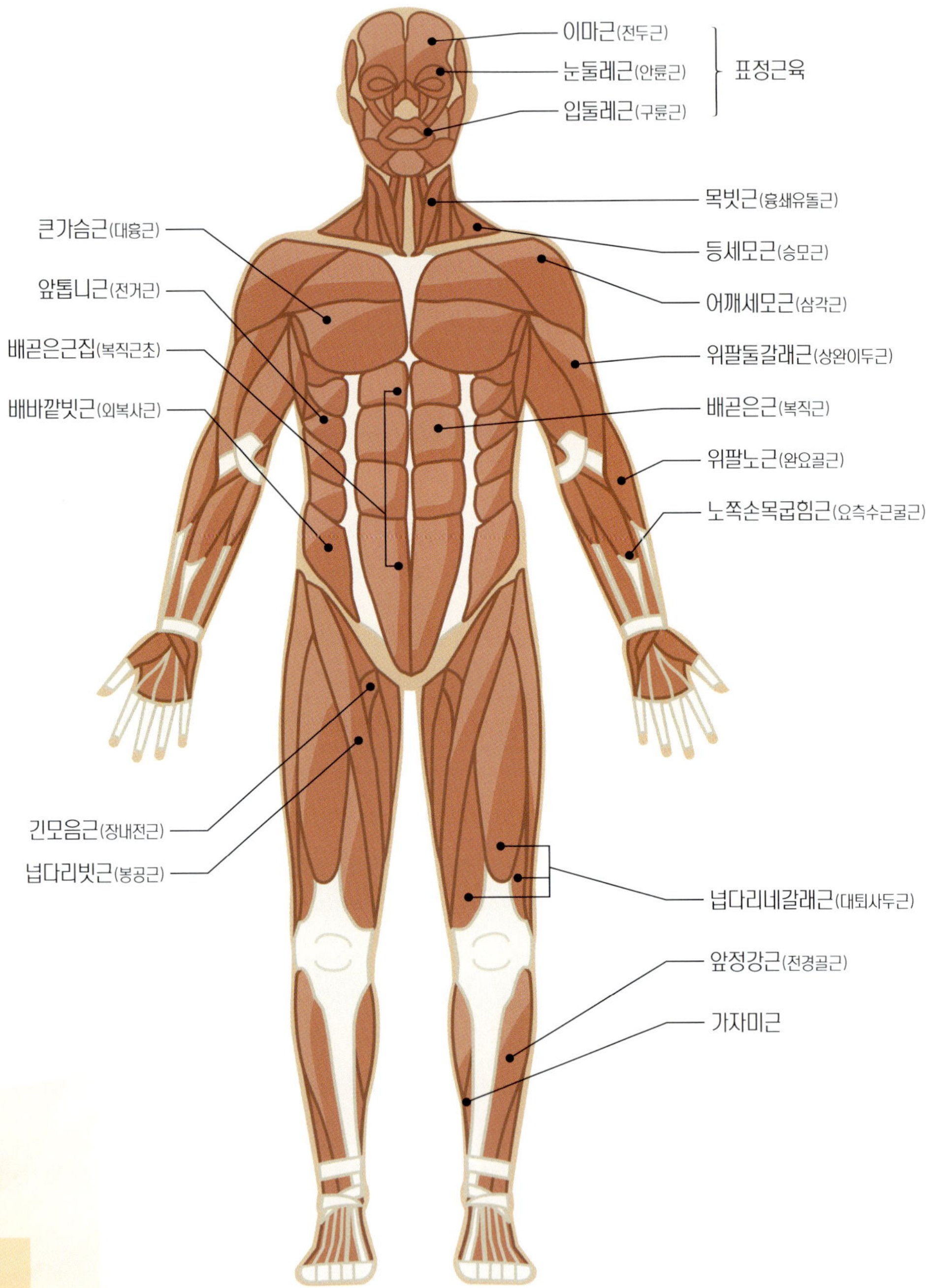

[그림 2-13] 인체의 근육계(앞)

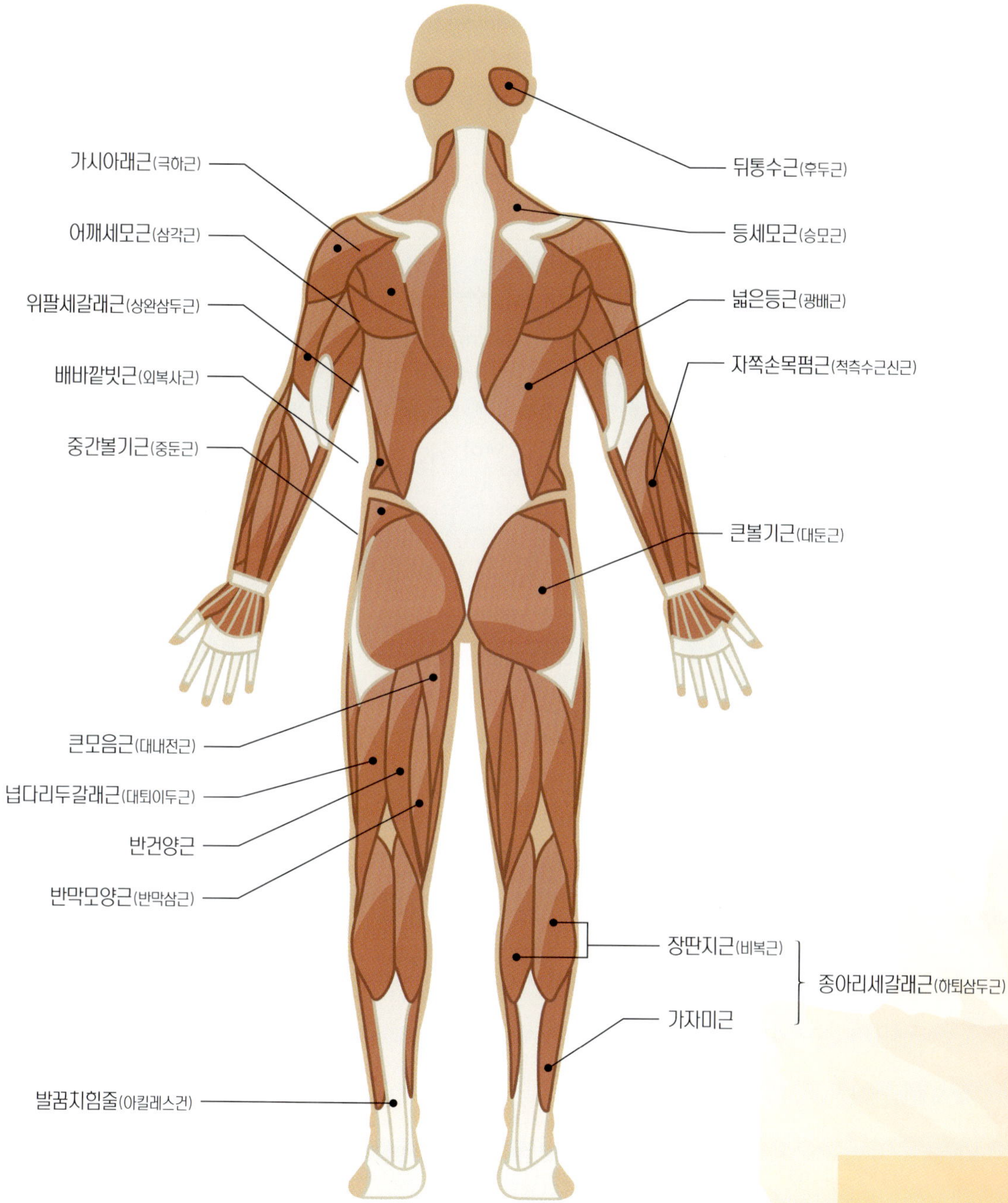
가시아래근(극하근)
어깨세모근(삼각근)
위팔세갈래근(상완삼두근)
배바깥빗근(외복사근)
중간볼기근(중둔근)
큰모음근(대내전근)
넙다리두갈래근(대퇴이두근)
반건양근
반막모양근(반막삼근)
발꿈치힘줄(아킬레스건)
뒤통수근(후두근)
등세모근(승모근)
넓은등근(광배근)
자쪽손목폄근(척측수근신근)
큰볼기근(대둔근)
장딴지근(비복근)
종아리세갈래근(하퇴삼두근)
가자미근

인체의 근육계(뒤)

4. 신경계

신경계는 우리 몸에서 메시지를 전기화학적인 파동을 이용하여 근육과 내분비선에 신속하게 전달하는 역할을 한다.

1) 신경계의 기능 및 구성

신경의 기본적인 기능은 빛, 온도 등의 주위 환경과 주변 신경 자체의 활성을 포함한 자극을 감지하여 신경충동을 형성하여 이를 다른 기능을 가진 신경으로 전달하는 역할을 가진다. 신경계는 크게 중추신경계와 말초신경계로 나뉜다. 뇌와 척수를 합하여 중추신경계라 하고, 뇌에서 시작하는 12쌍의 뇌신경과 척수에서 시작하여 온몸으로 뻗어가는 31쌍의 척수신경을 합하여 말초신경계라고 한다.

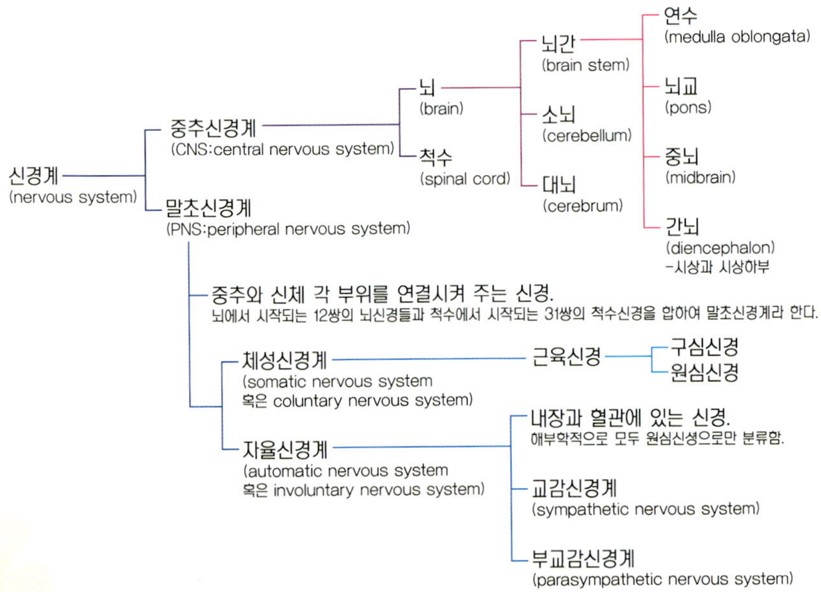

[그림 2-14] 신경계의 구성

(1) 중추신경계

중추신경계는 뇌와 척수를 구성하고 있으며 의식과 모든 정신작용을 조절하고 오감의 자발적인 기능을 조절하여 신체의 움직임과 얼굴의 표정과 같은 근육의 자발적인 행동을 조절한다.

(2) 말초신경계

말초신경계는 지각신경이나 운동신경은 뇌와 척추로부터 시작되어 신체의 모든 부위에 퍼져있으며 중추신경계로부터 지시를 받거나 전달하는 역할을 한다. 자율신경은 말초신경계의 일종으로, 자율신경계 중추는 대뇌 밑의 간뇌(대뇌와 소뇌 사이에 위치)이며 교감신경과 부교감신경으로 나뉘어져 있고 거의 같은 기관에 분포되어 있어 서로 길항작용을 한다.

① 교감신경

교감신경의 줄기는 등뼈에 위치하며 척수신경과 연결되어 신경섬유를 흉부와 복부의 여러 장기로 보낸다. 교감신경은 호흡 · 혈액순환 · 소화 · 내분비 작용과 같은 체내 기능을 주관하므로 매우 중요하다. 스트레스나 운동 시 심박동의 증가, 혈압상승 및 혈관수축의 특징을 보인다.

② 부교감신경

부교감신경의 줄기는 중뇌(간뇌와 소뇌 사이에 위치), 연수 및 척수의 아랫부분에서 나와 역시 흉부와 복부의 장기에 분포하며 교감신경과 서로 반대의 기능을 한다. 휴식상태에서의 이완, 혈관확장 및 소장과 췌장의 분비선 촉진 등의 특징을 나타낸다.

2) 신경세포 : 뉴런(Neuron)

신경계를 이루는 가장 작은 단위는 신경세포인 뉴런과 신경교로 신경전달을 담당하는 것이 뉴런이고, 이 뉴런을 지지하는 구실을 하는 것이 신경교이다. 뉴런은 핵이 있는 세포체와 수상돌기, 그리고 수상돌기들 중 특별히 길게 이루어진 한 개의 축색돌기로 되어 있다. 신경교의 수는 뉴런의 수보다 많으며 그 기능은 뉴런과 혈액간의 물질교환과 뉴런의 물질대사에 관여한다.

◆ 시냅스(Synapse)

수십억 개의 뉴런이 모여 신경계를 이루지만 뉴런은 뉴런으로서 완전한 단위가 되는 것이지 다른 뉴런과 구조적으로 연결된 것은 아니다. 그러나 한 개의 뉴런은 또 다른 하나의 뉴런과 접속하고 있는데, 그 접속을 시냅스라고 한다.

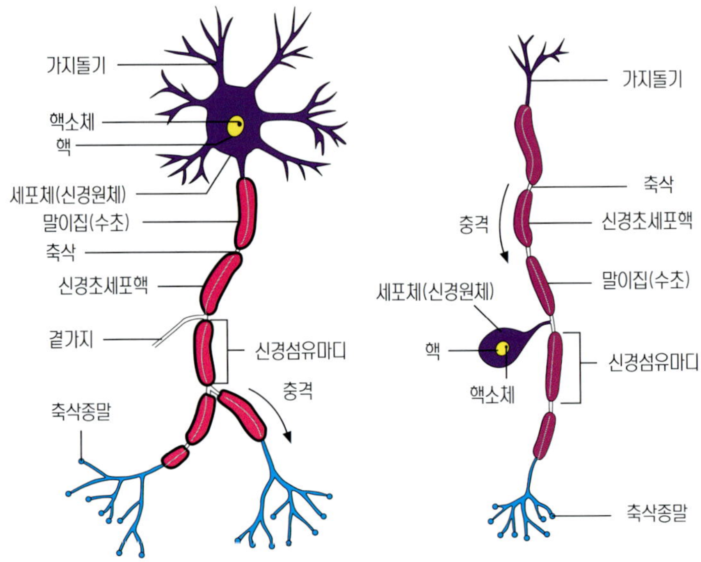

[그림 2-15] 뉴런의 구조

5. 순환계

순환계는 혈액과 혈액을 담고 있는 혈관과 혈액이 혈관 속을 순환할 수 있도록 펌프 역할을 하는 심장으로 구성되어 있다.

1) 혈액의 구성

혈액은 전신의 혈관계를 순환하는 유동성 있는 조직으로 혈구와 혈장으로 나뉜다.

(1) 혈구

① 적혈구

적혈구는 중심보다 가장자리 쪽이 더 두꺼운 원반 모양으로 중요한 생리기능인 산소와 이산화탄소의 교환에 아주 적합한 구조로 되어 있다. 헤모글로빈이라는 단백질을 통해 혈액 내의 기체를 운반한다.

② 백혈구

백혈구는 구상세포로서 헤모글로빈을 함유하지 않은 무색이며 생체의 방어기구로 외부의 침입에 대항하여 반응한다. 과립구, 단구, 림프구로 나뉘는데, 과립구 중 호중구와 단구는 이물질을 세포 내로 포식하고 소화시키며 림프 구는 외부 병원체에 대한 항체를 생성한다.

③ 혈소판

혈소판은 원형 또는 타원형인 직경 2~3㎛의 세포로 골수에서 생산된다. 혈장 내의 단백질과 함께 혈액응고에 중요한 구실을 한다.

(2) 혈장

혈구를 제외한 담황색의 액체성분으로 90%는 수분이고 그 속에 단백질, 글루코오스, 지방, 비단백질 소화합물, 무기염류가 포함되어 있다.

2) 혈액의 기능

(1) 물질운반기능

산소, 이산화탄소를 운반하는 호흡작용에 관여하며 적혈구 및 혈장 등을 운반한다.

(2) 조절작용

체온, 혈압, 삼투압 등을 조절한다.

(3) 방어(보호)작용

항원항체 반응과 면역에 관여한다.

3) 심장

(1) 심장의 구성

심장은 보통 자기 주먹 크기의 근육질 주머니 형태의 장기로 심장은 크게 왼쪽 부분과 오른쪽 부분으로 나뉘는데 오른쪽과 왼쪽에는 각각 심방과 심실이 있고, 각 부분 사이에는 판막이 있다. 심장의 기능은 산소와 영양분을 싣고 있는 혈액을 온몸에 흐르게 하는 것으로, 이를 위해 심장근육은 1분에 60~80회 정도 수축한다.

① 심방과 심실

심방은 심장으로 들어오는 혈액을 받아들이는 일을, 심실은 혈액을 내보내는 일을 한다.

② 판막

심방과 심실 사이, 심실과 동맥 사이에는 판막이 있어 혈액이 거꾸로 흐르는 것을 막아준다.

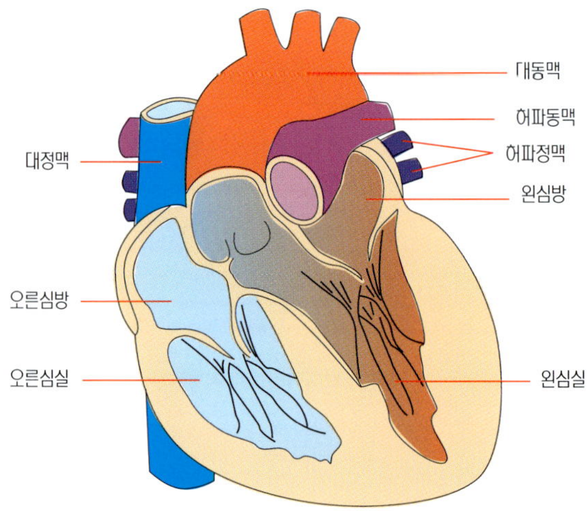

[그림 2-16] 심장의 구조

4) 혈관

(1) 혈관의 구조

① 동맥

심장에서 조직방향으로 혈액이 흐르며 혈관 벽이 두껍고 탄력성이 강하다.

② 정맥

조직방향에서 심장으로 혈액이 들어오는데 동맥보다 벽 두께가 얇고 탄력성도 약하며 판막이 있어 혈액의 역류를 막아준다.

③ 모세혈관

혈관 중 가장 가는 관으로 총 단면적으로는 가장 많은 부분을 차지하고 있다. 동맥과 정맥을 연결해 주는데, 혈관 벽은 한 층의 세포 층으로 되어 있어서 혈액과 조직 속의 여러 물질이 쉽게 교환될 수 있다.

(2) 혈액의 순환

① 체순환

좌심실 → 대동맥 → 신체의 모세혈관(물질교환) → 대정맥 → 우심방으로 진행하면서 동맥혈이 조직에 산소와 영양분을 공급하고 이산화탄소와 노폐물을 받아 정맥혈이 되는 순환이다.

② 폐순환

호흡운동은 폐를 둘러싸고 있는 횡격막과 늑골의 상하 운동에 의해 흉강의 부피를 변화시킴으로써 폐로 공기가 드나들게 된다. 숨을 들이마실 때 횡격막이 아래로 내려가고 늑골이 위로 올라가면 흉강의 부피가 커지게 되면 흉강의 압력이 낮아지게 되어 외부에서 폐 속으로 공기가 빨려 들어간다. 반대로 숨을 내쉴 때 횡격막이 위로 올라가고 늑골이 아래로 내려가 흉강의 부피가 줄어들게 되면 흉강의 압력이 높아지게 되어 폐 속의 공기가 밖으로 밀려나간다.

③ 림프의 순환

림프관은 전신에 걸쳐 배수관의 역할을 하며 여분의 조직액을 혈류로 되돌려 보낸다. 림프절에서는 세균이나 외부물질을 잡아내는 한편 림프에 림프구를 공급해 주는 일을 한다. 조직에서 과잉조직액은 림프모세관으로 들어가 림프(lymph)가 된다. 림프는 다시 림프모세관으로부터 두꺼운 림프관에 집합하고, 흉관 또는 우림프총관을 거쳐 쇄골하정맥으로 들어간다. 그 과정에 적어도 한 개의 림프절을 통과하므로 림프에는 림프절에서 만들어진 림프구가 존재하고, 림프에 의해 혈액이 공급된다.

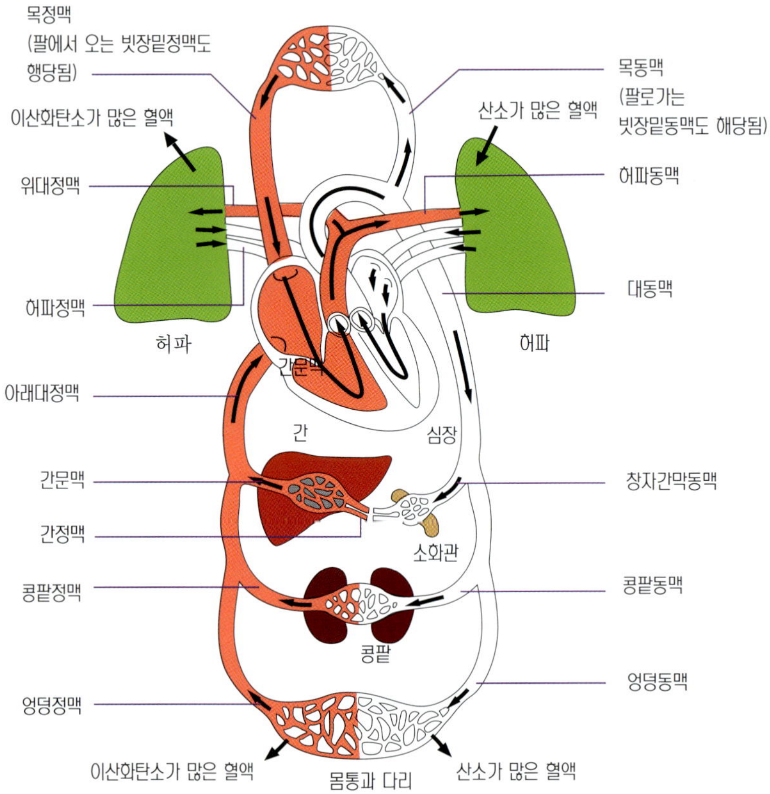

[그림 2-17] 혈액의 순환경로

6. 소화기계

1) 소화작용

(1) 기계적 소화

① 저작운동

치아를 이용하여 음식물을 잘게 부수는 작용으로 효소작용의 표면적을 증가시켜준다.

② 연동운동

식도, 위, 소장 등에서 일어나는 운동으로 음식물을 이동시키는 작용을 의미한다.

③ 혼합운동

음식물과 소화액을 골고루 섞어주는 운동을 의미한다.

(2) 화학적 소화

음식물이 소화기관을 이동하는 동안 화학적 성분을 변화시켜 흡수가 용이하도록 하는 과정을 의미한다. 침샘, 위샘, 이자, 장샘 등의 소화샘에서 분비되는 소화요소에 의해 진행된다.

> **◆ 효소란?**
> 효소는 활성화 에너지를 낮추어 반응속도를 빠르게 만들어주는 생체 촉매 역할을 하는 것으로 주성분은 단백질이다.

2) 소화기 계통의 종류

(1) 구강

소화관이 시작되는 부위로 저작, 미각 및 발성작용을 하며 침샘에서 분비된 아밀라이제가 있어 녹말을 당으로 분해한다. 혀는 구강의 음식물을 인두로 보내며, 치아는 음식물을 분쇄한다. 또한 인두는 음식물을 구강에서 식도로 보내는 역할을 한다.

(2) 위

식도로부터 넘어온 음식물을 2~3시간 저장하였다가 염산과 펩신 등의 위액을 분비하여 암죽상태로 만든다. 위는 당분과 알코올을 선택적으로 흡수하고 나머지는 소장으로 보낸다.

(3) 소장

소장은 음식물의 소화, 흡수에 가장 중요한 장기이다. 중화된 음식물은 이자액과 쓸개즙 등의 각종 소화효소에 의해 장점막에 흡수될 수 있는 상태로 변한다. 또한 소장 자체의 근육이 있어 잘록잘록 움직이며 장의 내용물들을 섞어주는 혼합 운동과 내용물들을 큰창자 쪽으로 이동시켜주는 연동 운동을 한다.

① 이자액(췌액)

소화액 중 가장 중요한 것으로 탄수화물, 지방, 단백질을 분해하는 주요한 효소가 함유되어 있다. 트립신은 단백질 분해효소로 단백질을 분해하여 아미노산으로 만든다. 지방 분해효소, 스테압신은 지방을 지방산과 글리세롤로 분해한다. 탄수화물 분해효소인 아밀롭신은 녹말 및 글리코겐을 맥아당으로 분해한다.

② 쓸개즙(담즙)

간에서 생성되어 쓸개에 모여 농축된 다음에 십이지장으로 분비되는데, 소화효소를 포함하지 않지만 담즙산염이 지방을 유화시켜 이자에서 분비되는 소화효소인 리파아제의 소화작용을 촉진한다.

③ 장액

일반적으로는 장샘에서 분비되는 것을 말한다. 각종 소화효소가 있으며, 식후 약 2시간에서 보통 수 시간 계속된다. 엔테로키나아제, 아미노펩티다아제 · 수크라아제 · 락타아제 · 말타아제 등이 있다.

(4) 대장

마지막 소화기관으로 소화효소의 분비는 없고 내용물의 흡수가 일어나는 기관이다. 대장균 및 각종세균에 의해 셀룰로오스를 분해한다.

(5) 간

간은 소화 계통으로 분류되지만, 그외 우리 몸에서 일어나는 거의 모든 일에 관여하여 다양한 효소를 통한 영양분의 물질대사 담당, 해독과 면역 작용, 호르몬 조절 등의 역할을 한다.

◆ 간의 기능

- 해독과 면역 : 간은 체내 독성 물질들을 분해시켜 오줌이나 쓸개즙으로 내보내는 해독작용과 심장으로 가는 세균을 차단하고, 백혈구의 면역 기능을 돕는 면역작용을 한다.
- 쓸개즙 생성 : 쓸개즙을 생성하여 지방의 분해와 흡수를 돕고 효소를

통해 창자 운동을 활발하게 한다.

- 물질대사 : 간은 탄수화물, 단백질, 지방은 물론 각종 비타민과 무기질 및 호르몬대사 작용을 한다.
- 주요 단백질 합성 : 알부민 등 주요단백질 및 단백 효소 등을 합성한다.

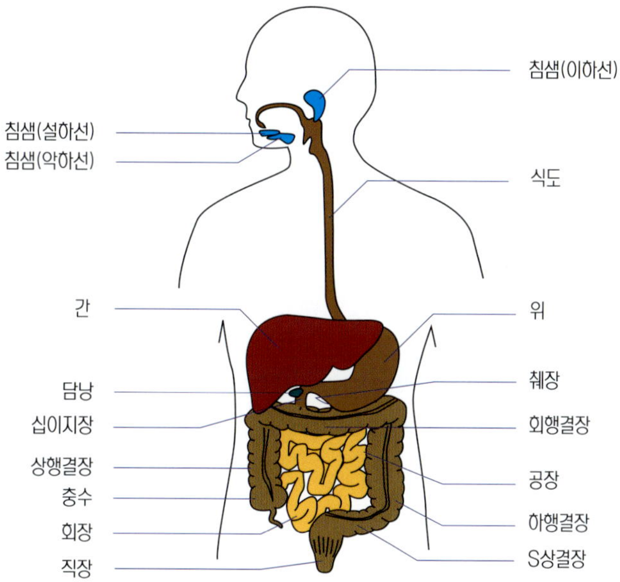

[그림 2-18] 소화기계

7. 내분비계

인체의 신경계와 내분비계는 중요한 통제 체제로 서로 상호작용을 하며 인체기능의 조절하는 커다란 통신망을 이루고 있다. 내분비계는 호르몬이라고 불리는 화학적인 전달자를 이용하여 혈류 속을 이동하여 인체의 모든 세포에 도달할 수 있다.

1) 내분비선

인체의 분비선은 외분비선과 내분비선의 두 가지로 나눌 수 있다. 외분비선은 분비물이 도관을 흘러 인체의 밖으로 분비되며 한선과 피지선 등이 이에 속한다. 내분비선들은 생산물인 호르몬을 인체 내부에 분비하며 도관이 없다. 대신 내분비선의 분비물은 혈류 속으로 직집 흘러 들어가며 호르몬이 이에 속한다. 즉 내분비선은 호르몬을 생산 · 분비하는 기관으로 자율신경과 함께 생체 내부 환경의 조절계이다. 그 분비물을 운반하는 관 없이 혈액이나 림프관 속으로 호르몬을 분비하고, 분비된 호르몬들은 혈관이나 림프관을 따라 체내를 순환하며 표적기관으로 이동하여 조절작용을 일으킨다. 내분비선에 이상이 생기면 호르몬의 균형이 깨지면서 인체의 전반적인 생리기능에 영향을 주어 다양한 질환이 나타난다.

2) 호르몬

호르몬은 인체 내부의 환경을 일정하게 유지하며 조직들 속의 염분과 수분의 분량 및 혈액 속의 당분과 땀 속의 염분을 조절하여 우리 주변의 특정한 환경 조건에 맞추도록 조절한다.

(1) 뇌하수체

① 전엽

부신피질 자극호르몬(ACTH), 갑상선 자극호르몬, 유선 자극호르몬, 성장호르몬, 성선 자극호르몬(난포자극호르몬) 등이 분비된다.

② 후엽

자궁근 수축호르몬(옥시토신), 항이뇨 호르몬을 분비한다.

(2) 갑상선

목 전면에 있고 좌우 2엽으로 구성되어 있으며 대사 항진 작용이 있는 티록신을 분비한다.

(3) 부갑상선

갑상선의 좌 · 우 · 옆 · 뒷면에 붙어 있는 작은 기관으로 칼슘 대사에 중요한 부감상선 호르몬을 분비한다.

(4) 부신

부신은 나폴레옹의 삼각모 모양으로 양쪽 신장 위에 작은 삼각모처럼 얹혀 있으며 30여종 이상의 호르몬을 분비한다. 부신수질에서는 아드레날린과 노르아드레날린 두 가지의 호르몬 밖에 분비하지 않는데 이러한 화학물질들은 공포나 분노의 감정에 일부 관여하기 때문에 때로는 위기 호르몬으로서 특성을 나타내기도 한다.

(5) 췌장

랑게르한스선에서 당 대사에 관계 깊은 인슐린을 분비한다.

(6) 생식기

고환에서 테스토스테론 및 안드로겐을 분비하며 난소에서 난포 호르몬 및 황체 호르몬을 분비한다. 남자는 사춘기가 되면 근육이 발달하고 음성이 변하고 골격이 장대해지며 수염이 나기 시작하고 피지선이 발달하여 피부에 유분이 많아진다. 여자는 피하지방이 많아지고 피부의 살결이 유연하고 섬세해져 곡선미를 나타내며 유방의 발달과 두발의 발육에 의해 더욱 여성스러워 진다. 이 같은 특징을 제2차 성징이라 한다. 이러한 차이가 나타나는 것은 결국 남성 호르몬과 여성 호르몬의 작용에 기인하는 것이다. 그렇다고 남성 호르몬은 남성에게만, 여성 호르몬은 여성에게만 분비되는 것이 아니라 남녀가 모두 두 종류의 호르몬을 가지고 지만 그 분비량의 비율이 다를 뿐이다. 이 두 호르몬의 분비량의 비율은 개인에 따라 차이가 있으나 일정한 평형을 유지하고 있다.

① 남성 호르몬(Androgen)

남성호르몬은 고환에서 분비되는 테스토스테론(testosterone)이며 여자의 경우 부신피질에서 분비된다. 부신피질의 기능이 병적으로 높아져 남성 호르몬의 분비가 증가되면 여자의 남성화현상이 나타난다. 남성 호르몬은 이외에도 부신피질에서도 분비되어 주로 음모나 겨드랑이 털의 발육에 관여하고 있다.

② 여성 호르몬(Estrogen)

난소에서 분비되며 그 작용은 남성 호르몬과 반대로 피지선의 활동, 각화, 경모의 발육 등을 억제한다. 갱년기에 접어들면 여성 호르몬의 분비는 감소되고 남성 호르몬의 분비는 별로 감소되지 않는다. 따라서 두 호르몬의 평형이 깨어지고 남성 호르몬의 상대비가 커져서 피부가 거칠어지며, 윤기가 없어지고 주름이 생기며, 모발 성장 등이 나빠진다.

여성이 임신을 하게 되면 프로게스테론(progesterone)이라는 물질이 분비되어 임신을 지속하도록 한다. 프로게스테론은 난자를 둘러싸고 있는 주머니가 노랗게 변해서 만들어진 황체에서 분비되므로 황체 호르몬이라고도 한다. 반면 난포에서 분비되므로 난포호르몬이라 부른다. 특히 여성 호르몬은 국소의 혈관확장작용을 하고 그 부분의 신진대사를 양호하게 하며 피부의 재생촉진, 수분함유량의 증가, 과도한 각질증식의 억제, 탄력섬유의 발육을 촉진한다.

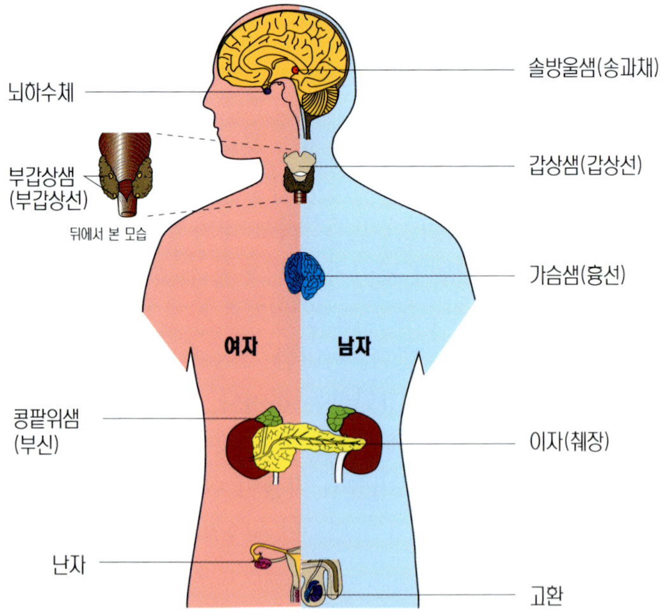

[그림 2-19] 내분비계

8. 배설계

배설은 영양소가 산화된 결과 생긴 노폐물을 몸 밖으로 내보내는 것을 의미하며, 배설에 관계되는 기관을 배설기관이라 부른다. 탄수화물과 지방은 탄수, 수소, 산소로 구성되어 있고 단백질은 탄수, 수소, 산소, 질소로 되어 있다. 따라서 단백질이 분해될 때에는 이산화탄소와 물 이외에 질소를 포함하고 있는 암모니아가 더 생기게 된다. 암모니아는 독성이 강한 물질이므로 빨리 배설되어야 하는데, 간은 조직세포에서 암모니아를 독성이 적은 요소로 변화시키는 역할을 한다. 요소로 바뀐 후 신장에서 걸러져 요로 배설되는데, 이러한 배설이 원활하게 되지 못하면 유독물질이 계속 쌓이게 되므로 세포에 해를 주게 되며 체액의 성분 및 산성도(pH) 등도 일정하게 유지되지 않는다.

1) 신장의 구조와 기능

신장은 아래쪽 배의 등 쪽에 쌍으로 위치하며 길이는 약 11cm, 폭은 5~6cm, 두께는 3cm 정도이며 한쪽 신장의 무게는 150g이다.
체세포 내에서 물질대사 이후에는 이때 필연적으로 노폐물이 생기게 되고 이 노폐물은 세포에서 조직액 속으로 확산해 나와서 혈액으로 들어가게 된다. 혈액으로부터 노폐물을 걸러내어 체외로 배출시키는 작용을 하는 것이 신장이며, 이러한 작용이 신장의 가장 중요한 기능이 된다. 신장의 기능이 세포에서 생긴 해로운 노폐물을 배출하는 작용에만 국한되는 것은 아니라 조직세포의 내부 환경을 일정하게 유지함으로써 조직세포가 원활하게 생명현상을 유지할 수 있도록 하기 위한 항상성(homeostasis)의작용 또한 신장의 중요한 기능이다.
신장의 기능을 담당하는 단위 구조로서 네프론이 있으며 이는 소변을 생산하는데 있어 기본 단위가 된다. 신장은 피질, 수질, 신우의 세 부분으로 분류되며, 구조적, 기능적 기본단위는 네프론이다.

2) 소변의 생성과 배설

소변은 신동맥을 통해 나온 혈액이 사구체로 들어가 보먼주머니로 여과가 된 다음, 세뇨관을 거치면서 일부 재흡수와 분비과정을 거친 후 생성된다. 이후 수뇨관을 거쳐 방광으로 모여 일정량이 되면 요도를 통해 몸 밖으로 배설된다.

일반적으로 성인이 하루에 신장에서 여과되는 혈액량은 약 180L에 이르지만 대부분은 재흡수 되고 실제로 배설되는 소변량은 약 1~2L로, 인체에서 필요한 수분과 영양분들은 재흡수가 되고 더 배설이 필요한 물질은 분비가 되어 최종적으로 소변이 만들어진다.

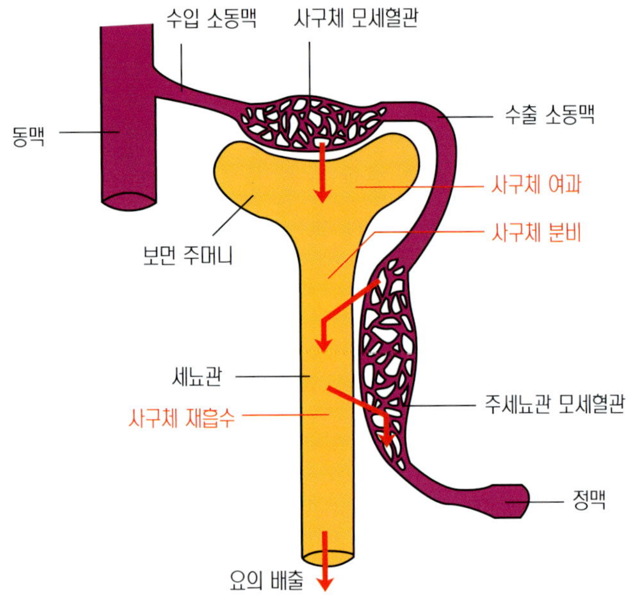

[그림 2-20] 뇨의 생성과정

3) 남성 생식기

(1) 고환

정소, 정자 및 테스토스테론을 생성하는 곳으로 음낭 내에 위치한다. 고환은 내분비와 외분비작용을 하는 기관으로서 외분비선은 정자를 생성하고 내분비선은 테스토스테론을 생산한다.

(2) 부고환

고환의 뒤쪽에 붙어 있으며 한 쌍의 길쭉한 구조를 가지고 있으며 고환에서 새롭게 형성된 정자는 부고환으로 운반되며 부고환에 머물면서 성숙되고 운동성을 갖게 된다.

(3) 정관

부고환과 정낭을 이어주는 관이다.

(4) 정낭

일종의 주머니로 정액을 생산 또는 일부를 분비하는데 정자는 과당이 풍부한 정낭의 분비물을 편모 운동을 하는데 있어 에너지원으로 사용한다. 정낭은 정액의 일부를 분비하는데 이러한 정낭의 정액의 50~60%를 차지한다.

(5) 전립선

전립선은 정액의 30%를 차지하고 있으며 알칼리성 물질을 분비하여 질 내부의 산성을 중화시킴으로써 정자를 보호하고 활성화시킨다.

(6) 음경

음경은 요도를 감싸는 기관으로 소변과 정액의 배출 통로이다.

4) 여성생식기

(1) 난소

난자를 만들고 에스트로겐, 프로게스테론, 테스토스테론과 같은 성호르몬을 분비하는 곳으로 사춘기부터 액 28일 주기로 양쪽 난소에서 교대로 난자가 배란된다.

(2) 나팔관

나팔모양으로 난소를 감싸고 있으며 자궁 사이를 연결하는 부위로 배란된 난자를 수집하고 수란관으로 이동시킨다.

(3) 수란관

수정란이 자궁까지 이동하는 통로이며 이곳에서 수정이 이루어진다.

(4) 자궁

두껍고 신축성 있는 근육질의 내벽으로 되어 있으며, 수정된 난자가 착상하여 태아로 성장하는 장소이다.

(5) 질

자궁에서 체외로 이어지는 근육과 막으로 이루어진 관이다.

■ 단원문제

1. 다음 설명 중 잘못된 것은?

① DNA는 핵산의 일종으로 유전자의 본체를 이룬다.
② 세포에서 핵과 세포벽 및 세포 함유물 등을 제외한 부분을 세포질이라 한다.
③ 리보솜은 조직호흡을 하는 장소로 대부분의 ATP를 합성하는 중요한 장소이다.
④ 세포막은 세포 내의 물질들을 보호하고 세포간 물질 이동을 조절한다.

2. 다음 중 근육에 대한 설명으로 잘못된 것은?

① 골격근육은 수의근에 해당된다.
② 내장근육은 혈관의 수축 및 확장에 관여한다.
③ 골격근육은 운동을 통해 우리가 발달시키고자하는 근육이 이에 해당된다.
④ 내장근육은 소화기관에서 꿈틀 운동을 하는 줄무늬 근육이다.

3. 다음 중 신경계에 대한 설명으로 잘못된 것은?

① 중추신경계는 뇌와 척수를 구성하고 있다.
② 중추신경계는 의식과 모든 정신작용을 조절한다.
③ 말초신경계는 중추신경계로부터 지시를 받거나 전달하는 역할을 한다.
④ 자율신경은 중추신경계의 일종으로 교감신경과 부교감신경으로 나뉘어져 있다.

4. 다음 중 혈액에 대한 설명으로 잘못된 것은?

① 적혈구는 헤모글로빈이라는 단백질을 통해 혈액 내의 기체를 운반한다.
② 혈장은 과립구, 단구, 림프구로 나뉜다.
③ 혈소판은 혈액응고에 중요한 구실을 한다.
④ 백혈구는 생체의 방어기구로 외부의 침입에 대항하여 반응한다.

5. 다음 중 기계적 소화에 대한 설명으로 잘못된 것은?

① 침샘, 위샘, 이자, 장샘 등의 소화요소에 의해 진행된다.
② 음식물과 소화액을 골고루 섞어주는 운동을 의미한다.
③ 식도, 위 등에서 일어나는 운동으로 음식물을 이동시키는 작용을 의미한다.
④ 음식물을 잘게 부수는 작용을 의미한다.

6. 다음 중 내분비계에 대한 설명으로 잘못된 것은?

① 뇌하수체전엽에서는 부신피질 자극호르몬, 갑상선 자극호르몬 등이 분비된다.
② 갑상선에서는 티록신을 분비한다.
③ 부갑상선는 인슐린을 분비한다.
④ 부신수실에서는 아드레날린과 노르아드레날린 호르몬을 분비한다.

7. 다음 설명하는 것은 무엇입니까?

세포의 모든 활동을 조절하는 세포내 기관으로 유전물질인 DNA가 들어 있다. 핵 내부는 2겹의 막으로 둘러싸여 주변의 세포질과 분리된다.

8. 다음 설명하는 것은 무엇입니까?

신경계를 이루는 가장 작은 단위로 핵이 있는 세포체와 수상돌기, 그리고 수상돌기들 중 특별히 길게 이루어진 한 개의 축색돌기로 되어 있다.

9. 다음 설명하는 것은 무엇입니까?

활성화 에너지를 낮추어 반응속도를 빠르게 만들어주는 생체 촉매 역할을 하는 것으로 주성분은 단백질이다.

10. 다음 설명하는 것은 무엇입니까?

신장의 기능을 담당하는 단위 구조로 소변을 생산하는 데 있어 기본 단위가 된다.

11. 치밀골과 해면골에 대하여 설명하시오.

12. 심장 근육에 대하여 설명하시오.

13. 교감신경과 부교감신경에 대하여 설명하시오.

14. 혈액의 체순환에 대하여 설명하시오.

15. 호르몬이란 무엇인가?

■ 해답과 TIP

1. ③ 미토콘드리아는 조직호흡을 하는 장소로 산화적 인산화에 의해 대부분의 ATP를 합성하는 중요한 장소이다.
2. ④ 내장근육은 소화기관에서 꿈틀 운동을 하는 민무늬 근육이다.
3. ④ 자율신경은 말초신경계의 일종으로 교감신경과 부교감신경으로 나뉘어져 있다.
4. ② 백혈구는 과립구, 단구, 림프구로 나뉜다.
5. ① 화학적 소화는 침샘, 위샘, 이자, 장샘 등의 소화요소에 의해 진행된다.
6. ③ 랑게르한스섬에서 당 대사에 관계 깊은 인슐린을 분비한다.
7. 핵
8. 뉴런(neuron)
9. 효소
10. 네프론
11. 치밀골은 뼈의 외부를 이루는 견고한 부분을 말하며 혈관이 적은 반면 해면골은 뼈의 내부를 이루며, 구멍이 많이 뚫려 있어 마치 해면 모양을 하고 있고 부서지기 쉬우며 혈관이 많다.
12. 가로무늬근이면서 내장근근육과 같은 불수의근이므로 의식적으로 통제할 수 없다. 그 외 내용 본문 참고
13. 교감신경은 스트레스나 운동 시 심박동의 증가, 혈압상승 및 혈관수축의 특징을 보인다. 교감신경과 서로 반대의 기능을 하여 휴식상태에서의 이완 등의 특징을 나타낸다. 그 외에 본문 내용 참고
14. 좌심실→대동맥→신체의 모세혈관(물질교환)→대정맥→우심방으로 진행하면서 동맥혈이 조직에 산소와 영양분을 공급하고 이산화탄소와 노폐물을 받아 정맥혈이 되는 순환이다.
15. 호르몬은 인체 내부의 환경을 일정하게 유지하며 조직들 속의 염분과 수분의 분량 및 혈액 속의 당분과 땀 속의 염분을 조절하여 우리 주변의 특정한 환경조건에 맞추도록 조절한다.

제3장. 공중보건학

미용 산업은 광범위한 고객 서비스 산업의 특성상 인체와 인체의 접촉을 기반으로 한 특성이 있다. 이러한 인체 접촉은 개인위생 및 공중위생과 직결되며 필연적으로 질병 및 건강 관리와 불가분의 관계에 놓여있다. 따라서 미용 산업 역시 보건위생과 건강관리를 위한 국가적 보건산업 정책의 틀 안에서 관리되고 있으며 이를 위해 미용학에서도 공중위생 및 소독학 분야는 필수적으로 미용인이 되기 위해 익혀야 하는 기본 분야이다.

1. 공중 보건학의 정의와 범위

1) 공중 보건학의 정의

공중보건은 이 사회에 살고 있는 모든 사람들의 건강을 보호하고 관리하기 위한 조직화된 지역사회의 체계화된 활동이다.

공중보건에 대한 정의는 학자마다 다양하게 정의되었으며 대표적으로 가장 널리 지지받고 통용되는 미국 예일대학의 윈슬로우 교수의 정의를 소개하면 다음과 같다.

> 윈슬로우는 1920년에 '공중 보건학이란 환경위생 및 전염병 관리, 개인위생에 대한 교육을 실시하고 조직화된 지역사회의 노력으로 질병예방 및 수명연장, 육체적 정신적 건강과 효율을 증진하고 질병의 조기진단과 예방 치료를 위한 의료 서비스를 제공하며 적절한 삶의 보장을 위한 사회적 조직과 기반을 구축하는 기술이자 과학이며 예술이다'라고 정의 하였다.

이렇게 공중을 위한 폭넓은 기술과 과학의 분야를 학문으로써 정립하고 실천적 행동으로써 활동하는 분야를 공중 보건학이라 하며 환경위생관리, 감염병 관리, 개인위생에 관한 보건교육, 질병의 예방적 치료와 조기 발견을 위한 간호 서비스와 의료의 조직화, 모든 사람이 본인의 건강을 유지하며 적합한 생활

수준을 보장받도록 하는 사회보장제도 등의 내용을 포함하고 있다.

공중 보건학의 대상은 조직화된 지역사회에 살고 있는 모든 사람이며 조직화된 집단의 최고체인 한 국가의 인구집단 전체의 국민이 대상이다. 이러한 국민 전체의 건강 실현을 위한 질병의 예방 및 수명 연장을 위한 신체적 · 정신적 효율 증진이 공중보건이 가고자 하는 목표점이며 이를 위해 보건복지부 등의 중앙부처가 긴밀한 전략과 계획을 통해 실천하고 있다.

이러한 공중보건 정책을 위해서 국민 보건 교육, 국가적 보건 행정, 보건관계 법규의 정비 등이 필수 요소이다.

2) 공중 보건학의 범위

(1) 보건관리 분야

보건행성, 보선동세, 보건영양, 보건교육, 싱인보건, 정신보긴, 가족계획, 모자보건, 학교보건, 보건정보 등 지역사회를 단위로 한 인구집단 중심의 질병 예방 및 건강을 유지 · 증진시키기 위한 분야

(2) 역학 및 질병관리 분야

역학, 감염성 질병 관리, 비감염성 질환 관리, 기생충 질환, 성인병 관리 등의 질병발생 원인과 과정, 퇴치 등과 관련된 분야

(3) 환경보건 분야

환경오염, 식품위생, 산업보건, 환경위생과 환경 보전, 공해 등과 관련된 환경요인에 대한 분야

(4) 사회복지 분야

지역사회 보건, 적절한 사회적 제도 수립 및 복지 분야의 운영 등에 관한 분야

2. 건강과 질병

1) 건강과 건강증진

(1) 건강의 정의

건강은 신체적으로 질병이 없는 소극적인 개념의 신체 건강 개념에서 출발하여 신체적 건강, 정신적 건강, 예방의학적 건강으로 확대되어 발전하여 왔다. 이후 20세기에 들어 1,2차 세계대전 후 전후 복구 및 인류의 건강 회복과 존엄성 실현을 위해 1948년에 세계보건기구가 발족하여 전 인류적인 건강 증진 사업을 추진하고 있다.

WHO의 헌장에 나온 건강의 개념이 보편적인 건강의 정의이며 이는 아래와 같다.

> 이 헌장에 서명한 국가들은 유엔 헌장에 따라 다음의 원칙들이 모든 인류의 행복 조화된 인간관계, 그리고 안전을 위하여 가장 기본적인 것임을 선언한다.
> 건강이란 단순히 질병이나 허약하지 않은 상태를 의미하지 않고 신체적, 정신적, 사회적으로 완전히 안녕한 상태를 의미한다.
> 얻을 수 있는 최상의 건강을 향유하는 것은 인종, 종교, 정치적 신념, 경제적 혹은 사회적 조건 등에 관계없이 모든 기본적인 권리 중 하나이다.
> 모든 인류의 건강은 평화와 안전을 획득하는데 기본적이며 그것은 개인과 국가가 충분히 협력하는데 달려 있다.
> 어떤 국가에서든 건강을 증진하고 보호하는 것은 모든 사람에게 가치있는 일이다.
>
> – 세계보건기구 보건헌장 中 발췌

이는 신체적 건강과 정신적 건강은 기본적으로 건강하며 사회 활동에서도 개인의 사회적 역할과 기능에 위축되지 않고 사회적 멸시나 배척 없이 만족스럽게 사회적 역할을 수행할 수 있는 상태를 말한다. 이는 지금까지 인류가 갖고 있던 소극적인 신체 건강 개념에서 진일보하여 정신적 건강과 함께 사회적 건강과 행복한 상태를 천명한 것으로 과거의 건강 인식에 비해 진일보한 개념이다.

(2) 건강증진

건강증진에 대한 개념은 1975년 캐나다의 국가보건성 장관인 래런드(Lalonde)에 의해 발표된 '캐나다인의 건강에 관한 새로운 시각'보고서에서 처음으로 나타나며 이를 세계보건기구에서 주도적으로 받아들여 1978년에 알마타 선언을 통해 전파 되었다.

이후 세계보건기구는 1984년에 건강증진을 "사람들이 자신의 건강을 더욱 잘 관리할 수 있도록 하고, 개선할 수 있도록 하는 과정"이라고 명시적으로 정의 하였다.

건강을 질병이 없는 상태에서 적극적으로 질병을 예장하기 위한 예방의학의 개념으로 폭넓게 확장한 용어로 건강을 저해하는 요소는 제외하여 건강상태를 유지하는 것에서 영양 · 체력 등을 통한 적극적인 건강상태의 수준을 향상시키는 것이 핵심 내용이다. 이것은 넓은 의미에서의 보건활동으로써 중요한 측면이고 기존의 환경위생학, 영양학, 운동학 등을 중심으로 하여 전개되어 왔으며 점진적으로 더욱 다양하고 넓은 분야와의 융합을 통해 일상생활 전체로 건강증진 활동이 확대되어 오는 결과를 낳으며 확장되고 있다.

2) 질병과 질병 발생요인

(1) 질병의 정의

질병은 신체적 건강에 악영향을 끼치는 가장 큰 원인으로 신체 조직이나 기관 등의 이상으로 장애가 생겨 정상적인 생리적 기능 및 구조에 장애가 초래된 상태이다.

질병은 연령이나 각종 질병에 대한 저항력, 영양 상태 불량 및 불균형, 바르지 않은 생활습관, 환경적 악영향 등과 병인간의 불균형에서 발생할 수 있다.

병의 원인균이 신체에 침입하더라도 숙주의 면역력이 높거나 영양 상태 등이 좋을 때는 질병 발생율이 낮지만 면역력이 떨어지면 발병률이 높을 수 있다.

질병 발생은 한 가지 요인보다는 여러 가지 요인들간의 복합적 상황 및 불균형 상태에서 발생한다.

(2) 질병 발생의 요인

① 질병 발생의 3요인설

존 고던이 설파한 질병 발생의 3요인설은 질병의 3가지 주요 요인인 병인요인(병원균 및 전염성 원인 균), 숙주요인(인간 개개인 및 집단), 환경요인(인간과 병원체를 둘러싼 환경 요소)의 불균형에서 발생한다고 보는 관점이다.

② 수레바퀴설

질병 발생에 있어 숙주가 중심부를 차지하고, 숙주요인 중에서도 유전적 요인이 가장 핵심이라고 보는 관점이다.

이는 감염성 질환보다는 만성적 질환 및 비감염성 질환에서 유용하게 설명될 수 있는 것으로 숙주를 둘러싼 환경을 사회적, 생물학적, 물리학적으로 분류하여 숙주와의 내외적 상호관계로 인한 질병 발생을 설명하고 있다.

③ 다요인설(거미줄설)

질병 발생의 요인이 다양하게 공존하며 이의 관계가 거미줄처럼 엉켜 서로 영향을 주어 질병이 발생한다는 관점이다.

20세기 이후에 인구 증가 및 식량 자원의 확보로 인류의 영양 상태가 좋아지고 과학 및 의학기술의 발달로 인간 수명이 증가 하였다. 이후 인류의 만성질환이 많아지며 기존의 3요인설, 수레바퀴설 등으로 설명되지 않는 영역이 생겨났다.

성인병 등의 만성질환은 다요인설이 아니면 설명하기 힘들며 결국 인간 스스로의 생활습관, 영양, 운동, 유전, 휴식, 정신건강 등의 다양한 요소들이 결합되어 만성질환이 나타나는 것으로 설명하고 있다.

◆ 질병 발생과 사회적 요소

세계 보건기구의 '건강의 사회적 결정요인 위원회'는 질병 발생 및 건강 상태의 '사회적 결정요인'을 총체적인 사회적 관점에서 설명하였다. "빈곤층의 낮은 건강수준, 한 국가 내에서 나타나는 건강의 사회적 격차, 현저한 국가 간의 건강불평등은 국가적, 국제적으로 존재하는 권력, 소득, 물자, 서비스의 불평등한 분포 때문에 생긴다"고 설명한다.

사람이 살아가는 직접적이고 가시적인 환경인 의료, 학교, 교육 등에 대한 접근과 노동, 여가, 가정, 거주 지역의 조건에서 불공정성을 초래하였고, 이중에서 건강에 영향을 미치는 사회적인 주요 요인은 소득, 교육, 직업적 지위 등이다.

과학 기술이 발달하고 의학이 아무리 발달해도 그것을 이용하고 접근하며 그 정보를 사용할 수 있는 사람들은 위의 요인으로 인해 격차가 발생하고 이것이 건강 및 수명과 관련이 있다는 것이다. 우리나라도 서울시내에 강남권과 강북권 간의 의료 서비스 및 소득 격차로 인해 거의 10년 정도의 평균 수명이 격차가 나고, 구별로 인구 10만명당 사망률의 차이가 발생되고 있어 위의 사실을 실증하고 있다.

3. 감염병 관리

1) 감염병 발생의 3대 요인

(1) 전염원

감염성 질환을 발생시킬 수 있는 병원체를 가지고 있어 숙주에게 병원체를 전파시킬 수 있는 모든 것을 전염원이라 한다.
환자, 보균자, 토양, 동물, 물, 공기, 식품, 생활 용품 등이 모두 해당된다.

(2) 전염경로

전염원으로부터 숙주에게 병원체가 운반되어 감염되는 과정을 뜻하며 직간접적 접촉, 공기 전파, 매개물에 의한 전파 등이 포함된다.

(3) 감수성 숙주

숙주에 침입한 병원체에 대항하여 숙주가 스스로 대항하여 감염이나 발생을 저지할 수 없는 상태를 말한다. 이는 숙주의 면역성이 높으면 감염질환의 발생율이 떨어져 감수성이 떨어지며, 감수성이 높으면 병원체에 의한 발병률이 높아져 감염성 질환의 전파가 빠르게 발생한다.

2) 전염병 생성과정

(1) 병원체

① 세균

박테리아라고 불리며 고온다습한 환경에서 급속히 증식하며 콜레라, 장티푸스 등의 질병을 일으킨다.

② 바이러스

매우 미세하여 전자 현미경으로 관찰이 가능하며 생명체와 무생물의 중간 성격을 띠고 있으며 살아있는 세포 내에 기생하며 인플루엔자, AIDS, 홍역 등을 일으킨다.

③ 진균

증식방법에 따라 효모와 곰팡이, 버섯으로 구분되며 인간의 피부에서 백선이라고 불리는 무좀 등을 일으킨다.

④ 리케치아

세균과 바이러스의 중간적 특성을 보이는 미생물로 바이러스처럼 세포 내에 기생하나 크기는 세균과 비슷하며 발진티푸스, 쯔쯔가무시병 등을 발병시킨다.

⑤ 기생충

다른 생명체에 기생하는 원충류로 대표적으로 회충, 아메바, 말라리아 등이 있다.

(2) 병원소

병원소는 병원체가 증식하여 다른 숙주에게 감염시킬 수 있는 장소가 되는 것을 말한다.

① 인간병원소

이미 감염되어 증상이 나타나는 환자와 감염되었지만 아직 증상이 발현되기 전의 보균자가 인간병원소이다.

② 동물병원소

인수공통 감염병을 일으키는 질병은 동물이 병원체를 보유하다 인간에게 재감염시켜 질병이 발생한다. 탄저병, 광견병, 페스트 등이 대표적이다.

③ 토양

토양 안에는 많은 미생물이 서식하며 그중에서 병원성 미생물을 함유할 확률이 높아 세균, 진균, 원충류, 바이러스 등의 여러 미생물로 인한 감염이 발생할 수 있다.

(3) 병원체의 탈출

① 호흡기 계통으로의 탈출

폐, 기관지, 코, 입 등의 호흡기계를 통한 탈출 경로이다.

② 소화기 계통으로의 탈출

입, 식도, 위, 장 등의 소화기계를 통한 탈출 경로이다.

③ 비뇨생식기 계통으로부터의 탈출

소변이나 기타 생식기 분비물을 통한 탈출 경로이다.

④ 개방 병소를 통한 탈춘

체외로 드러나 피부 등의 상처부위를 통한 탈출 경로이다.

⑤ 기계적 탈출

모기나, 벼룩, 이 등의 곤충에 의한 탈출 경로이다.

(4) 병원체의 전파와 침입

병원체가 병원소를 탈출하여 새로운 숙주에게 전파되는 것으로 직접전파와 간접전파로 분류할 수 있다.

직접전파는 병원체가 숙주에게 매개체 없이 직접 침입하는 것으로 성적 접촉에 의한 매독, AIDS 등이 대표적이다.

간접전파는 병원체가 매개체를 통해 새로운 숙주에게 침입하는 것으로 일본뇌염, 말라리아 등이 대표적이다.

(5) 숙주의 감염과 면역

여러 전파과정을 통해 새로운 숙주에게 감염이 될 때에는 숙주의 질병에 대한 감수성이 질병 발생의 주요 요인이 될 수 있다, 질병에 대한 감수성은 침입한 병원체에 대한 면역력과 저항력이 있으면 발병을 억제할 수 있으나 이것이 없는 경우에는 질병에 대한 감수성이 있어 감염되게 된다.

4. 법정 감염병 관리

1) 법정 감염병의 종류

2014년 1월 1일 개정된 '감염병의 예방 및 관리에 관한 법률 시행규칙' [시행 2014.01.01] 에 따른 법정 감염병은 다음과 같다.

[표 2-1] 법정 감염병 분류

구분	특징	질병명
1군 감염병	마시는 물 또는 식품을 매개로 발생하고 집단 발생의 우려가 커서 발생 또는 유행 즉시 방역대책을 수립하여야 하는 전염병	콜레라, 장티푸스, 파라티푸스, 세균성이질, 장출혈성대장균감염증, A형간염
2군 감염병	예방접종을 통하여 예방 및 관리가 가능하여 국가 예방접종 사업의 대상이 되는 전염병	디프테리아, 백일해, 파상풍, 홍역, 유행성이하선염, 풍진, 폴리오, B형간염, 일본뇌염, 수두
3군 감염병	간헐적으로 유행할 가능성이 있어 계속 그 발생을 감시하고 방역대책의 수립이 필요한 전염병	말라리아, 결핵, 한센병, 성홍열, 수막구균성수막염, 레지오넬라증, 비브리오패혈증, 발진티푸스, 발진열, 쯔쯔가무시증, 렙토스피라증, 브루셀라증, 탄저, 공수병, 신 증후군 출혈열, 인플루엔자, 후천성면역결핍증(AIDS), 매독, 크로이츠펠트-야콥병(CJD) 및 변종크로이츠펠트-야콥병(vCJD)
4군 감염병	국내에서 새롭게 발생하였거나 발생할 우려가 있는 감염병 또는 국내유입이 우려되는 해외 유행 감염병으로서 보건복지부령으로 정하는 전염병	페스트, 황 열, 뎅기열, 바이러스성 출혈열(마버그열, 라싸열, 에볼라열 등), 두창, 보툴리늄독소증, 중증급성호흡기증후군, 조류인플루엔자 인체감염증, 신종인플루엔자, 야토병, 큐열, 웨스트나일열, 신종 전염병증후군, 라임병, 진드기매개뇌염, 유비저, 치쿤구니야열, 중증열성혈소판감소증후군(SFTS): 추가
5군 감염병	기생충에 감염되어 발생하는 감염병으로서 정기적인 조사를 통한 감시가 필요하여 보건 복지부령으로 정하는 전염병	회충증, 편충증, 요충증, 간 흡충증, 폐 흡충증, 장 흡충증

지정 감염병	제1군감염병부터 5군감염병까지의 감염병 외에 유행여부를 조사하기 위하여 감시활동이 필요하여 보건복지부 장관이 지정하는 전염병	C형간염, 수족구병, 임질, 클라미디아, 연성하감, 성기단순포진, 첨규콘딜롬, 반코마이신내성황색포도알균(VRSA) 감염증, 반코마이신내성장알균(VRE) 감염증, 메티실린내성황색포도알균(MRSA) 감염증, 다제내성녹농균(MRPA) 감염증, 다제내성아시네토박터바우마니균(MRAB) 감염증, 카바페넴내성장내세균속균종(CRE) 감염증, 장관감염증, 급성호흡기감염증, 해외유입기생충감염증, 엔테로바이러스감염증

2) 감염병의 신고와 보고 의무

해당 법률 제6조에 의사, 한의사, 의료기관의 장 또는 소속 부대장은 감염병 발생 신고서(전자문서로 된 신고서를 포함한다)를 감염병 환자, 감염병 의사환자 또는 병원체 보유자(이하 "감염병환자등"이라 한다)의 소재지를 관할하는 보건소장에게 제출하여야 한다.

신고해야 하는 감염병은 제1군감염병부터 제5군감염병까지 및 지정 감염병으로 한다.

감염병의 진단 기준은 별도 기준에 따르며 그 밖의 세부 사항은 보건복지부 장관이 정하여 고시한다.

3) 검역과 격리

검역은 중세 유럽에서 흑사병의 창궐 시에 배를 타고 들어오는 배와 사람들을 40일간 항구에 들어오지 못하게 하며 전염병의 발생 유무를 파악한 후에 도시에 입항시킨 제도이다.

현재는 검역법에 따라 국내 · 외로 검역 전염병(콜레라 · 페스트 · 천연두 · 황열)이 전염되는 것을 방지하기 위하여 국내 · 외로 출입하는 선박 · 항공기 및 그 승객과 승무원 또는 화물에 대한 검역이 실시된다. 검역이 실시되면 선박 · 항공기 및 그 승무원 · 승객은 일정한 검역항 및 검역 비행장에서 검역관의 검역을 받아야 하고, 검역증(국제예방접종증명서)이 없으면 국내외로의 입 · 출국이 금지된다. 이는 검역을 통해 감염성 질병의 확산을 막아 안정적인 건강관리를 수행할 수 있게 한다.

■ 단원문제

1. 다음 중 감염성 질병의 발생과 가장 가까운 발병 발생 이론은?

① 수레바퀴설　　② 3요인설
③ 다요인설　　④ 질병궤도설

2. 다음 중 1군 감염병군에 속하지 않는 것은?

① 콜레라　　② 장티푸스
③ 파라티푸스　　④ 패혈증

3. 다음 중 법정 감염병군에 대한 설명으로 바른 것은?

① 1군 감염병은 예방접종을 통해 예발 가능한 질병들이다.
② 2군 감염병은 주로 물을 통해 전파되는 수인성 질환의 특징을 띈다.
③ 3군 감염병은 간헐적으로 유행할 가능성이 있어 계속 그 발생을 감시하고 방역대책의 수립이 필요한 전염병이다.
④ 4군 감염병은 국내에서 새롭게 발생하였거나 발생할 우려가 있는 감염병 또는 국내유입이 우려되는 해외 유행 감염병으로서 보건복지부령으로 정하는 전염병이다.

4. 다음의 질병 발생 시 즉시 국가에 발병을 신고하여야 하는 감염병은 어느 것인가?

① 1군 감염병　　② 2군 감염병
③ 3군 감염병　　④ 4군 감염병

5. 공중보건학의 범위와 거리가 먼 것은?

① 보건관리 분야　　② 역학 및 질병 관리 분야
③ 환경 보건 분야　　④ 화장품 분야

■ 해답과 TIP

1. ② 3요인설은 감염성 질환과 관계가 있고, 만성질환은 수레바퀴설과 다요인설 등과 간계가 깊다.
2. ④ 패혈증은 3군 감염병군에 속한다.
3. ④ 4군 감염병에는 페스트, 황열, 뎅기열 등이 있다.
4. ① 1군 전염병은 인체에 미치는 위해가 크고 전염성이 빠르므로 발생 즈기 신고 하여야 한다.
5. ④ 보건관리,역학 및 질병 관리, 환경 보건, 사회복지 등이 공중보건학의 범주에 해당된다.

제4장. 화장품학

1. 화장품의 개요

화장품은 응용과학 기술 분야 중 바이오, 기초 의학, 생화학기술, 신소재기술, 경 · 표피 흡수기술, 나노 등의 제조기술과 디자인 및 용기, 향료, 사회적 유행, 감성공학 등이 혼합된 고부가가치 산업이다.

화장품은 인체의 청결과 세정, 보습, 보호, 용모 미화 등의 단순 역할에서 항노화, 미백, 자외선 차단 등의 기능성 화장품을 중심으로 한 유효성이 화장품 선택의 중요 기준이 되고 있어 앞으로 화장품 분야의 성장은 더욱 확대될 것이다.

1) 화장품의 정의

화장품법은 2000년 7월 1일에 약사법에서 독립하여 전문화된 화장품법을 갖추게 되었고, 이후 수차례의 개정을 통해 현재에 이르고 있다.

법률에서 정한 화장품의 정의를 살펴보면 다음과 같다.

> "화장품"이란 인체를 청결 · 미화하여 매력을 더하고 용모를 밝게 변화시키거나 피부, 모발의 건강을 유지 또는 증진하기 위하여 인체에 바르고 문지르거나 뿌리는 등 이와 유사한 방법으로 사용되는 물품으로서 인체에 대한 작용이 경미한 것을 말한다. (화장품법 제2조 제1항)

2) 화장품의 요건

최상의 효과를 위한 각 원료의 조화와 조합은 필연적으로 원료 배합 시 각 원료의 유기적인 시너지 효과를 발휘하고 화장품의 안전성, 안정성, 사용감, 유효성 등의 4대 요건을 모두 만족하여야 한다.

2. 화장품 성분

1) 수성 성분

수성 성분은 화장품에 사용되는 핵심 원료로 물에 녹는 수용성 물질을 포함한다.

대표적인 수성 성분은 다음과 같다.

① 정제수

물은 화장품에 가장 많이 사용되는 기본적 원료로 3중 정제를 통한 정제수를 일반적으로 가장 많이 사용한다. 일반적인 물에는 H_2O 분자 외에도 미네랄을 포함한 다른 불순물이 포함될 수 있으므로 불순물 여과 및 이온 교환수지를 통해 경수를 연수로 전환하고 생물학적 오염을 방지하지 위해 철저한 살균과정을 거친 정세수만 사용한다.

② 에탄올

에탄올은 알코올의 일종으로 에틸 알코올이라 하며 이를 줄여 에탄올이라 부른다.

알코올은 중세 이슬람 제국의 과학자들이 사용하던 원료로 서구에 전해져 알코올이라는 아랍어 기원의 명칭을 얻게 되었다.

화장품 제조에 사용되는 에탄올은 석유에서 합성한 95% 에탄올을 사용하며 알코올 특유의 특이취가 강하나 쉽게 휘발되고 무색이며 물에 잘 용해되어 정제수 다음으로 많이 사용되는 원료이다.

2) 유성성분

유성 성분은 수성 성분과 달리 물에 용해되지 않고 오일에 녹는 성분을 말하는데, 피부의 수분이 증발하는 것을 억제하여 피부 건조를 방지하고 피부를 유연하게 하며 피부를 외부의 자극으로부터 보호할 목적으로 사용된다.

유성 성분은 크게 식물성 오일, 동물성 오일, 광물성 오일로 구분한다.

① 식물성 오일

가. 올리브 오일

중동 지방이 원산지로 올리브를 압착해 추출하며 에몰리언트 효과가 좋고 매끄러우며 많은 불포화 지방산을 함유하여 화장품 뿐만 아니라 식품으로도 널리 사용되고 있다.

나. 해바라기 오일

해바라기는 원래 아메리카 대륙의 록키 산맥 주변이 원산지로 태양을 따라 움직이는 특성을 가지고 있다. 피부 친화성이 좋고 보습 유지력이 좋아 아토피 제품과 중건성용 크림과 유액, 악건성용 특화제품에 자주 사용된다.

다. 스위트 아몬드 오일

스위트 아몬드 오일은 열매를 냉 압착하여 얻어진 담황색 오일로 피부 유연 및 탄력에 좋고 건선, 소양증, 가벼운 화상, 염증에 대한 진정 효과도 좋다.

라. 포도씨 오일

포도씨에서 추출한 오일로 폴리페놀과 토코페롤 등의 항산화제 성분이 많아 화장품의 변질과 산패를 막는 산화안정성이 특히 우수해 화장품에 사용되는 식물성 오일 중에서 선호도가 높은 편이다.

② 동물성 오일

가. 스쿠알렌

스쿠알렌은 심해에서 사는 상어의 간에서 추출한 동물성 오일을 말한다. 화장품에 적용 시 뛰어난 보습 증진과 에몰리언트 효과로 노화피부, 건성피부, 색소 침착형 피부 등에 매우 효과적이며 흡수성이 뛰어나다.

나. 밍크 오일

밍크 오일은 겨울철 고가의 모피 소재인 밍크의 피하 지방을 정제해 추출한다. 부드럽고 흡수감이 빠르며 높은 피부 친화성과 재생 효과로 노화 피부, 건성 피부 등에 매우 효과적이다.

다. 라놀린

라놀린은 양의 피지 성분을 정제한 유지로 널리 사용되었으나, 현재에는 피지를 배출하는 통로인 모공을 막아 여드름을 유발하는 것으로 알려져 화장품에는 거의 사용되지 않는다.

③ 광물성 오일

가. 유동 파라핀

주로 석유에서 정제해 추출하며 무색 투명한 빛을 띠는 오일이다. 화장품에 사용 시 안정성이 좋아 변질, 변취가 거의 없고 산화 안정성이 좋으며 품질 유지력이 높아 널리 사용된다. 유동 파라핀은 석유에서 정제, 추출하는 광물성 오일이며 피막 형성 및 노폐물 용해로 클렌징 품목 및 보습제, 메이크업 제품, 선제품 등에 널리 사용된다.

나. 바셀린

석유에서 추출한 성분으로 피부에 피막을 형성해 표면의 수분 증발을 억제하고 에몰리언트 효과가 높다. 과거에 저렴한 가격과 일반적인 보습 및 유연 효과가 좋아 화상 치료 시 보조적 제제로 사용되었고, 피부의 수분감 유지와 생물학적 오염을 막기 위한 피막 형성제로 많이 사용된다.

④ 합성 오일

가. 실리콘 오일

화학적으로 합성한 오일로 산화 안정성이 떨어져 쉽게 산패되고 변취되는 식물성 오일류에 비해 안정성이 뛰어나다. 동물성 오일에 비해 사용감이 가볍고 산뜻한 제형으로 만들 수 있어 최근의 트렌드와 잘 부합되는 유성 성분이다.

3) 계면활성제

계면이란 액체와 고체, 액체와 액체, 액체와 기체가 서로 맞닿아 있는 경계면을 말한다. 이때 액체와 기체(공기), 액체와 고체, 액체와 액체의 경계면에 과하게 흡착하여 비교적 소량으로도 현저히 표면(계면) 장력의 저하를 가져오는 물질을 계면활성제라고 한다. 즉, 계면활성제는 동일 분자 내에 물과 친한 친수성기와 기름과 친한 친유성기를 동시에 갖고 있어서 물과 기름처럼 섞이지 않는 물질을 서로 잘 섞일 수 있도록 도와주는 물질을 말한다.

계면활성제는 수성 성분과 유성 성분 모두와 친화성을 가지고 있어서 물과 기름의 경계면에서 친수성기는 물과 접촉하고 친유성기는 기름과 접촉하여 이 둘을 균일하게 혼합해 준다. 이러한 특성 때문에 계면활성제는 화장품 분야뿐만 아니라 식품 산업, 의약품 산업, 페인트 등의 도료에도 널리 사용되는 물질이다. 화장품 산업에서는 가용화제, 유화제, 분산제, 세정제, 대전방지제 등이 주로 사용되며 계면활성제가 가진 전기적 이온성에 따라, 즉 물에 녹아 친수성 부위가 어떤 전기를 띠느냐에 따라 양이온성, 음이온성, 양쪽이온성, 비이온성 계면 활성제로 분류할 수 있다.

① 양이온성 계면활성제(Cationic surfactant)

양이온성 계면활성제는 살균과 소독 작용을 하고 정전기 발생을 막아 모발에 유연성을 제공하므로 헤어 트리트먼트, 린스, 유연제 등에 사용된다. 양이온성 계면활성제로는 염화벤잘코늄, 세트리모늄클로라이드, 벤헨알코늄클로라이드 등이 있다.

② 음이온성 계면활성제(Anionic surfactant)

음이온성 계면활성제는 물에 녹을 때 친수성 부위가 음이온으로 해리되는 것으로, 기포 형성과 세정력이 뛰어나고 물질에 침투 후 쉽게 빠져나온다. 광범위하게 가장 많이 사용되고 비교적 가격이 저렴하며 세안용 비누, 클렌저, 치약, 샴푸, 면도용 크림 등에 사용된다. 음이온성 계면활성제는 암모니움 라우릴 설페이트, 소듐라우릴설페이트, 소듐라우레스설페이트 등이 있다.

③ 양쪽성 계면활성제(Amphoteric surfactant)

양쪽성 계면활성제는 한 분자 내에 양이온 계면활성제와 음이온 계면활성제의 두 가지 성질을 모두 가지고 있다. 양이온성 계면활성제와 같이 살균, 소독작용이 있으며, 음이온성 계면활성제와 같이 세정작용과 기포 형성력을 가지고 있다. 다른 이온성 계면활성제 보다 양쪽성 계면활성제가 피부자극이 더 적어 저자극성 제품, 베이비 샴푸 등에 사용된다.

④ 비이온성 계면활성제(Nonionic surfactant)

비이온성 계면활성제는 물에 녹아 이온화되지 않으므로 피부에 대한 안전성이 높고 피부 자극이 가장 적은 계면활성제이다. 장시간 사용하는 기초화장품의 가용화제나 유화제로 많이 사용된다.

4) 점증제

점증제란 화장품 제조 시 각 품목의 용도와 기능에 맞게 점도를 조절해 주는 성분으로 제품의 안정성을 유지하여 사용감을 결정하는 중요한 요인이 된다. 점증제에 의해 묽은 액상이 되거나 점도가 높은 크림의 제형이 될 수도 있다. 많이 사용하는 점증제의 종류는 퀸스씨드검, 산탄검, 카르복시비닐 폴리머, 아크릴레이트, 폴리아크릴아마이드, 카르복시메틸 셀룰로오스 나트륨 등이 있다.

5) 고급 지방산

고급 지방산은 탄소의 수가 많은 유기산을 말한다. 긴 사슬 모양의 탄화수소 구조에서 한쪽에 카르복시기(R-COOH, R:알킬 체인)를 띄어 산성을 나타내고 이러한 특징으로 염기성 물질과 pH 중화 반응을 일으킬 수 있어 화장품에 활용도가 높은 성분이다.

지방산은 화학적으로 포화 정도에 따라 불포화지방산과 포화지방산으로 분류하는데, 화장품에는 탄소수가 C12이상의 포화지방산을 많이 이용한다. 불포화지방산에는 올레인산, 리놀산 등이 대표적이고 포화지방산에는 미리스틱산, 팔미틴산, 스테아린산 등이 대표적이다.

6) 고급 알코올

고급 알코올은 유성 성분 중 화학직으로 탄소수가 6개 이상인 것으로 천연 오일이나 왁스에서 가수분해와 정제를 통해 추출하거나 고급 지방산을 환원하는 공정을 통해 얻는다. 고급 알코올은 유화를 안정화시키고 화장품의 점도를 조절하기 위해 첨가한다. 자주 사용되는 종류로는 세틸 알코올, 미리스틸 알코올, 스테아릴 알코올 등이 있다.

7) 에스테르류

화학적으로 에스테르류는 고급 지방산과 알코올이 결합된 성분으로 유성성분 중 무겁고 답답한 유분감보다 가볍고 산뜻한 사용감을 위해 주로 사용한다. 아로마 오일 사용 시 캐리어 오일로 많이 사용되는 호호바 오일과 벌집에서 추출하는 비즈 왁스, 립스틱 등에 많이 사용되는 카나우바 왁스, 라놀린 등이 대표적이다.

에스테르류는 피부의 피지와 유사한 구조로 되어 있어 피부에 유연성을 주고 다른 오일에 비해 흡수성이 좋아 자주 사용된다.

8) 실리콘류

실리콘은 무기물질인 규소 성분을 바탕으로 화학반응을 통해 만들어진 합성물로 투명하면서 무색, 무취의 특성을 가져 화장품에 적용 시 다양한 활용과 안정한 유화 상태 유지와 산패 방지의 효과가 높다.

피부에 도포 시 가볍고 실키한 사용감과 윤기있고 촉촉한 광택감으로 사용감이 매우 우수하며 피부나 모발에 퍼짐성이 좋아 현대인에게 매우 사랑받는 성분이다. 각종 기초 화장품과 선제품, 메이크업 제품, 립스틱 등에 모두 사용되며 대표적인 종류로는 디메치콘, 사이클로메치콘 등이 있다.

9) 산화방지제

산화방지제는 화장품의 제조, 보관, 유통, 판매, 사용 단계에서 안정된 품질력 유지를 위한 필수 조건인 산화를 방지해 주는 성분을 통칭한다. 산화는 화장품의 성분이 공기 중의 산소에 의해 산화되어 변질되는 것으로 주로 변색, 변취 등의 형태로 나타나며 화장품의 품질력을 저하시키고 심할 경우 피부에 자극을 주고 트러블을 유발한다. 따라서 산화방지제는 유지의 산화를 억제하고 화장품의 품질을 일정하게 지속시키기 위해 사용되는 것이다.

화장품에는 산화방지제로 비타민 E(Vit E), 비타민 E 아세테이트(Vit E acetate), 레시틴(lecithin), 폴리페놀, BHT(Butyl hydroxy toluene) 등을 사용한다.

10) 색소

화장품의 색을 조정하고 사용 시 피부색을 보정하고 아름답게 보이기 위해 화장품 제조 시 색소를 사용한다. 색소는 주로 메이크업 제품과 네일 제품에 사용하며 색소는 용액에 녹는 염료(dye), 용액에 녹지 않으며 무기물질로 이루어진 색소인 안료(pigment), 수용성 염료에 무기물을 첨가해 불용성으로 가공한 레이크(lake)로 구분한다.

염료는 주로 전통적인 염색에 쓰였던 성분으로 옷감의 염색에 주로 쓰였고 화장품에서는 기초 화장품과 헤어 제품에 일부 사용된다. 안료는 다시 체질안료, 백색안료, 착색안료 등으로 구분할 수 있다. 색소는 주로 메이크업 제품에서 피부색 보정, 피부색 커버, 색채 부여, 용모 미화 등의 목적으로 사용된다.

11) 방부제

화장품의 생물학적 오염을 막고 화장품의 안전성과 안정성을 유지하기 위해 방부제 및 살균제를 첨가한다.

방부제는 세균, 진균 등의 미생물 번식과 활동을 억제해 인체에 안전하게 화장품이 사용될 수 있도록 하는 성분으로 파라벤류와 페녹시에탄올, 디아졸리디닐우레아, 벤조산, 소르빈산, 프로피온산 등이 많이 사용된다.

12) 향료

화장품에 사용되는 많은 원료들의 특이취를 중화하고 마스킹 하거나 좋은 향을 부여해 사용감과 품질력을 높이기 위해 향료를 첨가한다.

향료는 천연 향료와 합성 향료로 분류하며 원료 수급 및 균일한 품질력 유지, 경제적 비용, 보관 및 유통 단계에서의 안정성 등을 고려해 합성 향료를 화장품에 더 많이 사용한다.

합성 향료는 비용이 저렴하며 적은 양으로도 큰 효과를 볼 수 있고 다양한 향취를 부여해 화장품의 품질력 향상 및 고객 선호도 증가에 기여한다.

13) 컨셉 원료

컨셉 원료는 화장품 품질과 마케팅의 중점적인 컨셉이 되는 원료로 항노화, 미백, 자외선 차단 등의 기능성 성분과 여드름 개선 성분, 펩타이드와 각종 비타민, 미네랄 등이 대표적으로 사용된다. 컨셉 원료는 화장품의 기능을 상징적으로 보여주며 핵심 효과를 대표하는 주요 성분이다.

14) 기타 원료

이외에 기타 원료로 제품의 pH를 조절해 피부에 대한 자극을 줄여주고 피부 기능을 높여주는 pH 조절제와 땀, 눈물, 빗물 등에 의해 화장이 지워지는 것을 방지하여 사용감을 향상시키고 광택을 내는 데 도움을 주는 피막 형성제 등이 있다.

3. 기초 화장품

기초 화장품은 피부의 신진대사를 원활하고 정상적인 기전으로 유지시켜 주며 물리적, 화학적, 생물학적, 광학적 외부 자극으로부터 피부를 보호하여 항상성을 유지하도록 도와주는 제품군을 말한다.

[표 2-2] 기초 화장품의 일반적 구분

구 분	특징	주요 품목
청정 및 세정 제품	노폐물 및 메이크업 잔여물 제거, 청결 및 피지 제거 등의 청정 효과 부여, 세정을 통한 위생 개선 및 용모 미화 효과	클렌징 제품, 폼 클렌징 피지 제거제
피부 정돈	피부의 pH 밸런스 유지, 피부 정돈, 피부결 정돈, 보습 및 수렴(제품 특성별)	화장수
보습제품	피부에 보습 증가, 원활한 피부 항상성 유지	에센스, 세럼, 앰플, 아이젤
보호제품	피부에 보호 효과 부여, 에몰리언트 효과 부여 , 건조함, 자외선, 외부 오염물질로부터 보호	에멀젼(로션류), 유액, 데이 크림, 크림류, 아이제품류
영양공급제품	피부에 영양 공급	앰플, 영양 크림, 나이트 크림, 영양팩
기능활성화 제품	피부의 신진대사 활성화	각종 팩, 마사지

[표 2-3] 기능성 화장품의 분류

구 분	특징	주요 품목
주름개선 (항노화)	피부의 노화를 막아주는 안티에이징 효과의 화장품군으로 피부 탄력 증가, 주름 완화, 피부 밀도 향상 등의 기능을 나타내는 제품군이다.	주름개선 제품 – 주름개선 에센스, 주름개선 에멀젼, 주름개선 크림 등
미백	피부의 색소 침착을 완화하고 이미 생성된 색소를 환원해 피부색을 밝고 하얗게 가꿔주는 제품군이다.	미백 제품 – 미백 에센스, 미백 세럼, 미백 크림, 비타민 C 세럼 등
자외선 차단	피부 노화와 색소 침착의 주범인 자외선을 차단하여 피부를 보호하는 제품군이다.	자외선 차단 제품 – 선 스프레이, 선 로션, 선 크림, 선 스크린, 선 오일 등

1) 청정 및 세정 화장품

청정 및 세정 제품이 가장 필요한 이유는 피지 분비 및 땀 분비, 외부 오염 물질의 흡착을 제거하고 피부 건강을 유지하기 위해서이다.

청정 및 세정 제품은 신생아부터 노인까지 전 연령대에서 사용하는 품목이다. 어린이들을 대상으로 한 품목으로는 베이비 샴푸, 베이비 비누, 베이비폼 워시, 아토피용 워시, 아토피용 샴푸 등이 있다. 일반적으로 여성이 사용하는 청정 및 세정 제품에는 클렌징 젤, 클렌징 로션, 클렌징 워터, 클렌징 로션, 클렌징 오일, 세안 비누, 폼 클렌징 등이 대표적이다.

2) 피부 정돈 화장품

① 화장수

화장수는 세안 후 피부에 처음으로 도포하는 화장품으로 유연 화장수는 보습과 피부 보호에 중점을 둔 화장수이고, 수렴 화장수는 청정과 모공 수축 등에 초점을 맞춘 제품이다.

3) 보습 화장품

① 에센스(Essence)

에센스는 보습 및 영양 물질의 농축액이라는 뜻으로 화장수 다음 단계에서 사용하고 아침, 저녁에 모두 사용한다. 에센스는 미국과 일본, 우리나라 등에서 흔히 사용하는 용어이며, 유럽 등에서는 시럼 또는 세럼(serum) 등의 용어가 더 일반적이었으나 현재는 혼용하여 사용되고 있다.

② 앰플(Ampul)

앰플은 주사액이라는 단어로 피부에 필요한 고보습, 고영양 성분을 농축하고 있다는 뜻을 담고 있다. 앰플의 대중화는 곧 주름개선, 항노화, 미백, 탄력 강화, 재생 촉진 등의 다양한 컨셉의 고가 제품군의 발전을 가져왔고, 이를 뒷받침 하고자 화장품의 신소재 연구, 기초 피부과학 연구, 용기 및 디자인 연구, 화장품 부자재 연구 등이 활성화 되었다.

4) 보호 화장품

① 에멀젼

에멀젼은 흔히 로션이라 부르는 품목으로 유성 성분의 함량이 화장수나 에센스보다 높으나 후루이드한 액상 타입이라 피부에 도포 시 흡수가 잘 되고 다음 단계에 도포되는 크림류의 사용감과 효능을 높여주는 기능을 한다.

② 데이 크림

데이 크림은 낮 동안의 인체 활동에 수반되는 외부 환경으로부터 우리 피부를 보호하고, 건조하거나 번들거리지 않으면서 피부의 신진 대사를 유지해주는 기능을 한다.

③ 아이 제품

아이젤과 아이 크림 등으로 구분되는 아이 제품군에서 아이젤은 빠른 흡수와 보습 강화 효과가 뛰어나고 아이 크림은 수분과 유분의 공급으로 건조함 방지, 장시간의 에몰리언트 효과가 특징이다.

5) 영양공급 화장품

① 나이트 크림

영양 공급 단계에는 에센스, 세럼, 앰플 등의 수용성 성분 위주의 보습 제품군과 나이트 크림, 영양 크림, 아이 제품 등이 모두 포함된다. 나이트 크림은 피부에 영양공급과 피부 재생, 활력 증진을 목표로 만들어진 품목이다.

② 영양 크림

영양 크림은 피부에 영양 공급을 위해 풍부한 유성 성분과 보습 성분을 함유한 크림으로 데이 크림, 나이트 크림의 구분 없이 다목적으로 활용되는 크림을 말한다.

현재는 영양 크림이라는 용어보다 기능성 화장품의 범주에서 주름개선 크림, 미백 크림, 탄력 크림, 재생 크림 등의 이름으로 보다 더 세분화된 목적과 기능으로 변신하고 있다.

6) 기능 활성 화장품

피부의 기능 활성화를 위한 기초 화장품에는 팩과 마사지가 있다. 이중 마사지는 마사지 자체가 기능 활성화의 효능을 갖는 것이 아니라 마사지를 하는 행위와 기법이 포함되므로 화장품에서는 팩이 이러한 효능을 대표한다.

① 팩

팩은 무엇인가를 감싸고 둘러싸고 포장한다는 뜻을 가진 영어의 'package'에서 기원하였으며 피부 표면에 미세한 막을 형성하여 피부 표면을 감싸 피부에 보습과 영양공급, 노폐물 제거 및 피지 제거, 노화 각질 제거, 피부 청정, 혈액 순환 촉진 등의 다양한 효과를 부여해 주는 품목이다.

4. 기능성 화장품

기능성 화장품은 화장품법 제2조 제2항에서 피부의 미백에 도움을 주는 제품, 피부의 주름 개선에 도움을 주는 제품, 피부를 곱게 태워 주거나 자외선으로부터 피부를 보호하는데 도움을 주는 제품, 모발의 색상 변화·제거 또는 영양공급에 도움을 주는 제품, 피부나 모발의 기능 약화로 인한 건조함, 갈라짐, 빠짐, 각질화 등을 방지하거나 개선하는 데에 도움을 주는 제품을 지칭한다.

기능성 화장품은 화장품의 4대 요건 중 유효성을 강화한 제품군으로 피부에 입증할 만한 유효성을 주는 대한민국 공인의 품목 등을 일컫는다.

이는 일반적인 기초 화장품이 피부 청정과 세정, 보습, 피부 보호 등에 주안점을 둔 일반 화장품인데 반해, 기능성 화장품은 피부의 적극적인 기능 개선과 노화나 색소 침착 등을 방지하고 완화하는 예방적 효과 뿐만 아니라 노화와 색소침착 등의 기능을 개선하는 기능 강화를 보장한 제품이라 할 수 있다.

1) 미백 기능성 화장품

◆ 미백 기전

- 1차적으로 자외선을 차단하는 일상적 관리법을 통해 멜라닌 색소의 생성을 방지함

- 멜라닌 색소세포에서 티로신이 티로시나아제 효소의 활성을 억제해 멜라닌 색소 형성을 방지함
- 세포 간 신호 전달물질을 차단하여 피부색의 착색을 방지함
- 기 배출된 색소가 체외로 빨리 탈락되어 피부색을 환하게 회복시키는 턴 오버 촉진 기능을 통해 피부색의 회복을 빠르게 함
- 피부 표면의 노화 각질을 제거해 보다 환한 피부색으로 표현하는 브라이트닝 효과를 강화함
- 비타민 C를 통해 이미 생성된 멜라닌을 다시 환원함

미백 기능성 화장품은 자외선을 받아 멜라닌색소형성 세포가 멜라닌을 만들어 표피의 각질세포에게 전달하는 것을 완화하고, 일부 성분을 이용한 미백 기전에서는 이미 생긴 멜라닌 색소를 환원해 미백 효과를 볼 수 있는 화장품이다.

미백 기능성 화장품의 주요 성분 중 미백 효과로 공인을 받은 주요 미백 성분은 기능성 고시 원료로 지정되어 있으며 닥나무추출물, 알부틴, 유용성 감초추출물, 아스코빌 글루코사이드, 마그네슘 아스코빌 포스페이트, 에칠아스코빌에텔, 나이아신 아마이드, 아스코빌테트라이소팔미테이트 등이 있다. 국내에서 배합 금지 미백 원료 중 대표적인 것으로 코직산과 하이드로 퀴논이 있다.

2) 주름개선 기능성 화장품

주름개선 기능성 화장품은 적극적인 피부의 노화방지를 통해 피부에 생성되는 주름을 완화하고 이미 생긴 주름을 개선하며, 피부의 탄력을 증가시켜 피부의 늘어짐을 완화하고 전반적인 피부 노화를 예방하는 기능을 갖고 있다.

주름개선 기능성 화장품은 안티 에이징 또는 노화방지 제품군이라는 별칭으로 불리며 피부 표면에서 보여지는 주름을 개선하면서 동시에 피부 심층부터 전반적인 기능을 개선하는 다기능적 제품이다.

주름개선 기능성 성분은 피부 진피층의 섬유아세포에 작용하여 둔화된 콜라겐 생합성 능력을 촉진하여 진피층의 밀도와 부피를 지탱하고 피부 깊은 곳에서부터 탄력을 서서히 채워주는 역할을 한다.

주름개선 기능성 화장품의 주요 성분도 식약청의 기능성 고시 원료로 지정되어 있으며 레티놀, 레티놀 팔미테이트, 폴리에톡실레이티드 레틴아마이드, 아데노신 등이 있다.

식약청 고시원료 외에도 비타민 C는 콜라겐의 생합성 촉진 시 조효소 기능을

통해 주름개선 기능성 원료의 활성을 촉진해 피부 기능 회복을 촉진하는 부가적인 역할을 수행하며, 코엔자임 Q10 성분은 항산화제 기능을 하여 피부 노화의 원인으로 알려져 있는 활성산소를 제거하고 피부 탄력 강화에 도움을 준다.

3) 자외선 차단 기능성 화장품

자외선은 태양광선의 일종으로 200~400nm 파장대의 광선으로 파장대에 따라 UVA, UVB, UVC로 구분한다.

UVA는 장파장의 자외선으로 320~400nm의 파장대를 가지고 있고 실내 유리창을 통과하므로 생활자외선이라고 불리며, 피부 진피층까지 깊이 흡수되어 콜라겐 및 엘라스틴의 변성, 피부 탄력 상실, 주름 생성 등의 피부 노화와 색소 침착 등을 야기한다.

UVB는 단파장의 자외선으로 280~320nm의 영역대로 표피층에 흡수되며 피부에 조사 시 벌겋게 되고 심한 경우 염증이 발생하거나 피부가 딱딱해지는 등 일광 화상, 홍반 등을 유발한다.

파장이 가장 짧은 UVC는 200~290nm의 영역대의 파장을 가지고 있으며 피부암의 원인이 되는 것으로 알려져 있다.

이외에도 선탠 화장품이 자외선 차단 기능성 화장품에 속한다. 선탠 제품은 피부의 자극과 손상 없이 피부색을 건강하게 착색하는 화장품으로 주로 셀프 태닝 제품들이 여기에 속한다.

(1) 자외선 차단제

자외선의 악영향을 방지하고자 자외선 차단제를 사용하는데 사용되는 성분의 특징에 따라 아래와 같이 분류한다.

① 자외선 산란제

무기원료를 이용해 물리적 산란작용에 의해 자외선이 피부 안으로 침투되는 것을 방지하는 방법이다. 자외선 산란제는 백탁현상이 일어나 사용감이 떨어지지만 피부 자극이 적고 클렌징을 통해 쉽게 제거된다. (무기원료: 이산화티탄, 산화아연 등)

② 자외선 흡수제

유기원료를 이용해 자외선을 화학적으로 흡수하여 소멸시키는 방법으로 차단 효율이 높다. 자외선 흡수제는 백탁현상이 없고 투명하기 때문에 사용감이 우수하지만 접촉성 피부염을 유발할 수 있으므로 사용에 주의를 요한다. (유기원료: 옥틸메톡시시나메이트)

자외선 차단제를 사용할 시에는 사용 목적에 따른 자외선 차단지수를 확인 후 선택하며 땀이나 물에 잘 지워지지 않는 워터 프루프 기능을 선택하고 2~3시간마다 균일하게 덧바르도록 한다.

(2) 자외선 차단 관련 지수

① 자외선 차단지수(SPF : Sun Protection Factor)

자외선 차단지수라고 하는 SPF는 UVB를 차단하는 정도를 나타내는 지수로, 자외선 양이 1일 때 SPF 20은 피부에 닿는 자외선의 양이 20분의 1로 감소한다는 의미이다.

SPF = 자외선 차단제품을 바른 피부의 최소홍반량(MED) /
자외선 차단제품을 바르지 않은 피부의 최소홍반량(MED)

MED(Minimal Erythma Dose) : UVB를 사람의 피부에 조사한 후 16~24시간의 범위 내에, 조사영역의 거의 대부분에 홍반을 나타낼 수 있는 최소한의 자외선 양

② UVA 차단등급(PA : Protection Factor of UVA)

PA는 UVA를 차단하는 제품의 효과를 나타내는 지수이다.

PFA = 자외선 차단제품을 바른 피부의 최소지속형즉시흑화량(MPPD) /
자외선 차단제품을 바르지 않은 피부의 최소지속형즉시흑화량(MPPD)

MPPD(Minimal Persistent Pigment darkening Dose) : UVA를 사람의 피부에 조사한 후 2~4시간의 범위 내에, 조사영역의 전 영역에 희미한 흑화가 인식되는 최소 자외선 양

자외선 A 차단지수(PEA)	자외선 A 차단 등급(PA)	자외선 A 차단효과
2이상 4미만	PA+	낮음
4이상 8미만	PA++	보통
8이상 16미만	PA+++	높음

5. 바디 케어 화장품

바디 케어 화장품은 바디 피부에 사용하는 제품군으로 주로 청정 및 세정 작용과 안면피부 보다 건조하고 신진대사가 둔화되기 쉬운 바디 피부의 보습과 보호를 위한 제품이 대부분이다.

이외에 특정 바디 피부인 손과 발을 위한 기능 강화 제품이 있고, 체취 방지를 위한 제품과 바디 피부의 정돈과 균일한 피부색 발현을 위한 바디 전용 피부색 커버 제품 등이 있다.

주요 품목으로는 바디 워시, 바디 로션, 바디 크림, 피지 억제 및 체취 방지제, 발 전용 스프레이, 핸드 로션, 핸드 크림, 풋 크림, 바디 오일, 바디 스프레이, 바디 스크럽, 풋 스크럽, 입욕제, 거품 목욕제 등이 있다.

6. 색조 화장품

1) 색조 화장품의 특성과 분류

색조 화장품은 기초 화장품이 피부 결과 속에서 모두 피부 기능을 증진하고 신진대사를 활성하는 것과 달리 피부 표면에서 피부의 용모 미화를 위해 사용하는 화장품이다.

주로 피부색을 일정하게 보정하고 잡티를 커버하는 베이스 메이크업 제품과 색채감 부여 및 매력적인 용모로 변화시켜 주는 포인트 메이크업 제품으로 구분 할 수 있다.

[표 2-4] 색조 화장품의 분류

분 류	품목	역할
베이스 메이크업	메이크업 베이스	– 안면 전체의 피부색을 고르게 보정 – 색조 화장의 밀착성과 지속성을 높이고 색조 성분의 피부 흡수를 방지함.
	파운데이션	– 피부색의 보정 및 잡티 커버 – 피부결 커버 및 투명한 블루밍 효과 부여 – 자외선 차단 효과 – 외부 환경으로부터 수분 유지, 미세 먼지 및 꽃가루 등의 이물질로부터 보호
	파우더 및 투웨이 케익, 팩트, 쿠션 등	– 피부표면의 유분감 완화 및 번들거림 방지 – 블루밍 효과 부여, 보습 및 윤광 부여
	치크 케익	– 볼에 혈색 부여 – 전체적인 입체감 부여 – 메이크업의 주요 컨셉에 기여
포인트 메이크업	아이브로우	– 눈썹의 형태 변화 – 전체적인 이미지 좌우
	아이 섀도우	– 눈거풀에 색채 부여
	아이라이너	– 눈의 윤곽 변화 및 눈의 이미지 변화
	마스카라	– 풍성하고 긴 속눈썹 연출
	립스틱	– 입술에 색채 부여
	립글로스	– 광택감 및 보습 부여
네일 에나멜		– 손, 발톱에 색채 부여

7. 네일 에나멜

손톱과 발톱 등의 조갑에 아름다운 색채감을 부여하고 광택감, 윤기, 조갑 보호, 개성 표현 등의 여러 기능을 주는 품목이다. 주로 의상의 색과 조화를 이루거나 포인트 색채와 개성 표현으로서 활용되므로 조갑에 바르기에 안전하고 잘 벗겨지지 않으며 균일한 피막 형성과 빠른 건조를 통해 아름다운 색채감을 표현할 수 있는 요구 조건이 있다. 또한 수정을 원할 때 쉽게 제거할 수 있고 손발톱에 착색이 되지 않아야 한다.

네일 에나멜을 바르기 전에 베이스 코트를 먼저 발라 색소가 손톱 등에 침투되지 않게 하며 마지막에 탑 코트를 발라 색상 표현 및 광택, 질감 등을 좋게 하고 쉽게 벗겨지지 않도록 보호하도록 한다.

8. 모발 화장품

1) 모발 화장품의 특징

모발 화장품은 안면 피부보다 피지선이 발달하고 땀이나 피지, 비듬 등의 오염에 쉽게 노출된 두피와 모발을 청결히 하고 건강하게 관리하기 위해 사용되는 제품군을 말한다.

모발 화장품은 사용 목적과 기능에 따라 세정용 품목, 컨디셔닝 품목, 양모 및 육모 품목, 펌용 품목, 염색용 품목, 탈모 및 제모 품목, 헤어 스타일링 품목 등으로 구분할 수 있다.

[표 2-5] 모발 화장품의 분류

분류	품목
세정	샴푸, 약용 샴푸
컨디셔닝	린스
트리트먼트	트리트먼트제, 헤어 앰플, 헤어 로션, 헤어 크림, 헤어 오일
양모 및 육모	두피 토닉, 육모 앰플
퍼머넌트제	퍼머넌트 웨이브용 제품
염색제	영구 염색제, 반영구 염색제, 일시적 염색제
탈색제	블리치 제품

탈모 및 제모	탈모제, 제모 왁스, 제모 테이프, 제모 젤, 에어로젤 타입
헤어 스타일링	포마드, 헤어 무스, 헤어 스프레이, 헤어 젤, 헤어 글레이즈, 헤어 왁스, 세팅 로션

2) 모발 화장품의 품목

(1) 샴푸

샴푸는 피지선이 발달하여 피지 분비와 땀 분비가 많은 두피와 모발의 깨끗함을 유지하고 건강한 피부 컨디션을 유지시켜 주는 세정 제품으로 일반적인 샴푸 타입과 특정한 효과를 강화해 두피의 건강을 회복시켜 주는 약용 샴푸 등으로 구분할 수 있다.

샴푸는 각종 스타일링제의 사용 및 대기 중 오염 물질과 미세먼지의 흡착이 용이한 두피와 모발을 세정하기 위해 풍부한 거품 생성력과 피지와 유성 노폐물을 제거하는 능력이 우수하고 두피와 모발의 기능 저하를 유발 하지 않으며 자극이 적어야 하는 요건을 만족시켜야 한다.

일반적 샴푸 외에도 지루성 두피, 비듬이 있는 두피, 탈모 및 양모를 필요로 하거나 민감한 두피를 위해 약용 샴푸를 선택해 관리해 준다.

(2) 헤어 린스

샴푸가 세정 및 노폐물 제거를 위해 강염기성 특성을 띄므로 모발은 필연적으로 약산성 상태로의 회복을 위해 컨디셔닝 제품을 사용해 주는 것이 좋다.

린스는 이러한 모발 컨디션을 빠르게 회복하고 pH의 밸런스를 맞춰주고 정전기를 방지하여 브러싱이 잘되게 하고 보습 및 적당한 광택감 부여 등의 부가 효과를 부여한다.

(3) 트리트먼트제

헤어 트리트먼트제는 거칠어진 모발 표면에 보습과 영양을 공급하여 빠르게 회복시켜 주는 품목으로 양이온성 고분자 폴리머 등이 함유되어 윤기있고 매끈한 모발결로 가꾸어 준다.

특히 염색과 펌, 탈색제 등에 의한 손상 시 반드시 트리트먼트제의 사용을 통해 단시간에 집중적인 모발 트리트먼트를 실시해야 하며 트리트먼트제의 성분으로는 모발의 단백질과 유사한 단백질, 아미노산 성분, 펩타이드 성분, 양이온성 고분자 폴리머, 에스테르류 및 유성 원료, 보습 성분 등이 함유되어 있다.

(4) 양모 및 육모 제품

모발이 힘이 없고 가늘어지며 숱이 적어질 때 모발의 양모 및 육모 제품을 사용하게 된다.

이는 남성들이 흔히 겪는 탈모 증상을 예방하고 탈모의 초기에 심화되는 탈모를 지연하고 모발에 영양을 공급하여 모발 성장의 신진대사를 활성화시켜 모발을 튼튼하게 유지 관리하게 해주는 품목이다.

(5) 퍼머넌트 웨이브용 제품

퍼머넌트 웨이브용 화장품은 흔히 펌제라는 약칭으로 불리는 품목으로 1940년대 미국에서 티오글리콜산을 이용한 펌제가 개발 되고, 1950년대에 시스테인을 이용한 펌제가 개발되어 지금까지 일반적으로 사용되는 품목이다.

펌제는 제1라 불리는 환원제가 모발의 시스틴 결합을 끊어 티올기로 전환시키는 작용을 한다. 환원제로 사용하는 성분은 티오글리콜산과 시스테인으로 웨이브의 강약과 자극 유무에 따라 선택해 사용한다. 일반적으로 티오글리콜산은 강한 웨이브 형성이 장점이나 자극과 냄새가 강한 단점이 있으며 시스테인은 자극이 낮고 역한 특이취가 적은 장점 대신 웨이브 형성력이 낮은 단점이 있다. 2제는 산화제라 하며 티올기를 산화시켜 모발의 원래 시스틴 결합으로 회복해 웨이브가 고정되고 풀리지 않도록 고정해 주는 기능을 한다.

(6) 염색제

염색제는 멋내기 염색을 위한 염모제와 흰머리 커버용 염모제 등으로 구분할 수 있다.

대체적으로 염색 효과에 따라 영구 염모제, 반영구 염모제, 일시적 염모제로 구분하여 사용하기도 한다.

우리나라에서 흔히 사용되는 염모제는 영구 염모제로 주로 식물성 염모제, 금속성 염모제, 산화형 염모제 등이 있으며 일반적으로 1제와 2제로 구성된산화형 염모제를 가장 많이 사용한다.

산화형 염모제는 1제의 염모제와 2제의 산화제로 구성되어 모발에 모피질 부분의 탈색이 일어나고 탈색된 부위에 염료가 들어가 산화 반응을 일으켜 새로운 색채의 모발로 변화할 수 있는 원리이다.

반영구 염모제는 1제와 2제의 구분 없이 하나의 제형으로 제조되어 간편하게 모발에 도포 후 사용하는 염모제로 사용이 간편하고 시간이 단축되는 장점이 있으나 염색 효과가 오래 지속되지 않고 3~5회의 샴푸를 통해 색의 변색과 빠짐이 생기는 염모제이다.

일시적 염모제는 모발에 미세 피막을 형성해 모발색을 표현하는 색소를 표현하는 염모제이다. 모발 자체에 대한 색 변화는 전혀 없이 피막 형성에 따른 코팅 효과이므로 샴푸 후에 염색이 제거되는 일시적 염모제이다.

(7) 헤어 스타일링제

헤어 스타일링 제품은 아름답고 개성 있는 헤어 스타일을 연출하고 연출된 스타일을 오래도록 고정하고 유지해 주는 세팅 효과가 주목적인 제품을 말한다.

스타일링을 통해 자유로운 컨셉 연출이 가능하고 샴푸를 통한 제거가 용이하며 모발 자극 및 두피에 대한 자극과 독성이 적어야 하며 모발의 보습과 건강 유지에도 기여를 하며 적당한 촉감 부여와 광택, 윤기 부여, 향취 부여 등의 부가적 기능도 수행해야 한다.

주로 미세 거품 타입의 무스 제형과 젤이나 왁스 제형을 통한 세팅력, 스타일링 제품이 고객들의 많은 사랑을 받고 있다. 이외에도 스프레이 제형, 포마드 등의 제형이 출시되고 있다.

■ 단원문제

1. 다음 중 미백 원료가 아닌 것은?

① 레티놀　② 알부틴
③ 유용성 감초추출물　④ 닥나무 추출물

2. 다음 중 기초 화장품인 것은?

① 화장수　② 네일 에나멜　③ 파우더　④ 향수

3. 수성과 유성 성분을 안정화시켜 화장품의 기초적 제형과 성격을 유지시켜 주는 성분은?

① 보습제　② 점증제　③ 방부제　④ 계면활성제

4. 다음 중 기능성 화장품과 거리가 먼 것은?

① 미백 화장품　② 여드름 화장품
③ 주름개선 화장품　④ 4자외선 차단 화장품

5. 계면활성제 중에서 자극이 가장 적은 것은 무엇인가?

① 양이온성 계면활성제　② 음이온성 계면활성제
③ 양쪽 이온성 계면활성제　④ 비이온성 계면활성제

6. 헤어 린스 등의 품목에 사용되며 정전기 방지 등의 특성을 보이는 계면활성제는?

① 양이온성 계면활성제　② 음이온성 계면활성제
③ 양쪽 이온성 계면활성제　④ 비이온성 계면활성제

7. 포인트 메이크업 제품과 거리가 먼 것은?

① 눈이나 입술 등의 특정 부위를 위한 품목임
② 매력을 증진시킴
③ 피부색을 보정하고 균일하게 함
④ 색소 함유량이 높아 색조 표현을 개성있게 함

■ 해답과 TIP

1. ① : 미백 고시 원료에는 알부틴, 비타민 C, 닥나무 추출물, 유용성 감초 추출물, 나이아신 아마이드 등이 있다. 레티놀은 주름개선 기능성화장품 성분이다.
2. ② : 네일 에나멜은 색조화장품이다.
3. ④ : 화장품은 계면활성제의 발전에 따라 품질 및 기능 개선의 역사를 가지고 있다.
4. ② : 미백, 주름개선, 자외선 차단 등이 기능성 화장품이다.
5. ④
6. ①
7. ③

제5장. 색채학

1. 색의 분류

① **무채색**

채도가 없고, 명도만 있는 색으로 흰색, 회색, 검정색을 의미한다.

② **유채색**

색상, 명도, 채도를 모두 가지고 있는 색으로 무채색을 제외한 모든 색을 의미한다.

2. 색의 3 속성

① **색상**

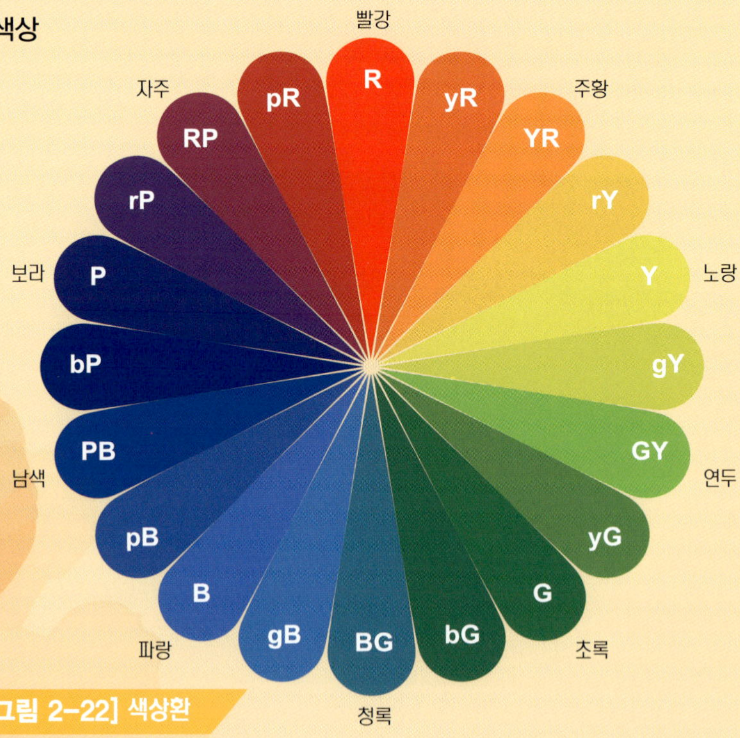

[그림 2-22] 색상환

색상은 물체 표면에서 반사되는 색 파장의 종류에 의해 결정되며 색으로 개성이 뚜렷한 색감이 나타나는 모든 유채색을 의미한다. 색상환에서 거리에 가까운 색을 유사색, 거리가 먼 색을 반대색, 색상환에서 가장 거리가 먼 정반대편의 색을 보색이라고 하며, 보색끼리의 혼합은 무채색이 된다.

◆ 한색과 난색

한색이란 회색, 보라, 파랑 등의 차가운 색상으로 빛을 흡수하며 반 정도 어둡게 보인다. 반면 난색은 노랑, 주황, 빨강 등의 따뜻한 계열의 색상으로 빛을 반사하며, 반 정도 밝게 보인다.

◆ 보색

색상환에서 서로 정반대 편에 놓인 색상으로 보색끼리의 색을 섞으면 자연색이 된다. 또한 이를 이용하여 염색에서도 중화 시 보색을 사용한다.

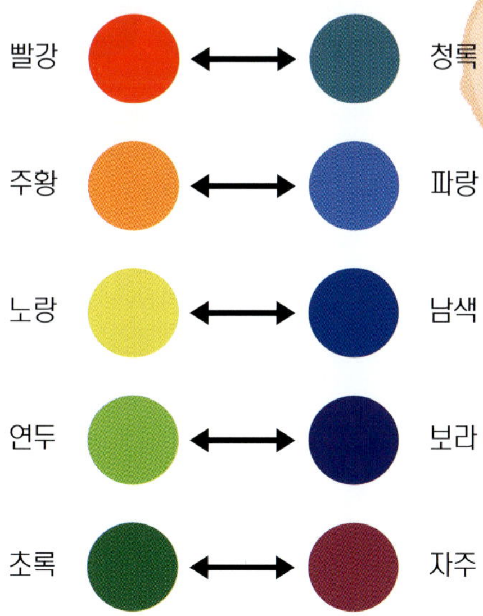

[그림 2-23] 보색관계

② 명도

색의 밝고 어두움, 즉 색의 밝기의 정도를 의미하며 완전한 검정색을 0, 완전한 흰색을 10 으로 해서 그 사이의 밝음의 단계를 분할해서 기호로 표시한다.

③ 채도

색의 맑고 탁한 정도, 즉 색의 선명도라고 하는데, 채도가 가장 높은 색을 순색 이라 하며 순색에 다른 색을 혼합하면 채도가 낮아진다.

[그림 2-24] 색의 3속성

3. 삼원색

모든 빛깔의 근원이 되는 색깔로 빨강, 파랑, 노랑을 의미한다. 이는 다른 색으로 분해할 수 없고 다른 색상을 혼합하여 만들 수 없으므로 '기본 색', '원색'이라고 부른다.

◆ **원색과 혼색**

모든 색을 나타낼 수 있는 최소의 색을 원색, 두 가지 이상의 색을 혼합하여 다른 색을 만들 수 있는데 이를 혼색이라 한다. 원색을 1차 색상, 1차 색상의 혼합으로 나타난 색상을 2차 색상 그리고 1차색과 2차색의 1:1 비율로 혼합 시에 만들어 지는 색상을. 3차 색상이라고 한다.

4. 미용 색채학

헤어미용과 네일미용에서도 색채의 활용이 필수적이나, 특히 메이크업 분야는 형태와 컬러를 통한 아름다움의 재창조가 이루어지는 분야로 다른 미용 분야에 비해 색채가 많이 사용된다.

일반적으로 미용 색채학에서는 전반적인 컬러의 이해, 컬러가 갖는 이미지와 감성, 빛과 질감을 통한 색채의 접근, 색채 조색 및 배색, 계절 별 이미지와 퍼스널 이미지의 이해, 컬러를 통한 커뮤니케이션과 심리적 효과, 컬러가 갖는 인류사적 상징과 중요한 역사에 대해 학습하며 이를 통한 컬러 훈련이 가능하도록 하는 것을 목표로 삼는다.

제6장. 미용경영

1. 미용경영의 개념

미용시장의 경쟁이 심화됨에 따라 뷰티살롱들은 주위를 둘러싸고 있는 사회, 문화적 조건, 경쟁업소, 고객확보, 재료공급의 효율화 등 미용환경의 변화를 세심히 검토하여야 하며, 각 뷰티살롱에 적합한 다양한 경영방법들을 고안해 내야 한다. 미용경영이란 뷰티살롱이 지향하는 목표를 달성하기 위해 인적, 물적 자원 등을 활용하여 계획하고, 조직하고, 지휘하며, 통제하는 과정을 말한다.

2. 미용경영 환경의 특징

산업이 발달하고 생활수준이 높아지면서 미에 대한 소비자의 욕구는 더욱 높아지고 다양해졌다. 외모와 건강에 대한 관심은 미에 대한 모든 영역과 웰빙으로 대표되는 많은 산업으로 이어지고 있다. 이에 미용산업은 토털패션과 건강웰빙 문화으로서의 개념을 고려하여야 한다.

[그림 2-24] 프렌차이즈 헤어샵

미용업의 특성은 소규모의 경쟁자가 많고 매출이 매우 불안정하며, 다른 어떤 산업보다도 인적자원의 의존도가 높다고 볼 수 있다. 서비스 제공자인 종업원의 불안정성과 인건비의 상승, 자금 조달상의 문제는 운영상의 어려움을 가중시키고 있다. 더욱이 고객의 욕구가 높아짐에 따라 뷰티살롱의 인테리어는 물론 스마트폰으로 대표되는 세대들의 등장으로 인터넷 마케팅의 중요성이 대두되고 있어, 환경 변화의 빠른 대응이 사업의 성패에 중요한 요소로 인식되고 있다.

다양한 미용산업 분야 중 대표되는 뷰티살롱의 창업분야는 외적으로는 많은 발전과 규모의 확대가 이루어졌으나, 아직도 규모의 영세성을 벗어나기가 어렵고 인적자원의 관리와 유지의 어려움, 이직률의 증가는 생산성 제고의 한계로 나타나고 있다.

3. 미용경영 과정

기업의 목표를 잘 달성하기 위해서 수행해야 하는 중요한 4가지의 과정으로 이를 통해서 기업경영의 기능이 행해진다.

1) 계획화

기업이 당면하고 있는 상황을 분석하여 추구하여야 할 목표를 정하고 이를 달성하기 위한 행동들을 미리 결정하는 과정으로 경영관리과정에 있어서 출발점이고 통제의 기준 설정이기도 하다. 계획을 수립하기 위해서는 미래를 정확히 예측할 수 있는 예측능력이 중요하다.

2) 조직화

기업이 지향하는 목표와 수립된 계획이 성공적으로 달성될 수 있도록 업무를 분화하고 조직하여 구성원들이 업무를 수행하도록 하는 것이다. 즉, 일에 있어서 순서와 방법을 정하고, 사람에 있어서는 담당과 명령체계 및 협력관계를 정하는 과정이라고 할 수 있다.

3) 지휘화

구성원이 업무를 잘 수행할 수 있도록 그들을 지시하고, 동기를 부여시키는 과정이다. 경영에 있어서는 개인의 목표와 기업의 목표를 통합하여 개개인들이 자발적으로 자신의 능력을 최대한 발휘할 수 있도록 하는 근무환경 조성이 중요한 지휘방법으로 부각되고 있다. 조직 구성원이 서로의 견해를 교환할 수 있도록 효과적인 의사소통 방안을 마련하고 경영자은 리더쉽을 통해 구성원들에게 활력과 자발적 의사를 갖게 하는 환경 조성이 필요하다.

4) 통제화

경영의 마지막 기능으로 기업 활동이 미리 수립된 계획과 표준에 일치되는지, 검토하고 평가하여 필요한 경우 이를 수정하고 보완해 나가는 과정이다. 뷰티살롱에서는 종업원별, 메뉴별, 고객층별로 구분하여 월말통계를 작성하여 변화의 추이를 살펴서 문제가 있으면 개선해 나가는 것으로 살펴볼 수 있다.

4. 미용경영 관리

1) 인적자원관리 (Human Resource Management)

기업이 생산, 판매, 서비스 및 기타활동에 필요한 인력을 확보하고 개발, 보상, 유지 등의 관리 활동을 인적자원관리라고 한다. 즉, 사람을 자산(asset)으로 보아야 한다. 이는 구성원의 능력개발이나 육성을 통해 개인과 조직의 목표의 일치를 지향하는 개발 지향적 성격을 지닌다.

(1) 고용관리

조직이 필요로 하는 유능한 인재를 확보하기 위한 모집, 선발, 배치, 승진, 이동 등과 같은 일련의 의사과정이다. 인재 확보를 위해서는 직무 분석(job analysis)과 직무평가등이 필요하다.

◆ 인재확보

- 직무분석 : 직무기술서, 직무명세서
- 직무평가 : 임률의 격차

(2) 개발관리

인적자원의 능력을 최대한 발휘할 수 있도록 일의 기회와 교육훈련의 기회를 부여하는 과정이다. 구성원에 대한 교육훈련의 필요성 분석, 교육훈련의 실시와 평가, 피드백의 활용 및 승진요소 반영 방법, 교육훈련, 승진, 직무순환 등의 활동이 포함된다.

(3) 보상관리

보상관리란 인적자원이 조직에 공헌한 만큼 금전적, 비금전적 대가를 제공하는 활동을 말한다. 조직 전체의 보상수준 기준, 인센티브, 복리후생, 연수 및 현금 뿐만 아니라 시설의 사용 등 다양한 방법으로 실시된다.

(4) 유지관리

인적자원이 자신의 능력을 발휘하면서 조직 내에 남아 있도록 행하는 각종 배려, 직무를 수행하는 과정에서 나타나는 여러 가지 어려운 문제, 즉 인간관계에 대한 고민이나 불만, 불안 등을 극복하여 최대한으로 능력을 발휘하게끔 인적자원을 유지하는 활동이다. 유지관리의 주요과제는 인간관계 개선을 위한 기법을 마련하는 문제, 이직의 원인 규명하고 그것을 효과적으로 처리하는 것과 같은 고용조정문제이다.

2) 생산관리

고객이 요구하는 양질의 제품이나 서비스를 적합한 시기에 적당한 양을 최소한의 가격으로 생산, 공급하기 위한 생산목표를 달성하기 위하여 생산 시스템을 설계하고 이것을 관리하는 기업 활동을 말한다. 뷰티살롱의 경우 미용 시술에 따른 기술관리와 작업관리, 원가관리, 재고관리 등이 이 영역에 속한다.

3) 마케팅관리

기업이 재화나 서비스를 만들고 이것의 가격을 책정하며 판매경로를 결정하여 매출 증대를 위해 행해지는 모든 활동을 말한다. 일반적으로 마케팅의 '4P'는 Product(제품, 기술), Price(가격), Place(유통경로), Promotion(판촉) 등으로 구성이 되는데 효과적인 마케팅활동이 이루어지기 위해서는 각 요소가 서로 상호 작용을 하는 전략이 필요하다. 이 4가지 요소는 기업이 통제할 수 있는 유일한 요소이며, 기업은 각각의 요소를 통합하여 소비자에게 제공한다는 의미에서 'Marketing Mix'라고도 한다.

◆ **마케팅의 4P – 멕카시(Mc Carthy)**

- Product(상품) : 미용기술 및 스타일링 연출
- Price(가격) : 미용서비스 가격
- Place(유통) : 미용재료, 제품, 기기
- Promotion(촉진) : 미용실 홍보, 판촉활동

4) 재무관리

기업이 생산, 판매, 서비스, 기타활동에 소요되는 자본을 조달하고 이를 관리하며 운영하는 활동을 말한다. 뷰티살롱의 경영활동은 계획단계에서 실행과 통제에 이르는 하나의 시스템이므로 여러 가지 경영분석 기법을 통해 통제를 하여야 하며, 특히 재무에 관한 분석은 반드시 이루어져야 한다.

경영활동에서 일어나는 재화나 서비스의 흐름을 화폐가치로 측정하여 기록

한 것으로, 기본적으로 사용하는 재무제표에는 대차대조표, 손익계산서, 현금흐름표 등이 있다. 월별 손익계산서 즉, 수익과 비용에 따른 분석이 요구되며, 특히 신규 매장일 경우 손익 분기점을 찾는 것이 중요하다. 손익분기점이란 매출이 총비용과 일치되어 손실도 이익도 발생하지 않는 교차점을 말한다. 살롱은 이 손익 분기점 분석을 통하여 총비용, 매출액, 이익관계를 파악할 수 있다.

- 대차대조표(Balance statement) : 일정 시점에 있어서 미용업소의 재무상태를 나타내고 차변에는 자산을 대변하는 부채와 자본을 기록한다.
- 손익계산서(Income statement) : 일정 기간에 있어서 미용업소의 재무적 성과를 기록한 것으로 수익과 비용을 대응시켜 그 결과는 손실과 이익으로 나타낸다.

■ 단원문제

1. 다음 미용경영 과정에 대한 설명으로 부적합한 것은?

① 계획화 : 계획을 수립하는 과정이다.
② 조직화 : 일에 있어서 순서와 방법을 정하는 과정이다.
③ 지휘화 : 구성원이 업무를 잘 수행할 수 있도록 동기를 부여시키는 과정이다.
④ 통제화 : 일의 권한과 의무를 통제하는 과정이다.

2. 마케팅 믹스(4P)로 부적당한 것은?

① Product(제품, 기술) ② Pride(자긍심)
③ Price(가격) ④ Place(유통경로)

3. 다음 인적자원관리에 대한 설명 중 적당하지 않은 것은?

① 고용관리 : 인재를 적재적소에 배치하기 위해 승진, 이동하는 과정이다.
② 개발관리 : 조직이 필요로 하는 유능한 인재를 개발하기 위한 모집, 선발 과정이다.
③ 보상관리 : 인적자원이 조직에 공헌한 만큼 대가를 제공하는 활동을 말한다.
④ 유지관리 : 인간관계에 대한 고민이나 불만, 불안 등을 극복하여 최대한으로 능력을 발휘하게 하는 활동이다.

4. 다음 설명은 인사관리 중 어느 분야에 해당되는가?

인적자원이 자신의 능력을 발휘하면서 조직 내에 남아 있도록 행하는 각종 배려, 직무를 수행하는 과정에서 나타나는 여러 가지 어려운 문제, 즉 인간관계에 대한 고민이나 불만, 불안 등을 극복하여 최대한으로 능력을 발휘하게끔 하는 활동이다.

5. 마케팅 믹스(4P)에 대하여 설명하시오.

■ 해답과 TIP

1. ④ 통제화 : 경영의 마지막 기능으로 기업 활동이 미리 수립된 계획과 표준에 일치되는지, 검토하고 평가하여 필요한 경우 이를 수정하고 보완해 나가는 과정이다.
2. ② Product(제품, 기술), Price(가격), Place(유통경로), Promotion(판촉)
3. ② 개발관리: 인적자원의 능력을 최대한 발휘할 수 있도록 일의 기회와 교육훈련의 기회를 부여하는 과정이다.
4. 유지관리
5. 일반적으로 마케팅의 '4P'는 Product(제품, 기술), Price(가격), Place(유통경로), Promotion(판촉) 등으로 구성이 되는데 효과적인 마케팅활동이 이루어지기 위해서는 각 요소가 서로 상호 작용을 하는 전략이 필요하다. 그 외에 본문 참조

Ⅲ. 미용업의 전공별 분야

제1장. 국가자격 종목별 분류

제2장. 미용 세부 전공분야: 헤어미용

제3장. 미용 세부전공 분야: 피부미용

제4장. 미용 세부전공 분야: 메이크업미용

제5장. 미용 세부전공 분야: 네일미용

제1장. 국가자격 종목별 분류

출처: 한국산업인력공단 https://www.q-net.or.kr

1. 미용사(일반) Hairdresser

1) 개요

미용업무는 공중위생분야로서 국민의 건강과 직결되어 있는 중요한 분야로 향후 국가의 산업구조가 제조업에서 서비스업 중심으로 전환되는 차원에서 수요가 증대되고 있다. 분야별로 세분화 및 전문화 되고 있는 세계적인 추세에 맞추어 미용의 업무 중 헤어미용을수행할 수 있는 미용분야 전문인력을 양성하여 국민의 보건과 건강을 보호하기 위하여 자격제도를 제정하였다.

2) 수행직무

아름다운 헤어스타일 연출 등을 위하여 헤어 및 두피에 적절한 관리법과 기기 및 제품을 사용하여 일반미용을 수행한다.

3) 진로 및 전망

- 미용실에 취업하거나 직접 자신의 미용실을 운영할 수 있다.
- 미용업계가 과학화, 기업화됨에 따라 미용사의 지위와 대우가 향상되고 작업조건도 양호해질 전망이며, 남자가 미용실을 이용하는 경향이 두드러지고, 많은 남자 미용사가 활동하는 미용 업계의 경향으로 보아 남자에게도 취업의 기회가 확대될 전망이다.
- 공중위생법상 미용사가 되려는 자는 미용사자격취득을 한 뒤 시 · 도지사의 면허를 받도록 하고 있다(법 제9조)
- 미용사(일반)의 업무범위는 파마, 머리카락자르기, 머리카락 모양내기, 머리피부손질, 머리카락염색, 머리감기, 의료기기와 의약품을 사용하지 아니하는 눈썹손질 등이다.

출제경향 : 헤어샴푸, 헤어커트, 헤어펌, 헤어세팅, 헤어컬러링 등 미용작업의 숙련도, 정확성 평가 등

4) 취득방법

① **시행처** : 한국산업인력공단

② **시험과목**

- 필기 : 헤어스타일연출 및 두피모발관리(공중위생관리학, 피부의 이해, 화장품 분류 포함) 등에 관한 사항
- 실기 : 미용실무

③ **검정방법**

- 필기 : 객관식 4지 택일형, 60문항(60분)
- 실기 : 작업형(2시간 25분 정도, 100점)

④ **합격기준**

- 필기 : 100점을 만점으로 하여 60점 이상
- 실기 : 100점을 만점으로 하여 60점 이상

2. 이용사(일반) Hairdresser

1) 개요

이용에 관한 숙련 기능을 가지고 현장 업무를 수행할 수 있는 능력을 가진 전문기능인력을 양성하고자 자격제도 제정하였다.

2) 수행직무

손님의 머리카락 및 수염을 깎거나 다듬는 등의 방법으로 손님의 용모를 단정하게 하는 업무수행한다. 이용사의 업무 범위는 이발, 아이론, 면도, 머리피부손질, 머리카락 염색 및 머리감기 등이다.

3) 진로 및 전망

- 개인 이용업소나 호텔, 공공건물, 예식장의 이용실, TV 방송국, 스포츠센타,

개인 전속 이용사 등으로 활동하고 있다.

- 고객이 만족하는 개성미 창조와 고객에 대한 책임감, 공중 위생의 안전 관리 및 직업 의식에 대한 자부심, 이용 기술의 계승발전 및 새로운 기술을 창조하여 국민 보건 문화의 일부분에 기여한다는 자부심을 가질 수 있으며 직업적 안정을 가질 수 있는 직종이다.
- 공중위생법상 이용사가 되려하는 자는 이용사자격을 취득하고 시 · 도지사의 면허를 받아야 한다. (법 제9조)

출제경향: 마네킹과 도구를 이용하여 면도, 커트, 정발, 염색 등의 작업을 통해 여러가지 스타일의 남자머리를 완성하는 것으로 이용도구의 사용과 이용작업의 숙련도를 평가하는 시험

4) 취득방법

① **시행처** : 한국산업인력공단

② **훈련기관** : 전국 50여개 기술계 학원 3개월, 6개월, 12개월 과정

③ **시험과목**

- 필기 : 1.이용이론 2.공중보건학 3.소독학 4.피부학 5.공중위생법규
- 실기 : 이용작업

④ **검정방법**

- 필기 : 객관식 4지 택일형 60문항 (60분)
- 실기 : 작업형 (2시간 10분 정도)

⑤ **합격기준** : 100점을 만점으로 하여 60점 이상

3. 미용사(피부) Esthetician

1) 개요

피부미용업무는 공중위생분야로서 국민의 건강과 직결되어 있는 중요한 분야로 향후 국가의 산업구조가 제조업에서 서비스업 중심으로 전환되는 차원에서 수요가 증대되고 있다. 머리, 피부미용, 화장 등 분야별로 세분화 및 전문화되고 있는 미용의 세계적인 추세에 맞추어 피부미용을 자격제도화 함으로써 피부미용분야 전문인력을 양성하여 국민의 보건과 건강을 보호하기 위하여 자격제도를 제정하였다.

2) 수행직무

얼굴 및 신체의 피부를 아름답게 유지 · 보호 · 개선 관리하기 위하여 각 부위와 유형에 적절한 관리법과 기기 및 제품을 사용하여 피부미용을 수행한다.

3) 진로 및 전망

피부미용사, 미용강사, 화장품 관련 연구기관, 피부미용업 창업, 유학 등

4) 취득방법

① **시 행 처** : 한국산업인력공단

② **시험과목**

- 필기 : 피부미용학, 피부학. 해부생리학, 피부미용기기학, 공중위생관리학(공중보건학, 소독, 공중위생법규), 화장품학 등에 관한 사항
- 실기 : 피부미용실무

③ **검정방법**

- 필기 : 객관식 4지 택일형, 60문항(60분)
- 실기 : 작업형(2~3시간 정도, 100점)

④ **합격기준**

- 필기 : 100점을 만점으로 하여 60점 이상
- 실기 : 100점을 만점으로 하여 60점 이상

4. 미용사(네일) Nail technician

1) 개요

네일미용에 관한 숙련기능을 가지고 현장업무를 수행할 수 있는 능력을 가진 전문기능인력을 양성하고자 자격제도를 제정하였다.

2) 수행직무

손톱 · 발톱을 건강하고 아름답게 하기 위하여 적절한 관리법과 기기 및 제품을 사용하여 네일 미용 업무 수행한다.

3) 진로 및 전망

네일미용사, 미용강사, 화장품 관련 연구기관, 네일 미용업 창업, 유학 등

4) 취득방법

① **시행처** : 한국산업인력공단

② **시험과목**

- 필기 : 네일화장품 적용 및 네일미용관리(공중위생관리학, 피부의 이해, 화장품 분류 포함) 등에 관한 사항
- 실기 : 네일미용실무

③ **검정방법**

- 필기 : 객관식 4지 택일형, 60문항(60분)
- 실기 : 작업형(2시간 30분 정도, 100점)

④ **합격기준**

- 필기 : 100점을 만점으로 하여 60점 이상
- 실기 : 100점을 만점으로 하여 60점 이상

5. 미용사(메이크업) Make up Artist

1) 개요

메이크업에 관한 숙련기능을 가지고 현장업무를 수용할 수 있는 능력을 가진 전문기능인력을 양성하고자 자격제도를 제정하였다.

2) 수행직무

특정한 상황과 목적에 맞는 이미지, 캐릭터 창출을 목적으로 이미지분석, 디자인, 메이크업, 뷰티코디네이션, 후속관리 등을 실행함으로써 얼굴 · 신체를 표현하는 업무 수행한다.

3) 진로 및 전망

메이크업아티스트, 메이크업강사, 화장품 관련 회사, 메이크업 미용업 창업, 고등 기술학교 등

4) 취득방법

① **시행처** : 한국산업인력공단

② **시험과목**

- 필기 : 이미지 연풀 및 메이크업 디자인(공중위생관리학, 피부의 이해, 화장품 분류 포함), 등에 관한 사항
- 실기 : 메이크업 실무

③ 검정방법

- 필기 : 객관식 4지 택일형, 60문항(60분)
- 실기 : 작업형(2시간 35분 정도, 100점)

④ 합격기준

- 필기 : 100점을 만점으로 하여 60점 이상
- 실기 : 100점을 만점으로 하여 60점 이상

미용사관련 국가자격취득을 위한 과정평가형 자격 취득 안내

- 위 자격은 과정평가형으로도 취득할 수 있다. 단, 해당종목을 운영하는 교육훈련기관이 있어야 가능하다.
- 과정평가형 자격은 국가직무능력표준(NCS)을 기반으로 설계되어 지정된 교육 · 훈련과정을 충실히 이수한 후, 내 · 외부평가를 거쳐 일정 합격기준을 충족하는 교육훈련생에게 국가기술자격을 부여하는 제도이다.

제2장. 미용 세부 전공분야: 헤어미용

1. 헤어 미용 개요

'미용'이란 일반적으로 사전적인 의미에 의하면 '용모를 아름답게 꾸미는 일'이라고 할 수 있다. 즉 헤어 미용이란 빗, 브러쉬, 가위, 레이저, 헤어 아이론 등의 도구를 사용하고 헤어 드라이기, 헤어 스티머 등의 미용기기를 사용하여 미용실에서 실시되는 모든 행동을 의미한다.

생활수준이 높아지면서 아름다움을 가꾸는 일에 관심을 갖는 사람들이 늘고 있다. 더욱이 과거에는 여성의 전유물처럼 여겨져 여성들의 주도하에 형성되던 미용시장이 최근에는 남성들도 외모를 통해 개성 표현을 연출 하고자 하는 욕구가 표출되고 있으며 여성은 물론 남성에게서도 아름다움에 대한 욕망이 두드러지게 나타나면서 남녀 모두에게로 시장 확대가 진행되고 있다.

외모관리의 이미지에 대한 영향력 있는 외모변인 요인 중 하나가 '헤어스타일'이다. 특히 헤어스타일은 인간의 이미지를 변화 시키는데 큰 영향을 미치는 중요한 요인으로 적용된다. 헤어스타일은 인간의 외모에 있어서 인체의 통일된 아름다움을 완성하는 부분 중의 하나이며, 패션을 구성하는 요소로서의 비중이 매우 크다.

1) 헤어스타일의 개념

헤어스타일(hair style)이란 '머리형', '머리 형태' 또는 '머리 풍'을 말하는 것으로 '헤어두(hairdo)'라고도 하며, 프랑스어의 '쿠아퓌르(coiffure)'에 해당한다. 헤어스타일은 인간의 미를 표현하는 역할을 해왔으며 신체를 장식하는 하나의 방법으로 얼굴형이나 그 유형에 따라 변화될 수 있다. 또한 시대적인 흐름에 따라 발전하고 변화를 거듭해 왔으며 그 사람의 성별, 지위, 신분 및 성격까지도 표현하고 있다.

헤어스타일은 패션과 더불어 사회 · 문화적 흐름 속에 지속적인 변화를 거듭하면서 발전되어 왔다. 이는 인간의 미적 욕구를 충족 시켜주는 동시에 개인의 사회 · 심리적 특성을 표현하는 중요한 요소이면서도 개인의 개성을 표현하는 중요한 수단으로 인식되고 있다. 또한 이미지 변신의 최고 역할을 주도하는 헤어스타일에 있어서 모발은 살아있는 예술적인 소재로써 감정과 표현을 담을 수 있다.

헤어스타일은 언제나 타인에게 노출되므로 그 사람을 평가하는데 기본적인 자료가 되기도 한다. 즉 헤어스타일은 사회적인 현상을 나타내는 한 분야라고 할 수 있으며, 사회적 · 경제적인 흐름으로 개성과 매스미디어의 확산에 따른 급속한 유행 및 계속적인 변화 속에서 더욱 중요한 문화의 한 부분이 되어 가고 있다. 이에 헤어스타일은 사회적인 현상을 나타내는 일부분을 차지하고 있다고 해도 과언이 아니다. 또한 헤어스타일은 개개인의 생활에 특징적 양상이며, 문화, 가치관, 라이센스, 자산 및 규제의 영향으로 소비자를 이해하고 설명하는데 매우 중요한 요인이며 과거에 비해 영향력 있는 여러 가지 신체적 외모 변인 등의 하나로서 사회의 개방화에 따라 개성 표현의 수단이 되고 있다.

2) 미용사의 개념

미용사는 공중위생관리법 시행규정 제14조에 의해 2008년 1월 1일부터 국가기술자격법에 의한 미용사 자격증이 미용사(일반)와 미용사(피부)로 구분됨에 따라 일반 미용사의 업무범위는 파마, 머리카락 자르기, 머리카락 모양내기, 머리피부손질, 머리카락염색, 머리감기, 손톱과 발톱의 손질 및 화장, 의료기기나 의약품을 사용하지 아니하는 눈썹손질, 얼굴의 손질 및 화장을 행하는 업무로 세분되었다.

이처럼 미용사란 사람의 용모를 아름답게 하기 위하여 물리적, 화학적 기술을 사용하는 사람으로 머리 손질 이외에 미용 작업장 내외의 서비스에 관한 업무를 수행하는 사람을 말한다.

우리나라에서는 1895년(고종 32) 김홍집 내각에 의해서 단발령이 시행된 뒤 안종호라는 사람이 왕실 최초의 이발사가 되었다는 기록이 있다. 여기에서 더 세분화되고 더 발전한 것이 오늘날의 미용사이다. 미용사의 사회적 지위의 배경을 살펴보면 우리나라 최초의 미용사와 미용학원이 설립된 1920~30년대는 일제 식민지 시대였다. 이 시기에 도시가 팽창하고 근대적 산업시설들이 만들어지면서 여성들의 경제활동분야가 다양해지고 선택의 폭도 넓어졌다.

한국인이 운영하는 최초의 미용실은 1933년 3월 15일 서울 종로사거리의 화신백화점에 창설한 오엽주 선생의 화신미용실이다. 당시 일본인이 많이 살던 충무로에 일본인이 경영하는 미용실이 여섯 군데 정도 있었으나 한국인이 경영하는 미용실은 오직 하나였으므로 장안의 화제가 되기에 충분했다. 1930년대로 접어들면서 미용사는 여성들의 직업으로 인식되기 시작하였다. 우리나라 최초의 미용사인 오엽주 여사를 비롯하여 초창기 미용의 선두주자들은 교육수준 및 소명의식 또한 앞서 가는 사람들이었다. 이 시대 미용사라는 직업의 등장은 당시 여성들이 진출할 수 있었던 직업 중에서는 많은 수입이 보장되는 직업 중 하나였으며 전문성을 띠고 있기 때문에 유망한 직업으로 손꼽힌 것으로 보인다. 오엽주 선생에게 미용 기술을 배운 후학들은 해방 이후 한국 사회에 미용 문화 발전에서 중추적인 역할을 했다.

해방과 전쟁을 거치며 여성들이 직업을 가지고자 했던 주된 이유는 전쟁으로 인해 가장을 잃은 경우가 많아 남편을 대신해서 가정의 생계를 책임져야 했기 때문이다. 미용사 역시 마찬가지였으며, 자기 정체성을 위해서 혹은 사회의 일원으로 일하기 위해서 직업을 가진 것이 아니라 단지 생계를 유지하기 위한 하나의 방편으로 직업을 가진 것이었다. 미용을 배우기 시작했다 하더라도 미용 기술의 특성상 쉽게 기술을 익힐 수 없었기 때문에 중도에 포기하는 경우가 많았다. 또한 생산직이나 단순 여성들이 대부분이었기 때문에 미용사도 이러한 단순기술직의 일부로 인식되었다.

1960~1970년대에 이르러 여성의 사회진출과 교육수준이 현저하게 향상되었고 미용기술직 역시 여성에게 인기 직종으로 각광을 받았는데, 이는 소자본으로도 미용실을 개업할 수 있었기 때문이었다. 이 때 미용사는 그 숫자에서 양적 팽창을 보였으나 전문 기술자가 많이 부족했고 작업환경 및 보수 역시 매우 열악했다.

1980~90년대는 경제적 문화적으로 많은 변화가 있었던 시기로 1988년 서울 올림픽과 같은 국제적인 행사를 통해 우리 미용업계도 많은 성장을 했으며, 1991년 최초로 강릉 영동대학에 미용과가 개설이 되어 전문학사가 배출되었고 이는 학사, 석사, 박사 등의 배출로 이어졌다. 이러한 과학적이고 체계적인 교육이 이루어져 양적인 면은 물론이고 질적인 성장을 가져와 미용사에 대한 새로운 인식을 가져오는 계기가 되었다.

최근에는 이러한 사회적인 분위기의 변화는 미용사라는 직업의 위치나 사회적인 인식을 바꾸어, 미용사는 단순히 손님이 원하는 대로 머리를 자르고 다듬어 주는 기능사만이 아니라 머리모양의 유행을 창출하고 리드해 가는 '헤어디자이너(hair designer)'라는 전문 직종으로 인식되고 있다.

미용사는 기능적, 미적으로 만족스러운 디자인을 하기 위해 고객의 신체적, 정서적 측면을 고려하여 디자인 요소인 형태, 질감, 컬러를 디자인의 원리인 반복, 진행, 교대, 대조, 균형 등을 따라 무수한 디자인을 창조해 고객의 단점을 보완하고 장점을 최대화 시키는 사람을 말한다.

보편적으로 미용사는 주된 업무와 역할을 중심으로 보조, 중상, 미용사(상, 중, 하), 원장 등, 4그룹으로 분류할 수 있다. 보조는 업소 내 위생관리 및 샴푸, 그리고 원장 및 디자이너 등 전체 직원을 도와주는 역할을 한다. 중상은 퍼머넌트와 드라이, 염색, 커트 등의 일부 업무를 담당하여 미용사를 보조한다. 미용사는 상, 중, 하로 기술적인 구분이 있으며, 퍼머넌트, 드라이, 헤어 커트, 업스타일(올림머리) 등 대부분의 기술적인 업무를 담당한다. 원장은 재무 및 인사관리, 직원교육 등을 하며 기술적인 면에서는 디자이너와 비슷한 업무를 겸한다.

자격증을 가진 사람도 미용현장에서 몇 년의 실무 경험을 거쳐야 미용사로 인정을 받을 수 있는 추이로, 미용사가 되기까지는 기술 숙련정도에 따라 4-5년 단계의 과정을 거쳐야 한다. 이는 미용현장에서 통상적으로 진행되는 과정으로 인식되고 있다. 보통 초급 미용사가 되기까진 3-5년 정도의 현장 실무 경험을 거쳐야 하지만 개인차가 있어 그 과정이 더 빨라지거나 늦어질 수도 있다. 요즘은 인력이 부족한 실정이라 1년 만에 초급 미용사가 되는 경우도 있지만 적어도 5년 이상의 현장 경험을 거쳐야 진정한 미용 기능인이 된다고 알려져 있다. 이는 미용사가 단순한 기능인이 아니라 미용을 예술의 차원으로 까지 끌어올릴 수 있는 능력을 갖추어야 한다는 것을 의미한다. 단순히 펌이나, 머리를 자르고, 마무리하는 수준이 아니라 새로운 머리모양을 창조하고 응용해 나갈 수 있는 단계가 되었을 때만 헤어디자이너란 이름으로 불려질 수 있는 것이다.

미용사 분야에 두드러지는 추세는 남자 미용인의 숫자가 늘고 있다는 점이다. 미용기술을 가르치는 기술학교나 학원에도 10대 후반부터 20대 초반의 남자 미용사 지망생들이 평균 10~20%를 차지하고 있으며 점점 증가하는 추세이다.

3) 헤어미용 시장의 변화

제1차 미용사 자격시험이 실시된 1948년부터 우리나라 미용업이 체계를 갖추기 시작하였으며, 본격적으로 발전된 것은 미용업에 대한 법적 근거를 마련한 1961년(이 · 미용사법 공포)부터라고 할 수 있다. 이후 미용실의 숫자는 해마다 지속적으로 빠른 증가 추이를 보였으며 최근 그 숫자에서 둔화를 나타내고 있으나 이는 단순히 미용실 숫자의 개념이 시장규모 축소가 아니라 전문화, 대형화, 체인점화 현상이 급속도로 진행되고 있는 현상에서 나타난 것으로 분석된다.

미용실의 규모화의 경우 1990년대부터 진행되어 전국적 규모의 전문 서비스 기업으로 변신했으며 '박승철 헤어스튜디오', '준오 헤어', '이가자 헤어비스'

등 유명 미용실들이 직영점과 프랜차이즈 가맹점을 크게 확장했을 뿐 아니라 체계적인 대기업 형 경영기법을 도입하고 있다. 또한 전문 경영인을 영입해 본격적인 마케팅 활동과 사업 확장에 나서는 곳도 등장하였다.

2000년대 이후 미용업체가 급격히 양적으로 팽창하였으며 질적 향상, 매장의 대규모화, 미용사들의 증가 및 이들의 학력수준의 향상 등 많은 변화를 보이고 있다. 그러나 지난 몇 년간 경기가 침체되는 반면 미용실의 수는 급격히 증가하여 미용업의 경영도 차츰 어려워지고 있는 실정이다. 이런 경영의 어려움을 극복하기 위해서는 미용실도 경영혁신이 요구되고 있으며 타 업체와의 경쟁에서 이기기 위해 다양한 서비스 및 홍보 마케팅 전략이 요구되고 있다.

특히 최근의 미용업계 시장 상황이 미용실에 대한 공급초과 현상이 일어나 신규수요는 줄어들고 대체 수요가 증가하는 불안정한 수급 구조가 형성된 반면, 고객의 욕구는 더욱 고급화, 다양화, 개성화를 추구하기 때문에 고객의 욕구를 충족시키기 위해서는 더욱 우수한 품질의 물적 서비스 및 인적 서비스 양성이 요구되고 있어 개혁을 추진하고 있다.

4) 헤어디자인의 요소

'헤어디자인(hair design)'이란 헤어스타일에 있어서 그 형태를 만들기 위해 고안 또는 계획하는 것을 말한다. 이는 어떤 이미지나 생각을 사물 위에 표출하는 행위이며, 고객과의 커뮤니케이션을 통해 이루어져야 한다. 이미지가 형성되기 위해서는 소재와 기술이 일치하여 구체화 되므로 헤어디자인 기술의 총체라 할 수 있다. 또한 헤어디자인은 아름다워지려는 욕망의 표현으로 여러 방법을 이용하여 형태를 만들고 그 위에 조화로운 균형미를 표현해 자신을 연출하는 독창적 행위를 말한다.

헤어디자인은 헤어스타일 완성을 위하여 고객의 욕구와 이미지를 파악하여 연출하는 조형과정이며, 개인이 추구하는 이미지 연출을 위해서는 주어진 신체적 조건에 디자인의 요소와 원리를 조화시킴은 물론 적절한 변화를 주었을 때 전체 이미지 효과가 배가 될 수 있다. 헤어디자인은 패션이나 다른 조형디자인과 마찬가지로 디자인 요소를 적용시켜 추구하는 스타일을 창조할 수 있다. 따라서 디자인 요소는 디자이너가 자신의 아이디어를 표현하기 위한 근원이 된다.

헤어디자인은 주어진 모발에 물리적 · 화학적인 작용을 더하여 그 질감을 변형시키거나 색을 바꾸는 행위로 보다 체계적이고 과학적인 접근이 요구되는 디자인 활동으로 볼 수 있다. 즉, 헤어디자인은 모발이라는 소재에 일련의 조형

활동을 수행해 나가는 것으로 개인의 고유미를 부각시키거나 개성미를 강조함으로써 전체 이미지를 개선시킨다는 근본적인 목적을 가지고 있다.

그러므로 헤어디자이너는 피시술자의 아름다운 부분을 강조하고 결점을 보완하기 위하여 얼굴 형태와 두상의 흐름 파악에 근거한 헤어디자인을 하여야 하며 이때 헤어의 색채, 질감에 관한 신중한 선택이 있어야 할 것이다.

헤어디자인 3요소는 형태, 색채, 질감으로 형태는 헤어 커트(hair cut)로 전체 머리형을 이루는 헤어폼(hair form)이라고 할 수 있다. 질감은 헤어 커트와 헤어 퍼머넌트(hair permanent) 시술로 모발의 질감, 즉 자연적 모발의 상태를 인위적으로 변화 시키는 것이라 할 수 있다. 색채는 헤어컬러(hair color)를 의미하며 모발의 자연색 또는 염 · 탈색에 의하여 표현된다.

헤어 커트와 헤어 퍼머넌트를 조합하여 헤어스타일을 형성한다는 점에서 헤어디자인은 디자인 요소를 계획 · 설계하여 헤어스타일을 창조하는 작업으로 정의될 수 있다. 헤어디자인 요소는 헤어 커트에 의한 형태, 퍼머넌트에 의한 질감, 헤어염색에 의한 색채 등으로 이를 조합하여 헤어스타일의 다양한 이미지를 변화시킬 수 있다. 즉 미용사는 모발의 형태, 질감, 컬러의 3가지 기본 요소를 가지고 헤어 커트, 헤어 퍼머넌트 및 헤어컬러 시술을 통해 예술적으로 배열시킴으로써 일시적 또는 지속적 변화에 무수한 디자인을 창조해낼 수 있다.

헤어디자인의 3요소: 형태(Form) · 질감(Texture) · 색(Color)

- 구조와 형태 : 형태는 디자인의 입체형(윤곽), 즉 모든 디자인의 기초 구조는 머리길이, 배열 및 커트에 의해 결정됨
- 질감과 형태 : 질감은 직모, 파상모, 축모와 그 각진 형태로 분류됨
- 컬러 : 헤어 디자인의 다른 요소를 통일시킴

2. 모발학

1) 모발의 기능

① **보호 기능** : 모발은 태양광선과 추위, 외부의 충격으로부터 뇌를 보호한다.

② **감각 기능** : 작은 자극에도 반응하게 되어 촉각기능을 한다.

③ **장식 기능** : 개인적인 장식의 기능의 주요한 역할을 한다.

④ **배출 기능** : 모발은 각화되면서 체내의 유해한 성분들이 모발을 통해 체외로 배출되게 된다.

2) 모발의 특성

(1) 물리적 특성

① 모발의 인장강도

모발에 힘을 가하여 당기면 점차로 늘어나 모발은 가늘게 되어 결국 끊지게 되는데 이 때까지 견디는 힘을 인장강도라고 한다. 건강한 모발은 건조한 상태에서도 평균 150g의 강도를 가지고 있지만 젖은 상태에서는 평균 90g의 강도를 나타낸다.

② 모발의 신도

모발에 힘을 가하여 당길 때 늘어난 신장율을 신도(%)라 한다. 건조한 상태에서는 평균 40%의 신도를 가지고 있지만 젖은 상태에서는 평균 50%의 신도를 나타낸다.

③ 모발의 흡습성

케라틴 단백질의 친수성으로 모발은 공기 중 수분을 흡수한다. 건강한 모발이 수분 량은 보통 11~13% 정도이며, 샴푸 후 30%까지 증가한다. 그리고 공기 중의 습도, 모발손상 정도에 따라서 영향을 받는다.

④ 모발의 팽윤성

모발이 수분이나 용매를 흡수하여 수착하면 그 부피가 증가하여 모발의 길이 방향 또는 직경 방향으로 크기가 늘어나는데 이 성질을 팽윤이라고 한다. 모발을 물에 담가두면 길이 1~2%, 직경15%, 무게 30%, 정도 증가하며 길이의 변화보다는 직경의 변화가 더 크다.

⑤ 모발의 대전성

양극성을 가진 모발은 마찰 전기를 일으키기 쉽고 일단 생긴 정전기는 머물기 쉬운 성질을 갖고 있다. 그러므로 모발은 대전열을 가지며 다른 물질과 마찰되면 모발 자체는 양이온 전기를 띄게 된다.

⑥ 열, 빛에 의한 변성

높은 열이나 빛에 의해 색과 구조가 변한다. 그리고 적외선과 자외선이 모발의 열변성을 유발한다. 모발은 건열에서는 외관적으로 120℃ 전후에서 팽윤되어 130~150℃에서 변색 및 시스틴의 감소가 시작되고 180℃에서 케라틴의 구조가 변형되며 270~300℃에서는 타서 분해하기 시작한다. 그러나 케라틴의 변성은 습도에도 영향을 받으므로 70%에서는 70℃부터 변성이 시작되지만 습도 97%에서는 60℃에서 변성되기 시작된다. 또한 습도가 높은 상태에서는 100℃에서 시스틴의 감소와 130℃에서 케라틴 구조의 변형이 진행된다.

(2) 화학적 특성

① 모발과 pH

모든 아미노산기와 카복실기가 폴리펩티드 결합 또는 염 결합 할 때의 케라틴 단백질의 pH는 4.5~5.5이며 이것은 측쇄의 염결합이 가장 안정되어 있는 수치로 '모발의 등전점'이라고 한다.

가. 산과 모발

강한 저항력을 지니고, 모발 단백질은 산에서는 수축성을 나타내고 모발에 산을 처리하면 모표피가 닫힌다.

나. 알칼리와 모발

모발의 등전점은 pH4.4~5.5이며 등전점에서 멀어지면 멀어질수록 아미노산의 결합이 약해진다. 모발에 알칼리제를 처리하면 모발도 약해진다.

pH(potential of Hydrogenrogen)

용액의 수소이온지수 즉, 수소이온농도를 지수로 나타낸 것이다. 1기압, 25℃에서의 물 1ℓ 는 10-7mole인 수소이온을 가지므로 그 pH는 7이라 한다. pH가 7보다 작은 수용액은 산성, pH가 7보다 큰 수용액은 알칼리성이다

② 모발의 결합

모발의 기본구조를 살펴보면 옷감을 짜 놓은 것 같이 긴 세 가닥의 케라틴 단백질이 결합하여 단단하게 꼬여 있다. 세로의 결합은 모두 폴리펩티드끼리의 결합으로 이루어져 있으면 이것을 주쇄결합이라고 하고, 주사슬마다 가지고 있는 곁사슬까지의 가로결합을 측쇄결합이라고 한다.

가. 주쇄 결합 : 폴리펩타이드(Polypeptide)

케라틴은 약 18종류의 아미노산이 펩타이드 결합을 순차적으로 반복해서 긴 쇄상이 된 폴리펩타이드에 의해 구성되어 있다.

나. 측쇄결합

α형인 폴리펩타이드 주쇄는 인접한 주쇄 간에 가지 사슬인 측쇄결합으로 연결되어 있는데, 주요한 결합으로는 시스틴(cystine) 결합, 염(ion) 결합, 수소(hydrogen) 결합 외에도 소수성결합, 펩티드(peptide) 결합과 반데르발스력(van der waals force)이라고 하는 분자 간의 약한 인력이 있다.

시스틴 결합

두 개의 황(S) 원자 사이에서 형성되는 일종의 공유결합으로 측쇄결합 중 가장 강한 결합이다. 모발의 물리적 · 화학적 성질에 대한 안정성을 높여주며 황을 함유한 단백질 특유의 것으로 측쇄결합으로 모발 케라틴을 특징지으며 S-S 결합이라고도 한다.

3) 모발의 성분

모발의 성분은 80～90%는 케라틴 단백질로서 탄소 45%, 수소 6%, 질소 15%, 황5%, 산소 28%와 3% 이하의 멜라닌 색소, 1～8%의 피지 및 미량원소가 포함되어 있다.

① 케라틴 모발은 피부의 부속기관으로서 케라틴을 14～18% 함유한 유황화합물 단백질이다. 그 중 18종의 아미노산을 함유하는데 시스틴이라는 아미노산이 제일 많다. 시스틴의 함유량은 개인의 유전, 생활환경, 식사, 미용처리, 식생활 등에 따라 다르다. 케라틴은 모낭에서 만들어지는데, 모세포들이 분열을 일으킬 때 살아남지 못한 세포들이 케라틴을 구성하는 것이므로 케라틴은 죽은 조직들로 이루어져 있다. 그러나 케라틴은 매우 단단한 구조로 되어 있으며 결합 또한 아주 단단하기 때문에 물리적인 외부환경에 매우 강하나 알칼리와 열에는 비교적 약한 편이다.

② **멜라닌(Malanin)**

멜라닌 색소는 모발을 착색시키고 두피에 대한 자외선으로부터 보호하는 역할을 한다. 멜라닌은 모유두에 접해 있는 모낭의 끝 부분에 위치하고 있는데, 색소 세포인 멜라노사이트(melanocyte)는 티로시나아제(tyrosinase)라는 산화효소를 함유하고 있으며 적혈구에 의해 공급되는 아미노산(amino acid)인 티로신(tyrosine)을 원료로 하여 멜라닌 색소 과립이 만들어진다. 모발의 색은 흑색에서 금발에 이르기까지 다양하지만, 이 색들은 피부 색과 같이 멜라닌 색소 합성의 정도에 따라 결정된다. 이렇게 멜라닌 색소는 모발을 착색시키고 자외선으로 부터 두피를 보호하는 중요한 역할을 한다.

멜라닌 색소

멜라닌 색소의 구성은 입자 형태인 유멜라닌(eumalanin)과 분사형태인 페오멜라닌(pheomelanin) 두 가지 형태로 구성된다. 유멜라닌은 둥근 멜라닌 색소 입자로 크면서 짙어서 흑색에서 적갈색까지 어두운 모발의 색을 결정하는 반면, 시스테인과 결합한 페오멜라닌은 유멜라닌 보다 작은 분사형 입자를 가지고 있어 탈색이 쉬우며 적, 황색을 띠어 서양인의 모발 색상이다. 이 두 종류의 멜라닌 색소의 크기, 양, 합성에 따라 모발색이 달라진다.

③ 지질

모발 내의 지질은 약 1~9% 이며 피지선에서 분비된 피지와 피질 세포 자신이 가지고 있는 지질을 함유하고 있다. 피지의 분비는 연령, 성별, 인종, 온도, 마찰 등의 영향에 의해 개인적인 차이가 있다. 피지는 하루 1~2g 정도 분비되며 모발이 밀려나올 때 동시에 피지선에서 피지가 분비되면서 모발에 코팅막을 형성한다.

피지분비의 특징

- 유아기에 많았다가 소년기에 감소하고 다시 사춘기에 많아진다.
- 여성보다는 남성이 남성 호르몬의 영향으로 피지분비가 많다.
- 호르몬의 영향으로 여성의 경우 월경 후 보다 월경 전에 피지분비가 많다.
- 더운 기온에서 피지분비가 많다.

④ 수분

모발 내 수분은 유연함, 광택, 잡아당길 때의 강도, 통풍, 정전기량 등 모발의 기계적인 성질과 미용 시술상의 특성에 따라 영향을 받는다. 모발의 수분 함유량은 평상시에는 10~15%, 세정 직후에는 30~35%, 드라이 후에는 10% 정도이다. 일반적으로 수분량이 10%이하일 때 모발은 건조모가 된다.

⑤ 미량 원소

모발의 건강을 유지하는데 필수적으로 요구되지만 체내에서 극히 미량 발견되기 때문에 미량 원소라 하는데, 철, 망간, 구리, 요오드, 아연, 몰리브덴, 불소, 크롬, 비소 등 약 30여종의 무기 성분이 보고되고 있다.

4) 모발의 구조

(1) 모근부

① 모구

모구는 모구부의 구근 모양으로 되어 있는 아랫 부분을 뜻하며 모발을 생장시키는 부분이다.

② 모유두

신경과 모세혈관이 풍부하며 모발을 성장시키는 영양분과 산소를 운반하는 등 모발의 성장을 돕는 집적적인 영양 공급원이다.

③ 모낭

모낭은 모발을 둘러싸고 있는 주머니 모양의 기관으로 모발 생성을 위한 기본 단위로이다. 모낭은 손과 발바닥, 입술과 귀두를 제외한 전신의 모든 피부에 분포하며 일단 파괴되고 나면 재생할 수 없다.

④ 피지선

피지선은 모유두 위 옆으로 모낭의 1/3부위에 위치하며, 모낭 벽에 포도송이처럼 달려있는 것으로 피지를 분비한다. 이렇게 분비된 피지는 수분의 증발을 막고, 피지에 함유된 지방산의 작용에 의해 살균을 하며 흡수조절작용 및 비타민 D 생성작용 등을 한다.

⑤ 입모근

입모근은 피지선의 아래쪽에 붙어있는 불수의근으로, 갑작스런 기후변화나 공포감에 처하게 될 때 입모근의 작용이 모공을 닫고 체온손실을 막아주는 역할을 한다.

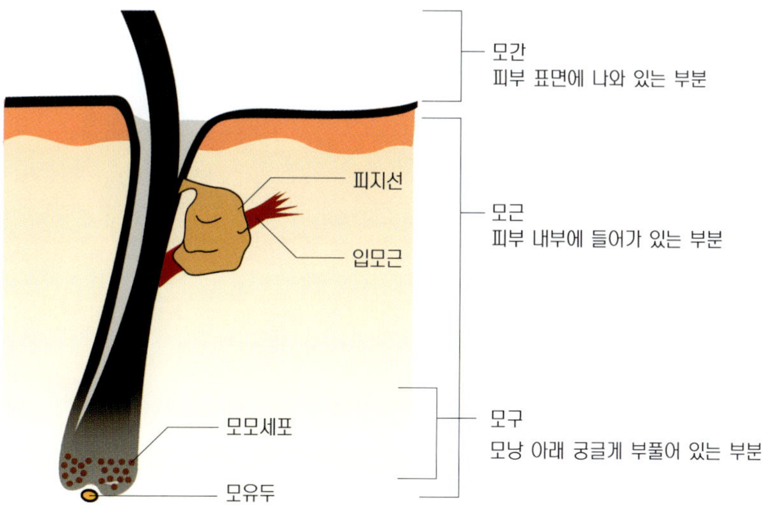

[그림 3-1] 모발과 모낭

(2) 모간부

① 모표피

모표피는 모발의 가장 바깥층으로 모발의 10~15%를 차지하며 비늘모양의 세포가 모발 끝을 향해 6~8층으로 조밀하게 쌓여 일정한 모양을 이루고 있다. 모표피는 모발의 최외층에서 모발을 보호하고 수분을 유지하며 pH에 의해 반응하는데, 퍼머넌트나 염색 시술 시에 알칼리제에 의해 열리고 산화제에 의해 닫힌다.

② 모피질

피질세포와 간충물질로 이루어져 있으며 모간부의 85~90%인 가장 많은 부분을 차지하므로 모발의 유연성, 탄력, 강도, 감촉, 질감, 색상 등 모발의 물리적, 화학적 성질을 좌우하고 있어 모발의 성질을 나타내는 가장 중요한 부분이라 할 수 있다.

③ 모수질

모수질은 모발의 중심에 위치하고 있으며 속이 비어 있는 동공으로 되어 있고 그 안에 공기를 함유하고 있다.

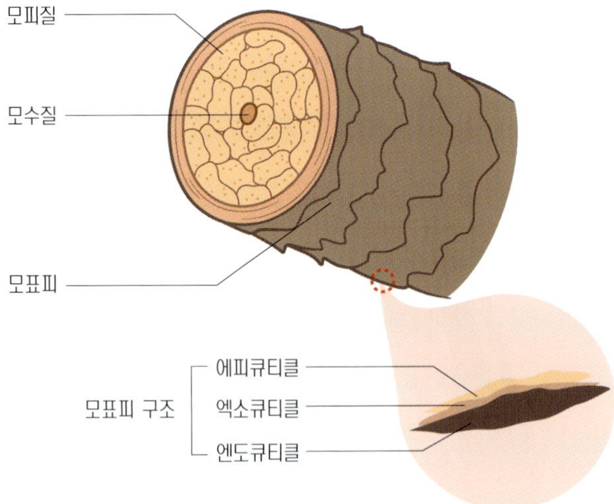

[그림 3-2] 모간부의 구조

5) 모발의 성장주기

① 성장기

모발은 성장기에 모모세포로부터 만들어져 모유두의 모세혈관으로 부터 보내진 영양분으로 성장하기 시작한다. 성장기의 수명은 3~7년이며 전체 모발의 80~90%가 성장기 단계로 하루 평균 0.35~0.4mm, 한 달 평균 1~1.5Cm정도 자란다. 성장기는 영양이나 체내 호르몬 등의 영향을 받아 변화될 수 있다.

② 퇴행기

모발의 형태를 유지하면서 대사과정이 느려지는 시기로 모구부의 수축현상이 일어나 세포분열이 점차적으로 둔화된 후 정지하며 기간은 3~4주 정도이며 전체 모발의 1%를 차지한다.

③ 휴지기

모유두가 위축되고 모낭은 차츰 쪼그라들며 모근은 위쪽으로 밀려 올라가 있고 모낭의 깊이도 1/3로 줄게 되는 단계이다. 다음 성장기 단계가 시작될 때까지의 수명은 3~4개월로 전체 모발의 약 15%가 휴지기 상태로 이 시기에 모발을 빗질에 의해서도 쉽게 탈락된다.

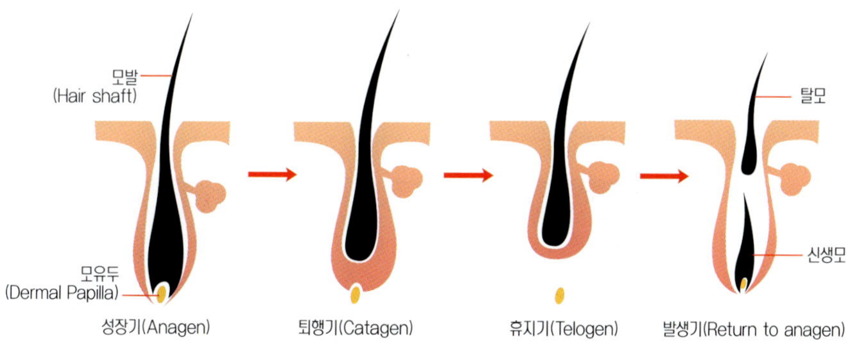

[그림 3-3] 모발의 주기

6) 모발의 형상에 따른 분류

① 직모

모발의 단면이 원형을 하고 있으며 대부분의 황인에서 직모의 양이 많다.

② 파상모

모발의 단면을 보면 타원형의 형태를 하고 있으며 모낭의 한쪽이 약간 굽어 곱슬거리는 모발로 성장한다. 백인에게서 많이 나타난다.

③ 축모

모낭이 활처럼 한쪽으로 휘어 있어 모발이 꼬불꼬불하게 성장하며 머리카락의 횡단면은 매우 작게 오그라진 타원형, 삼각형에 가깝다. 흑인에게서 많이 나타난다.

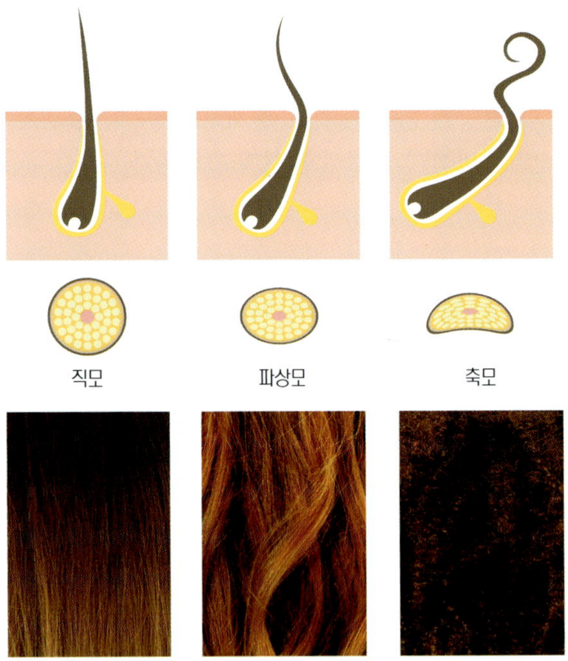

[그림 3-4] 모발의 형상에 따른 분류

7) 탈모(Alopecia)

(1) 탈모의 개념

정상적인 모발은 머리가 나면 3-7년 정도 성장기를 지속하다가 휴지기와 퇴행기를 거쳐 빠지고 그 자리에 3-6개월 후 새로운 모발이 성장하는 주기를 반복한다. 모발은 하루 평균 약 50-100개 정도가 빠지며, 그 자리에 새로운 모발이 형성되어 성장한다. 그러나 생성되는 모발의 수보다 빠지는 모발의 수가 많아지면서 새로 나는 모발이 상대적으로 얇고 길이도 길게 성장하지 못하며 그런 모발의 비율이 점차 높아지면 탈모가 진행 중인 것이다.

탈모가 진행된 두피는 하나의 모공에 1개의 모발만이 존재하거나 빈 모공인 상태로 함몰되어 있는 경우가 많다. 비듬과 가려움증을 동반하며 사후관리를 소홀히 할 경우 증세가 더욱 악화되기도 하며 피지가 과도하게 분비되기도 한다. 두피가 경직되어 있어서 손가락으로 누르면 지나치게 딱딱하며 모발이 점점 가늘어지고 힘이 없어 보이는 것이 특징이다.

※ 탈모의 사전 증상

- 머리숱이 줄어드는 느낌이 강하게 든다.
- 이전보다 머리에 기름기가 많아졌으며 머리가 눌러 붙는다.
- 자주 가렵고 비듬이 많아졌다.
- 머리 감거나 자고난 후 베개에 빠지는 모발양이 이전보다 늘었다.
- 모발에 탄력이 없고 가늘며 잘 끊어진다.
- 두피가 건조하고 당긴다.
- 남성의 경우, 몸의 털이 이전보다 굵어졌다.

(2) 탈모증의 분류

탈모증은 크게 남성형 탈모, 여성형 탈모, 원형 탈모, 산후 탈모, 결발성 탈모 등으로 분류될 수 있으며 주요한 탈모증으로는 호르몬 작용에 의한 남성과 여성형 탈모증, 자가면역 질환의 일종인 원형탈모증이 있다.

① 남성형 탈모

남성형 탈모의 원인은 유전, 남성호르몬의 과다분비, 나이, 스트레스 등으로 다양하지만 주요 원인은 유전적 안드로겐성 탈모증의 경우가 가장 많다. 특히 남성형 탈모증은 남성호르몬인 안드로겐의 영향으로 인하여 이마와 정수리 부분의 모발의성장이 억제시키는 것으로 알려져 있는데, 유전적 인자에 의해서 사전 징조가 결정되는 경우가 많고, 보다 젊은 나이에 탈모가 시작될수록 탈모의 정도가 심해지는 경향이 있다.

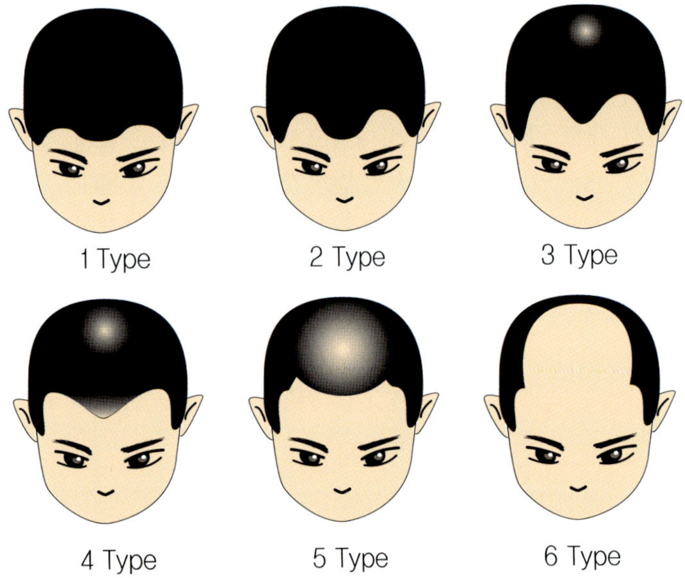

[그림 3-5] 남성형 탈모 단계

② 여성형 탈모

남성형 탈모가 남성호르몬의 영향으로 오는 것이기 때문에 여성에서도 탈모가 나타날 수 있는데 이 때는 여성 안드로겐 탈모증 혹은 여성 미만성 탈모증이라고 한다. 여성 탈모의 양상은 남성과는 다르게 나타나는데, 남성의 경우 정수리 부근이나 관자놀이 부근에서 나타나지만 여성은 정수리 부근에서 탈모가 나타나면서 앞머리가 둥글게 연모화 되어 두피가 드러나기는 하지만 헤어라인의 경계를 벗어나지는 않는다. 또 남성형 탈모증과 비슷하게 유전하며 나이가 들수록 점진적인 탈모가 일어나지만 남성과는 달리 일정한 형태가 없이 전체적으로 탈모가 일어난다. 또한 여성의 경우에는 굵은 머리털이 연모화의 상태에서 진행을 멈추는 것이 특징이다.

[그림 3-6] 여성형 탈모 단계

③ 원형탈모증

두피의 한 곳 또는 여러 곳에 모발이 한꺼번에 빠지는 것으로 그 형태가 원형을 이루며 빠지는 특징이 있다. 다양한 크기의 원형내지 타원형의 탈모반으로 발생하는데 주로 두발에 발생하며 드물게 수염, 눈썹이나 속눈썹에도 생길 수 있으며 탈모부위가 확대 혹은 융합하여 큰 탈모반이 형성될 수도 있다.

(3) 탈모의 예방

후천적 원인으로 인한 탈모현상은 치료 및 예방을 통해서 충분히 관리할 수 있으며 유전적인 소인이 있더라도 적절한 탈모관리를 통해 예방 또는 그 속도를 늦출 수는 있다.

스트레스를 받게 되면 혈압상승, 심장박동과 호흡증가, 세포에서 저장된 당을 꺼내오는 등의 작용으로 위기상황에 반응한다. 또한 소화력을 떨어뜨리고 콜레스테롤 수치도 높인다. 결국 혈액순환의 장애가 생겨 모세혈관으로부터 영양분을 공급받는 모유두에 영양부족 현상을 초래한다.

모근에 영양을 주는 혈관을 감싸고 있는 이 자율신경이 균형을 잃게 되면, 혈관에 악영향을 주게 되면서 모근 주변의 혈행이 악화되고, 영양이 제대로 도달하지 못하여 탈모로 연결되므로 이런 현상들은 연계성을 갖고 일어난다.

탈모를 예방하고 싶다면 스트레스 받는 환경을 개선하고 위축된 두피 조직들을 활성화, 정상화시키는 노력을 해야 한다. 탈모의 치료와 예방은 장기적 안목과 꾸준한 관리를 해야 만이 더 이상의 진행을 막을 수 있는 것이다. 이를 통해 휴지기 탈모단계가 지나 모발이 다시 성장기 단계에 이르렀을 때 정상주기로 돌아온 모발이 안정적인 모발 성장 주기에 의해 건강하게 성장할 수 있게 된다.

※ 탈모 예방과 개선을 위한 생활 습관

① 충분한 수면과 휴식을 취한다.
② 무리한 식이 다이어트를 피하고 영양섭취에 균형을 이룬다.
③ 두피와 모발을 청결히 유지한다.
④ 퍼머넌트나 염색 등 화학적인 시술을 자주 하지 않는다.
⑤ 간단하더라도 자주 셀프 두피 마사지를 한다.
⑥ 모발 화장품 사용 시 사용법을 잘 인지한다. 린스는 머리카락 끝에만 바르며 제품 적용 후 물 세정을 섬세히 하여 잔여물이 남지 않도록 한다.
⑦ 스트레스 받는 환경을 개선하여 심리적 안정을 자주 취한다.
⑧ 약용 샴푸나 의약 연고 등은 반드시 전문가와 상의하여 사용하고 장기적으로 남용하지 않는다.

3. 헤어미용의 주요분야

1) 헤어 커트

헤어 커트(hair cut)란 단순히 자르는 개념을 넘어 고객이 원하는 헤어스타일과 디자이너의 감성, 시대에 맞는 유행흐름을 맞추고 모발의 상태를 고려해야 하는 헤어디자인 시술이다. 헤어 커트 시에는 개인의 두상과 얼굴형 그리고 이목구비와 직업, 의상, 피부색깔, 목의 생김새를 고려하여 형태를 결정해야 한다. 이는 헤어 이미지에서 형태를 만드는 기본 요소이며 그 방법으로 형태, 길이, 라인, 층이 있다.

(1) 헤어 커트의 도구

헤어 커트 도구는 곧은 가위, 틴닝 가위, 레이져, 빗 등으로 구성되어 있으며 그 외에 분무기, 핀셋과 커트 보 등이 필요하다.

① 곧은 가위(Shear)

깨끗한 단면과 일직선을 만들며 커트 시 가위의 위치를 다양하게 하여 모발 한 올 한 올에 변화를 줄 수 있다. 결정된 헤어스타일에 따라 날의 길이를 선택한다.

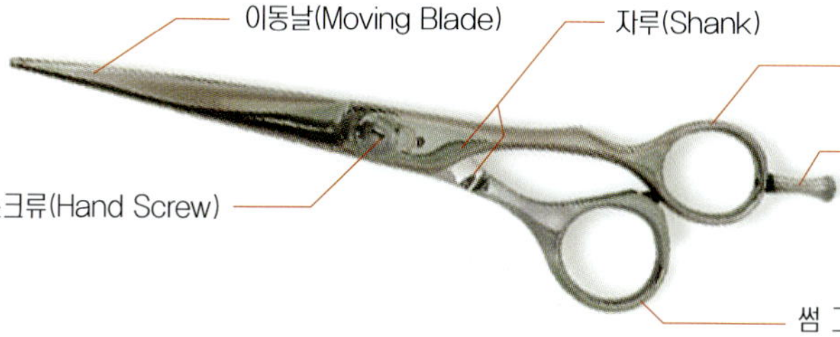

[그림 3-7] 곧은 가위

② 틴닝 가위(Tapering shear)

모량을 조절하기 위해 사용하며 짧고 긴 길이가 뚜렷하고 규칙적으로 교차되도록 해주는데, 스타일의 무거움을 줄이고, 머리에 부드러움을 주기 위해 사용한다. 부피를 줄이고 생동감을 만들기 내거나 형태를 유지하면서 짧은 길이로 질감 처리하는데 사용한다. 한쪽 날은 직선이고 다른 쪽 날은 톱니모양의 형태로 발 수에 따라 머리에서 모량이 제거되는 양에 차이가 있다.

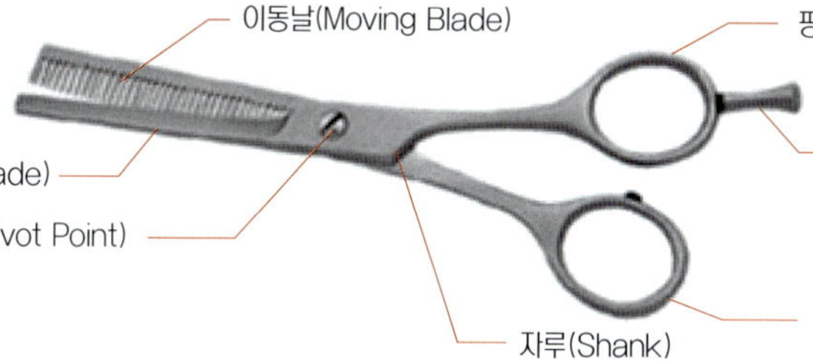

[그림 3-8] 틴닝 가위

③ 레이저(Razor)

각 모발의 끝을 가늘게 해 부드럽고 약간 확산된 형태선을 만들어준다. 사용하는 커트 기법에 따라 모발의 표면 또는 아래쪽에 시술될 수 있으며 대부분의 레이져는 일자형, 접이식 등의 종류가 있다. 전체 형태를 커트하는 데도 사용하고 형태 내 질감 만드는데도 사용하는데, 커트 시 모발 전체를 물로 적셔주어야 한다.

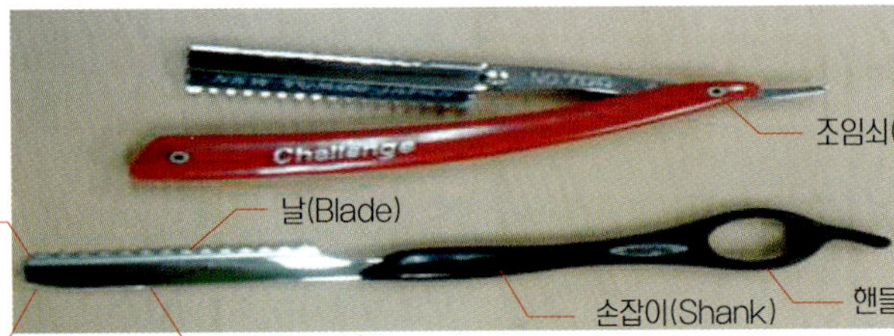

[그림 3-9] 레이저

④ 빗(Comb)

헤어 커트 전이나 커트 도중 모발을 분배하고 조절하기 위해 사용하며 용도에 가장 알맞은 빗을 결정하는데 빗살의 간격에 의한 선택을 한다.

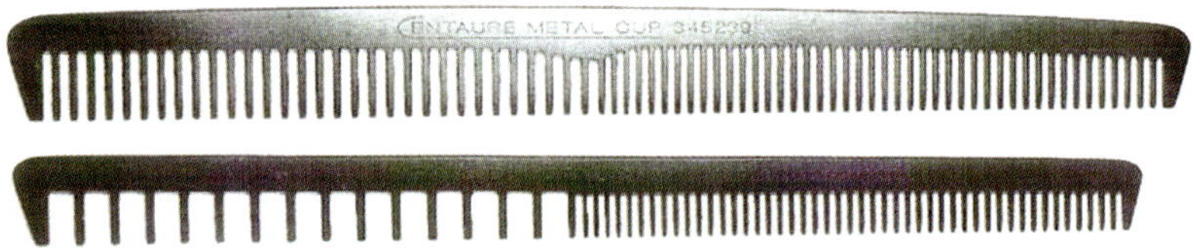

[그림 3-10] 헤어커트 빗

2) 헤어 커트의 기본형

헤어스타일에서 헤어 커트 기법의 기본형을 단독 또는 혼합을 사용하여 헤어 디자인이 만들어진다. 헤어 커트는 다양한 길이로 할 수 있으며 각각의 머리형은 독특한 모양과 구조 및 머릿결을 가지고 있다. 원랭스, 그레쥬에이션, 인크리스 레이어 및 유니폼 레이어의 4 가지 기본형을 활용하여 다양한 헤어스타일을 만들 수 있는데, 기본적인 스타일을 서로 혼합하여 만들어 낸 머리형을 컴비네이션폼 또는 혼합형이라고 한다. 다양한 헤어 스타일을 만들어내려면 기본적인 4 가지 커트를 정밀하게 자를 수 있어야 한다. 기본형으로 완벽하게 머리가 잘라졌을 때 서로 부분적으로 필요한 부분을 모아 하나의 형을 만들어 창조적인 디자인을 할 수 있다.

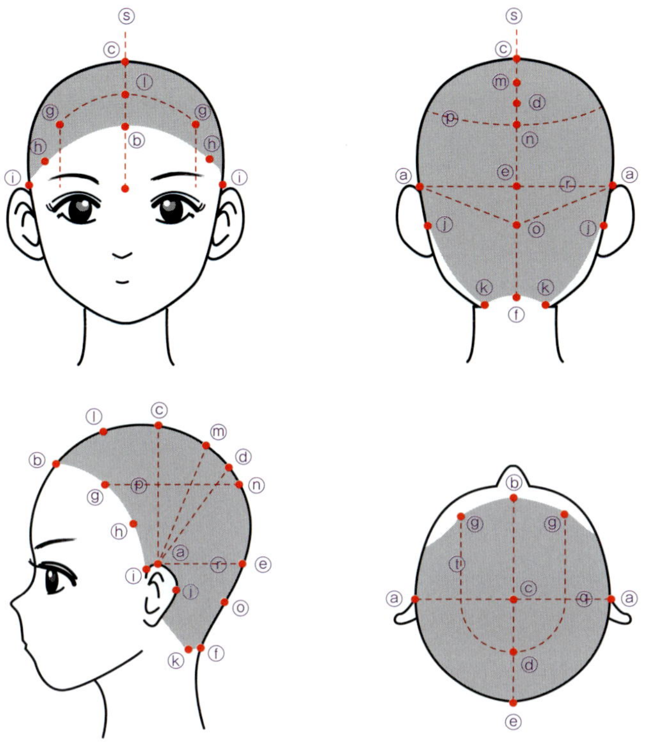

ⓐ ear point(E.P)
ⓑ center point(C.P)
ⓒ top point(T.P)
ⓓ golden point(G.P)
ⓔ back point(B.P)
ⓕ nape point(N.P)
ⓖ front side point(F.S.P)
ⓗ side point(S.P)
ⓘ side corner point(S.C.P)
ⓙ ear back point(E.B.P)
ⓚ nape side point(N.S.P)
ⓛ center top medium point(C.T.M.P)
ⓜ top golden medium point(T.G.M.P)
ⓝ golden back medium point(G.B.M.P)
ⓞ back nape medium point(B.N.M.P)
ⓟ recession area(R.A)
ⓠ ear to ear line(E.E.L)
ⓡ horizontal line(H.L)
ⓢ center line(C.L)
ⓣ u-line(U.L)

[그림 3-11] 두상의 포인트

① 원랭스(One length)

솔리드(solid) 또는 단발머리(bob)라고도 한다. 모발의 내측과 외측의 길이 차이가 없는 것, 즉 두피에서 자연스럽게 내린 상태에서 0도로 동일한 직선상에 맞추어 커트하는 것으로 안쪽머리와 바깥머리를 동일선 상에서 자른다. 모발 길이가 하나의 선상에서 똑같이 잘려져 있으며 모발의 무게감이 어느 선에 고정되어있는지 보이는 특징을 지닌다. 또한 머리의 표면은 끝머리가 모든 머리를 감추고 있기 때문에 보이지 않는다.
원랭스의 유형을 살펴보면 다음과 같다.

가. 수평 라인

스트레이트 보브 라인(straight bob line)이라고 하며 선이 바닥과 평행이 된다.

나. 전경사 라인

스파니엘 라인(spaniel line)이라고 하며 뒤쪽이 짧고 앞쪽이 길어진다.

다. 후경사 라인

이사도라 라인((isadora line)이라고 하며 앞쪽이 짧고 귀쪽이 길어진다.

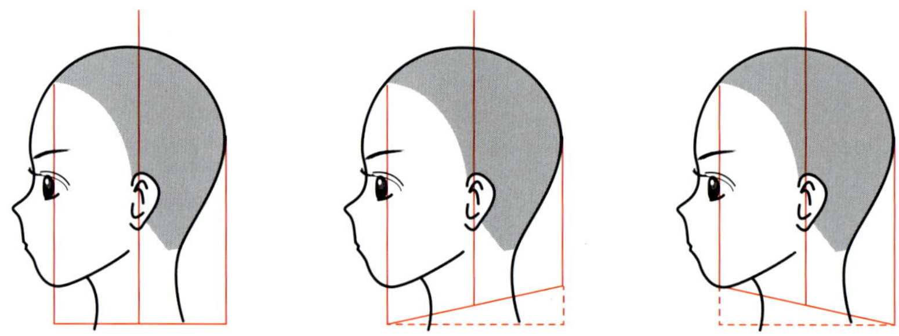

[그림 3-12] 원랭스의 유형

② 그레쥬에이션(Graduation)

헤어 스타일에서 천체 축에 의한 각도 45°에서 만들어지는 단차를 주며, 시술각의 변화에 따라 무겁거나 가볍게 연출 할 수 있다. 빗의 기울기와 윗 모발의 길이 변화에 따라 이미지가 달라지는 형태로 아래 모발 길이보다 위의 모발 길이가 점차 길어져 모발 끝이 서로 겹쳐 쌓이는 형으로 머릿결의 끝부분이 층을 가진 형태이다. 즉 그레쥬에이션 스타일은 머리끝에 작은 단차를 주는 기술로서 아래쪽에 머리카락이 가장 짧고 위로 올라감에 따라 점점 길어지도록 작은 단차를 붙는다. 단차가 많이 보이는지, 적게 보이는지에 따라 로우 그레쥬에이션(low graduation), 미디움 그레쥬에이션(midiuem graduation) 그리고 하이 그레쥬에이션(high graduation)으로 나뉜다.

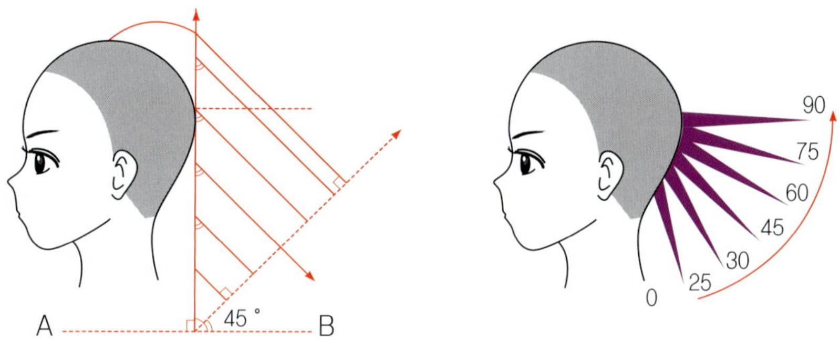

[그림 3-13] 그레쥬에이션의 단차

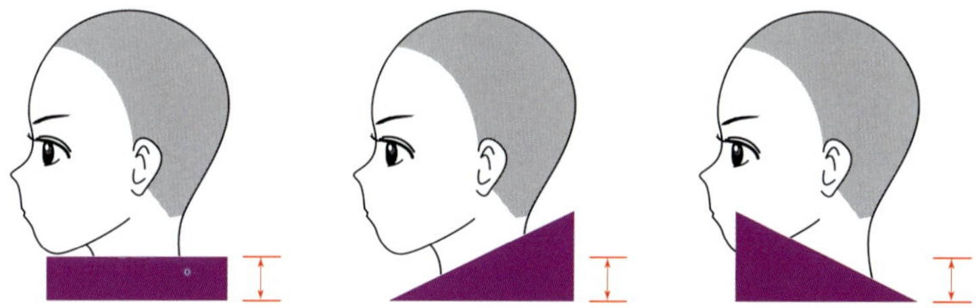

패러렐 그레쥬에이션 인크리스 그레쥬에이션 디크리스 그레쥬에이션

[그림 3-14] 그레쥬에이션의 유형

③ 레이어(Layer)

레이어 형은 층 쌓임으로 만들어 가는 형태를 말하며, 스타일상에서 천체 축에 의한 각도 90° 이상에서 만들어지는 단차를 기본으로 할 때 많은 단차를 주는 것을 말한다. 레이어 스타일은 볼륨을 조절할 수 있는 이상적인 형이며 여러 계층의 연령에 대해 제한 폭이 적다. 모량이 많은 부분에 가벼움을 줄 수 있으며 숏커트의 이점을 살려서 변화가 풍부한 스타일을 만들 수 있다. 레이어는 두피에서 90도의 각을 형성하여 커트하지만 그 외 45도, 135도 등의 각도를 형성하여 다양한 스타일을 연출한다. 짧은 길이와 긴

형태의 상황에 따라 표현하는 감각이 다르며 긴 머리는 하이 레이어(high layer) 스타일을 연출한다.

길이의 단차 유무에 따라 인크리스 레이어와 유니폼 레이어로 분류할 수 있다.

가. 인크리스 레이어(Increase layer)

모발 길이의 단차가 윗 부분은 짧고 밑 부분은 길어져 머리의 끝 표면을 전체적으로 볼 수 있다. 또한 층이 많아 모발에서 무게는 볼 수 없고 전체적으로 모발의 끝이 다 보이는 머릿결을 가지며 구조 그래픽도 머리의 단차가 윗부분은 짧고 밑부분은 길어지는 형태를 지닌다. 모발의 길이에 따라 많은 유형을 가지고 있는 것이 레이어다.

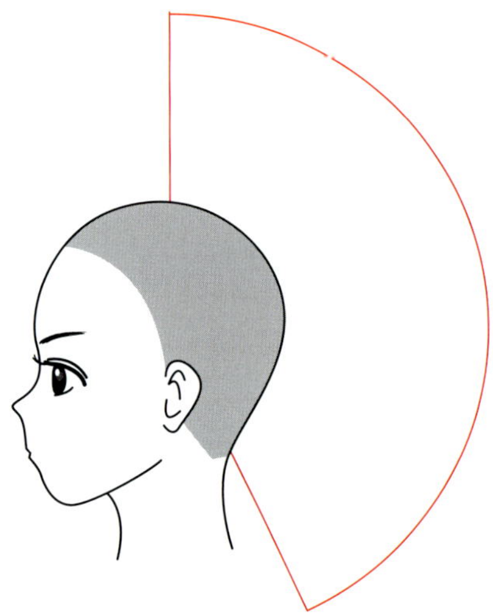

[그림 3-15] 인크리스 레이어

나. 유니폼 레이어

헤어 디자인을 할 때에 머리가 전체적으로 똑같이 잘라지는 커트로 모든 길이가 똑같고 단층의 차이가 일정한 형태를 말하며 자연스러운 질감을 만들어 낸다. 반면 인크리스 레이어는 머리에 단차가 있다. 즉 두상의 곡선에 따라 똑같은 길이로 머리가 잘라지기 때문에 인크리스 레이어처럼 무게선은 없고 모발 결도 끝이 다 보이는 형태이다.

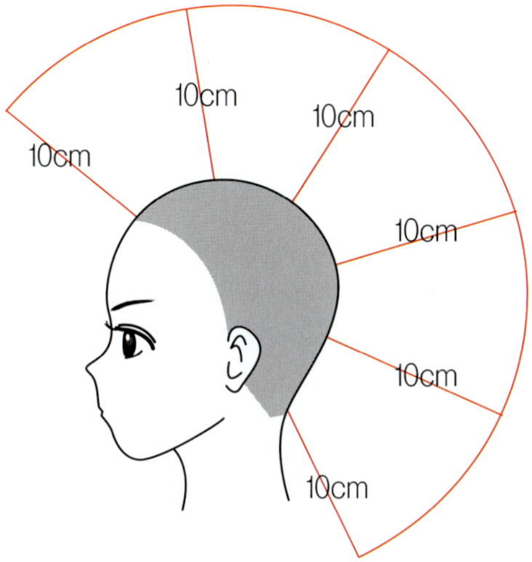

[그림 3-16] 유니폼 레이어

> **레이져 커트(Razor cut)**
>
> 단차(layering)와 질감(texture)을 한 번에 만들며 모발을 보다 부드럽고 자연스러운 머리결의 단면을 연출할 수 있는 질감 테크닉으로 그 특징을 살펴보면 다음과 같다.
> 우선 젖은 모발에 시술하며 모발의 길이, 모량, 모발의 흐름에 대한 상태 파악, 세밀한 연출 가능하고 가벼운 움직임을 자유자재로 연출할 수 있다.

3) 퍼머넌트 웨이브

(1) 퍼머넌트 웨이브의 개념

퍼머넌트 웨이브(permanent wave)란 자연 상태의 모발에 물리적, 화학적 방법을 가하여 모발의 구조나 형태를 변화 시켜 오랫동안 지속되는 웨이브(wave)를 형성시키는 것을 의미한다. 이를 통해 모발의 질감(texture)을 변화시킴으로써 헤어 커트 스타일에 따라 모발의 질감을 살릴 수 있는 헤어스타일을 연출할 수 있으며, 두부의 골격형태에 따라 볼륨을 형성해야 하는 부위에 퍼머넌트 웨이브의 시술로 볼륨감을 줄 수 있다. 이는 헤어 디자인의 3요소인 형태, 질감, 색채의 3요소 중 질감을 가장 잘 표현하는 시술이다.

퍼머넌트 웨이브의 종류와 각각의 특성 및 효과를 잘 파악하여 각자의 개성과 취향에 어울리는 퍼머넌트 웨이브를 실시함으로써 다양한 분위기 연출과 두부의 골격형태의 보완을 통해 이상적인 헤어스타일을 연출할 수 있다.

'헤어 웨이브'란

C자형 머릿결 또는 C자와 Ↄ자의 연속적 흐름으로 만들어진 S자형 머릿결을 말한다. 컬 웨이브(curl wave)는 웨이브를 만들기 전에 모발을 롤(roll), 아이론(iron), 로드(rod), 손가락 등의 회전축에 한번 또는 두 번 이상 감아 세팅(setting)한 다음, 그 회전축을 빼내어 만든 웨이브를 말한다. 여기서 컬이란 감아 놓은 원형의 고리모양이다.

[그림 3-17] 헤어퍼머넌트

(2) 퍼머넌트 웨이브제의 종류

① 제1제

가. 치오글리콜산(Thioglycolic acid)

a. 암모니아계의 알칼리성 웨이브제

암모니아 특유의 자극적인 냄새가 나지만 시술 중 암모니아가 휘발하여 약제의 pH가 낮아져 모발에 과잉작용을 방지하고 고객의 두피나 시술자의 피부에 알칼리제의 잔류가 적어 피부자극이 적다.

b. 아민계 알칼리성 웨이브제

비휘발성 알칼리로 자극적인 냄새가 없는 반면, 암모니아와 비교해 모발에 대한 친화성과 잔류성이 높아 과잉작용 및 피부자극의 우려가 있으므로 시술 후 섬세히 세정하여야 한다.

c. 암모늄계 약알칼리성 웨이브제

약알칼리제로 과잉우려가 없고 강한 자극적인 냄새가 없는 반면, 모발의 팽윤도가 적어 컬이 잘 형성되지 않기 때문에 시술시 섹션과 텐션에 세심한 주의를 기울여야 한다.

d. 산성 웨이브제

pH 5.0~6.5 전후로 모발이 안정한 상태에 있는 반면, 웨이브 형성이 매우 약하기 때문에 얇은 슬라이스와 가는 로드를 사용해야 한다.

나. 시스테인(Cystein)

자극적인 냄새가 적으며 모발의 팽윤도가 적어 손상도가 적고 시술 후 모발 감촉이 부드럽다. 반면 환원력이 치오글리콜산보다 약해 웨이브 효과가 20~30% 감소된다.

② 제2제

가. 과산화수소 (H_2O_2)

pH 2.5~4.5 정도의 화학적으로 불안정한 액체로 햇빛이나 미량의 중금속에 쉽게 분해된다. 브롬산보다 빠른 시간에 탄력 있는 웨이브가 생성되는 것이 특징이며, 방치 시간은 오래두면 모발이 탈색되기 때문에 주의를 기울여야 한다.

나. 브롬산나트륨 ($NaBrO_3$)

일반적으로 브롬산나트륨이 5~6%정도 포함된 pH 5.0~7.5의 액상을 중화제로 사용한다.

(3) 퍼머넌트 웨이브 원리

퍼머넌트 웨이브는 물리적, 화학적 작용의 2단계를 거쳐서 형성된다.

① 물리적 작용

로드(rod)에 물리적인 힘을 가해 모발을 와인딩(winding)하면 모발의 탄성에 의해 로드의 바깥쪽과 안쪽의 길이 차이가 생긴 상태에서 제1제(환원제)가 모발내부의 시스틴 결합을 절단하고 난 후, 다시 제2제(산화제)의 작용에 의해 절단된 시스틴을 재결합 고정시켜줌으로써 영구적인 웨이브가 형성된다.

로드의 원리

모발을 로드에 감으면 감긴 바깥쪽이 안쪽의 모발보다 더 당겨지어 케라틴 구조가 α-keratin에서 β-keratin 으로 변화된다. 이렇듯 폴리펩타이드를 이 β-keratin상태로 바꾸는 것이 퍼머넌트 웨이브의 원리이다. 모발을 로드에 감으면 바깥쪽이 안쪽보다 많이 늘어나므로 각각의 시스틴 결합이 불안정하게 되고 모발은 원래의 안정된 상태로 되돌아가려고 한다. 제2액을 도포함에 따라서 절단된 시스틴 결합이 절단된 상태에서 재결합된다. 즉, 제2액은 절단된 시스틴 결합을 산화작용으로 재결합시켜, 원래의 탄력이 많은 모발로 되돌아가도록 하는 작용을 한다. 이처럼 새로운 시스틴결합이 형성됨으로써 새롭게 형성된 모발의 웨이브를 오랫동안 고정 · 유지시켜준다.

② 화학적 작용

가. 제1제의 환원작용

퍼머넌트 웨이브 제1제는 티오글리콜산과 암모늄을 주성분으로 하는 환원제이다.

알칼리성분인 암모늄은 모발을 팽윤 · 연화시키고 티오글리콜산은 모발의 시스틴 결합을 환원시켜 절단시키는 작용을 한다.

나. 제2제의 산화작용

제2제는 산화제로서 과산화수소수, 취소산나트륨, 취소산칼륨이 주원료로 환원제(제1제)에 의해서 환원되어 절단된 시스틴결합을 산화시켜 재결합시키는 작용을 한다. 즉, 산화작용에 의해 방출된 산소와 환원되었던 시스테인에서 수소가 결합하여 물이 되고 수소 원자를 잃은 황원자는 시스틴 결합을 형성한다.

(4) 퍼머넌트 웨이브의 주요 와인딩 기법

① 크로키놀식 와인딩(Croquignol winding)

1924년 조셉메이어에 의해 사용된 기법으로 모발 끝부터 모근 쪽으로 와인딩 하는 기법이다. 겹쳐지며 와인딩 하여 오버랩이라고 부르기도 하며 가장 많이 사용하는 기법으로 웨이브의 폭이 달라진다. 긴 모발과 짧은 모발 모두에서 다양하게 사용 가능하지만 짧은 모발에서 더 효과적이다.

[그림 3-18] 크로키놀식 와인딩

가로(horizontal) 와인딩, 세로(vertical) 와인딩 그리고 사선(diagonal) 와인딩 등이 있다.

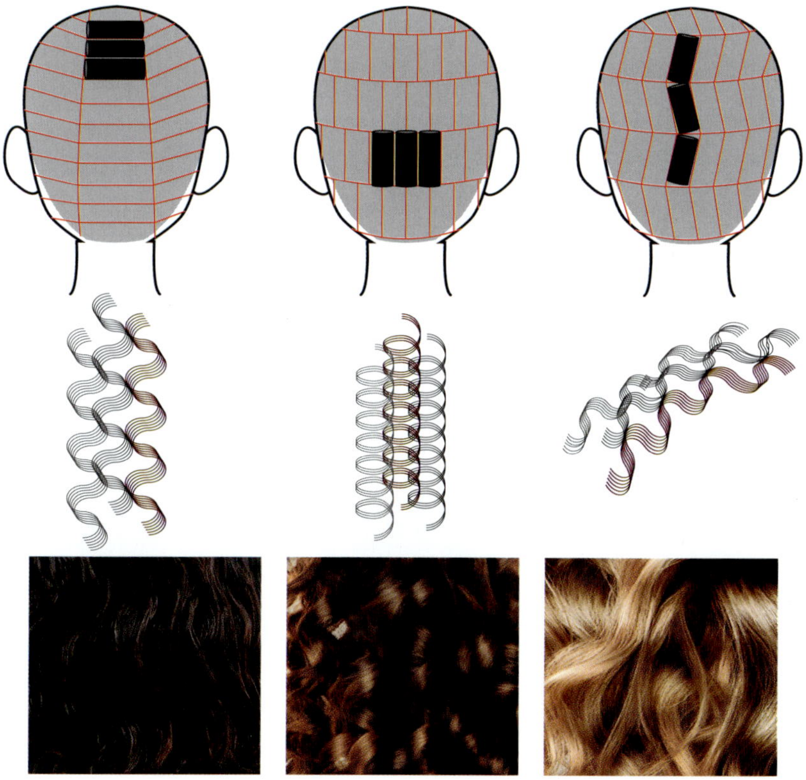

가로 와인딩 세로 와인딩 사선 와인딩

[그림 3-19] 가로 · 세로 · 사선 와인딩

② 스파이럴식 와인딩(Spiral winding)

[그림 3-20] 스파이럴식 와인딩

1906년 찰스 네슬러가 사용한 기법으로 두피로부터 모발끝 쪽으로 또는 모발끝에서 두피 쪽으로 나선형으로 와인딩하는 기법이다. 대체적으로 길게 늘어뜨리는 효과가 있고 모발을 겹쳐지지 않게 회전시키므로 동일한 웨이브를 갖게 된다.

(5) 퍼머넌트 웨이브 시술 시 주의사항

① 시술자 주의사항

- 로드 자국이 남지 않도록 하여야 하며 특히 짧은 모발의 경우나 탑 부분 시술에는 지그재그 섹션을 뜨는 것이 좋다.
- 고무 밴드 자국이 남지 않도록 스틱을 사용한다.
- 산화제 도포 시에는 로드 하나하나에 빠짐없이 골고루 도포해야 한다.
- 펌제 용액은 공기와 광선, 열 등에 의해 화학적인 반응을 일으키기 쉬우므로 사용 후 남은 용액은 버리도록 하며 사용하지 않은 용액은 밀폐하여 냉암소에 보관하도록 한다.

퍼머넌트 웨이브의 준비 물품

주요 물품으로 약액은 환원제인 제1제와 산화제인 2제가 필요하며 컬의 크기를 결정
로드(rod), 와인딩(winding) 시 모발이 빠져 나오지 않게 하기 위해서 엔드 페이퍼(end paer), 꼬리 빗, 비닐캡, 고무줄, 스틱, 어깨보, 가운 등이 필요하다.

② 고객 주의사항

다음과 같은 주의사항을 고객이 인지하도록 한다.

- 시술 후 일반적으로 48시간이내에는 샴푸를 하지 않는 것이 좋다.
- 뜨거운 물로 샴푸할 경우 쉽게 풀릴 수 있으므로 미지근한 물로 세정한다.
- 퍼머넌트 웨이브 시술 직후 사우나를 삼간다.
- 저녁에 시술했을 경우 완전히 건조 후에 취침해야 한다.
- 염색 후 퍼머넌트 웨이브 시술은 최소한 1-2주 후에 하는 것이 좋다.
- 퍼머넌트 웨이브 시술 후 염색은 최소한 1주 후에 하는 것이 좋다.

4. 염색

1) 헤어 컬러의 개념

개인의 모발색은 멜라닌 구조와 생성과정에 의한 색소 분포의 차이에 따라 다양하게 나타나는데 이는 인종이나 유전자 특성 등과 같은 선천적 요인에 영향을 받는다. 시각적으로 보이는 모발의 색상과 그 안의 자연 색소는 유전적으로 결정되어 있으며 모발의 실질적인 색상 또는 밝기는 모발에 있는 멜라닌의 유형, 양, 모피질 내 분포 정도에 따라 결정된다.

일반적으로 헤어컬러링은 모발의 자연적인 색조를 화학물질에 의해 변화시키는 것을 의미하며 헤어 컬러는 멜라닌 색소의 산화에 의한 탈색과 인공 색소에 의한 모발 탈색과는 달리 다양한 색상을 착색시키는 것으로 정의할 수 있다.

모발의 색깔

인종이나 환경 등에 의해 다양하게 나타나는 모발의 색은 피부와 마찬가지로 멜라닌이라 불리는 색소에 의해 결정된다. 멜라닌(malanine)의 어원은 그리스어의 멜레스(melas)의 검정색을 의미한다. 멜라닌을 형성하는 멜라노 사이트는 모발의 주성분인 케라틴 사이에 존재하는 것으로 이 세포의 함량에 따라 모발의 색상이 달라진다.

모발의 색은 3가지 유형의 색소를 만들어 주는 멜라노 사이트에 의해 모피질에서 형성된다. 천연 모발의 색을 결정짓는 3가지 형태의 멜라닌 색소는 검정색, 흑갈색과 같은 짙은 색소를 지닌 유멜라닌(Eu malanine), 빨강, 오렌지, 구리빛과 같은 붉은 색소를 지닌 트리코시데린(Tricosiderine), 황색과 같은 밝은 색소를 지닌 페오멜라닌(Phed malanine)으로 구성되어 있는데, 이러한 특성을 지닌 멜라닌 색의 종류와 그 함량에 의해 사람마다 모발색이 다르게 보이는 것이다.

색은 우리의 감정이나 기분을 미묘하게 작용하여 인간의 감정에 영향을 준다. 또한 사물과 관계에 있어 내재된 성격이나 다양성을 표현하는 특징을 가지고 있다. 이러한 기본적인 심리로 인해 모발 염색은 색상이 시술된다. 즉 염색은 자연의 모발 색상에 과학 기술을 응용하여 아름다움을 추구하는 인간 욕구의 예술적 행위라 할 수 있다. 헤어 컬러는 그 사람의 얼굴과 가장 가까이에서 시선을 집중시킴으로 한 사람의 전체적인 인상에서 매우 중요한 역할을 한다.

2) 염모제의 종류

염모제는 배합 원료에 따라 식물성, 금속성, 산화 염색제로 나눌 수 있고, 기능별 분류는 일시적, 반영구적, 영구적인 것으로 나눌 수 있다.

① 일시적(Temporary) 염모제

색소에 수지(resin)를 혼합하여 모발에 바르거나 뿌려주는데, 색소분자가 커서 모발 내부에는 들어가지 못하고 수지의 접착능력으로 인하여 색소가 모표피 층 사이사이에 일시적으로 붙어 있게 하는 원리를 이용한 염색방법이다.

일시적 착색만 가능하며 여러 가지 컬러로 하이라이트를 줄 수 있고 흰머리를 일시적으로 커버할 수 있다. 한 번의 샴푸로 제거되며 컬러 린스, 컬러 파우더, 컬러 크레용, 컬러 스프레이 등이 있다.

② 반영구적(Semi-permanent) 염모제

산성 염모제로 그 작용은 이온결합이라고 볼 수 있는데, 모발과 염료와의 이온상태가 자석의 원리처럼 서로 반대일 때 염착이 잘 된다고 볼 수 있다. 1제 만으로 구성되어 있어서 '직접 염모제' 라고도 한다.

약산성 컬러 제품으로 색소입자가 모표피에 침투되어 염색되며 샴푸할 때마다 색상이 점차적으로 빠지며 유지기간은 3~4주이며 코팅컬러, 산성 컬러 등이 있다.

③ 영구적(Permanent) 염모제

1제와 2제를 혼합하여 모발에 도포한다. 2제에 들어있는 과산화수소는 멜라닌 색소를 산화시킴과 동시에 디아민계 화합물인 색소를 과산화수소의 작용으로 중합산화반응을 일으켜 파괴된 멜라닌 색소 자리에 착색되어 발색하는 염모제이다. 염모제 중 염모 효과가 가장 뛰어나며 염모제가 모발의 모표피를 통과해 모피질 까지 침투, 작용함으로써 모발의 색상을 변화시킨다. 현재 가장 많이 사용되고 있는 염모제는 합성 염모제로 '산화 염모제'라고도 한다.

식물의 꽃, 열매 등의 색소가 산성 용액 속에서 케라틴을 염색시키는 성질을 이용하여 만들어진 식물성 염모제, 금속성 염모제 그리고 현재 염모제의 대부분을 차지하는 산화 염모제인 화학적 합성염모제가 있다.

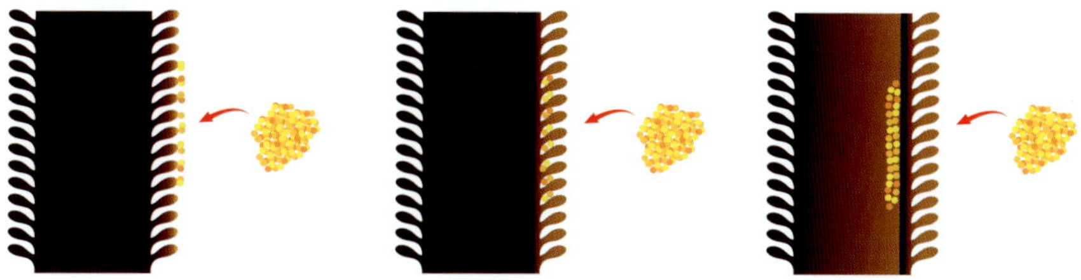

[그림 3-21] 염모제 종류에 따른 침투범위

염모제의 성분

- 알칼리 : 암모니아를 사용하여 모발을 팽윤시키고 산화제인 과산화수소와 반응하여 발생기 산소를 발생시켜 멜라닌 색소를 제거한다.
- 산화제 : 3%의 과산화수소를 사용하여 알칼리제와 반응을 일으켜 염색을 하고, 6%의 과산화수소는 염색과 탈색이 동시에 일어난다.
- 염료 : 파라페닐렌디아민을 사용하여 산성과 알칼리성의 반응으로 생긴 산소로 인해 고분자 화합물이 된 후 발색이 된다.

3) 염모의 원리

염모제의 종류에 따라 원리가 조금씩 차이가 있으며 산화 염모제를 중심으로 염모의 원리는 다음과 같다.

우선 제1액의 알칼리가 팽윤, 연화작용으로 모표피를 열어 염모제의 모피질 침투를 가능하게 해준다. 다음으로 제2액의 과산화수소수는 모피질 내의 멜라닌 색소를 파괴하고 분해시킨다. 과산화수소수는 모발 속의 물과 산소로 분리되는데, 이때 발생한 산소에 의해 멜라닌 색소가 파괴되고 분해된 후 물만 모발 내에 남겨된다.

마지막으로 모피질 내 멜라닉 색소가 파괴된 자리에 색소가 발색하게 된다.

H_2O_2(과산화수소) $H_2O + O_2$

이후 색소 분자의 크기가 커지면서 모표피를 통과하지 못하고 모피질 내에 남겨된다. 모피질 내로 인공색소가 들어갈 때에는 작은 분자의 형태이지만 시간이 지남에 따라 분자가 크기가 커지는데, 그 적절한 시간은 제품마다 표기된 시간에 준해 더 이상 커지지 않고 착색되며 탈색 역시 더 이상 밝아지지 않는다.

4) 탈색

(1) 탈색의 개념

탈색이란 모발 속에 존재하는 멜라닌 색소를 파괴 · 분해 · 산화시킴으로써 모발을 밝게 하는 것이다. 즉 모발이 가지고 있는 자연 색소 즉 멜라닌을 파괴하거나 인공 색소를 제거하는 것을 의미한다.

탈색의 원리는 영구 염모제의 원리와 동일하며, 단지 색소의 중합 산화반응 과정이 없다는 것이 다르다. 탈색은 자연모의 색을 매우 밝게 하며, 원하는 모발 색을 얻기 위한 재 염색의 바탕인 기초 색을 얻기 위한 것이 목적이다.

(2) 탈색제의 종류

탈색제의 종류에는 분말 타입, 크림 타입 그리고 오일 타입이 있다.

① 분말 타입

빠른 속도와 높은 명도 레벨의 탈색이 가능하다. 반면 모발 손상이 크고 두피 자극도 유발될 수 있으며 과도하게 탈색될 수 있다.

② 크림 타입

시술시간차에 의한 명도 차가 적으며 모발 손상도가 적다. 반면 높은 명도 레벨까지의 탈색이 어렵고 탈색 진행 정도를 파악하기 어렵다.

③ 오일 타입

세 가지 타입 중 모발 손상도가 제일 적으며 두피 자극도 적다. 반면 탈색 속도가 느리고 높은 명도 레벨까지 탈색이 어렵다.

5) 색상에 따른 헤어컬러

스펙트럼이나 무지개에서 보이는 색을 보통 빨강, 주황, 노랑, 녹색, 파랑, 남색, 보라 등의 색으로 크게 구별하지만, 그 연속되는 색의 순서대로 더 세밀하게 구별할 수 있다. 이와 같이 명도나 채도에는 관계없이 감각에 따라 어떤 색이 빨강기미, 주황기미, 또는 파랑기미에 따라 구별되는 성질을 색상이라 한다.

염모제의 색상을 표기 할 때는 색상을 숫자로 표시하기도 하는데, '.1'은 잿빛, '.2'는 보랏빛, '.3'은 금빛, '.4'는 구리빛, '.5'는 적자빛, '.6'은 적빛, '.7'은 녹색빛으로 표현한다. 이를 반사빛이라 하며 숫자의 순서에 따라 1차 반사빛과 2차 반사빛으로 불린다.

컬러는 자연컬러나 인공컬러를 나타낼 때 1~10도의 명도 표를 이용한다.

1. 흑색(Black)
2. 아주 어두운 갈색(Dark Brown)
3. 어두운 갈색(Medium Brown)
4. 갈색(Light Brown)
5. 밝은 갈색(Lightest Brown)
6. 어두운 황갈색(Dark Blonde)
7. 황갈색(Medium Blonde)
8. 밝은 황갈색(Light Blonde)
9. 아주 밝은 황갈색(Very Light Blonde)
10. 아주아주 밝은 황갈색(Lightest Blonde)

[그림 3-22] 버진 헤어 레벨

1. 아주 어두운 레드(Very Dark Red)
2. 어두운 레드(Dark Red)
3. 레드(Red)
4. 밝은 레드(Light Red)
5. 레드 오렌지(Red Orange)
6. 오렌지(Orange)
7. 노랑 오렌지(Yellow Orange)
8. 노랑(Yellow)
9. 밝은 노랑(Light Yellow)
10. 아주 밝은 노랑(Very Light Yellow)

[그림 3-23] 라이트닝 레벨(브리치 레벨)

6) 헤어 컬러에 따른 이미지

조형의 작업이 완성된 후에는 색채가 형태보다 먼저 더 강력하게 지각된다. 왜냐하면 색채는 즉각적인 반응을 일으키는 반면 형태는 그 외곽선과 내부구조를 지각하고 이해하는 과정 등이 더 복잡하기 때문이다. 그래서 색채는 형태보다 더욱 표현적이고 감정적인 속성을 지니고 있어, 형태로 모두 전달 할 수 없는 것을 전달하는데 더욱 유리하다.

[표 3-1] 색상에 따른 이미지

색 상	이 미 지
녹 색	젊은, 신선
청 색	외로움, 지적 차분함
청보라	우아함, 고귀함, 신비
보 라	화려함, 매력, 여성스러움, 질투
핑 크	따뜻함, 사랑스러움, 부드러움
적 색	정열적, 활동적, 적극적
갈 색	안정적, 현대적
오렌지	활발, 밝음, 건강

황 색	즐거움, 명랑함, 경쾌함
흰 색	청순함, 청정
회 색	세련, 차분함, 검소함
검 정	지적, 중우함, 감각적

자료 출처: 이세희(2003). 한국 전통 조각보를 응용한 침구 디자인 연구: 색채 이미지 표현을 중심으로, 동덕여자대학교 패션전문대학원 석사학위논문

이러한 속성들로 인하여 사람들은 자신이 가지고 있는 고유의 모발 색을 염모(hair coloring)라는 과정을 통한 색채의 표현으로 현대인들에게 아름다움을 제공할 수 있고, 다양한 모발 색을 통해 외모의 변화와 함께 개인의 가치관과 지위 · 직업 등 내 · 외적인 것을 전달하는 비언어적 메시지 역할을 한다.

헤어 컬러 시에 색채의 일반적 특성을 이용하여 개인이 선호하는 이미지와 함께 계절에 따라 다양한 색채를 선택할 수 있는데, 이것은 색에서 연상되어지는 온도감, 중량감, 강약감, 경연감, 흥분 및 진정, 계절감 등의 감정의 효과로 이를 이용하여 헤어 컬러 과정 중 색채 계획에서 적용 시킬 수 있다.

따라서 모발의 색채는 헤어스타일 변화를 유도하여 개인의 개성적 표현과 이미지를 변화시킬 수 있으며, 디자인의 완성도를 높일 수 있는 작업 이라고 할 수 있다. 현대 헤어컬러에서 나타나는 일반적 유행 현상은 모발 염색을 기본으로 하는데 유행을 감안 한다면 컬러는 헤어 커트의 이미지의 연출력을 더욱 강화시킨다고 할 수 있다.

7) 헤어 컬러 시술 준비사항

① 준비용품

염모제, 컬러도표, 비닐캡, 염색용브러쉬, 호일, 타이머, 클립, 장갑, 빗, 볼, 계량컵, 염색 보 등이 필요하다.

② 염모제 사용시 주의사항

염모제에 대한 알러지 테스트는 아닐린(aniline) 염료를 사용할 때 필수 사항으로 제품 설명서에 명시되어 있으므로, 여러 가지 주의사항 및 부작용과 금지 사항을 숙지하도록 한다.

가. 시술 주의사항

- 시술 전 사전 준비로 패치테스트를 실시한다.
- 아래와 같은 경우 사용을 금한다.
  - 피부테스트에서 발적, 수포 증상이 있는 경우
  - 두부, 얼굴, 목 등에 상처나 피부병이 있는 경우
  - 임신 중이거나 임신 가능성이 잇는 경우
  - 출산 직후 또는 병 중이거나 회복기 등 신체적으로 이상이 있는 경우
- 특이체질인 경우는 반드시 전문의와 상의하여 사용한다.
- 염모제 사용 중 이상이 생겼을 때는 긁지 말고 피부과 전문의의 진찰을 받도록 한다.

나. 고객 주의사항

- 약액이 눈에 들어가지 않도록 주의하며 눈썹이나 속눈썹 등에 사용하지 않는다.만일 눈에 들어간 경우 속히 흐르는 물로 씻고 안과 전문의의 진찰을 받도록 한다.
- 모발 이외의 피부에 묻지 않도록 주의하고 만일 묻었을 경우 바로 깨끗한 물로 씻어낸다.
- 남성의 경우 면도 직후 사용을 피한다.
- 염색 1주일 전후에는 퍼머넌트 웨이브 등의 모발의 화학적 시술을 하지 않는다.

패치테스트(Patch test, Skin test)

- 사용할 염모제를 사용법에 따라 정해진 비율(일반적으로 제1제:제2제 =1:1)로 혼합하여 소량의 테스트 액을 만든다.
- 귀 뒤에 헤어라인 밑이나 팔의 안쪽 등 부드러운 부위를 택하여 소독된 면솜으로 용액을 동전크기만큼 도포한다. 도포하기 전 부위를 깨끗이 닦고 건조시킨다.
- 24-48시간정도 자연방치한다.
- 이 후 시험 부위의 피부반응을 관찰한다.

5. 블로우 드라이

1) 블로우 드라이의 개념

주로 블로우 드라이(blow dry)를 줄여 드라이(dry)라 칭하며 커트한 스타일에 볼륨의 유, 무로 헤어 스타일이 표현되어 새로운 이미지를 창조하는 시술이다. 젖은 커트 형의 평면에 드라이의 바람을 이용하여 모발을 빠르게 건조 시켜 입체적인 헤어스타일을 만든다. 표현 테크닉에는 브러쉬의 회전력에 의해서 만들어진 직선, C컬(curl), J 컬, 원형 컬, S 컬 등이 있다.

2) 블로우 드라이 원리

블로우 드라이는 모발의 측쇄결합 중 수소결합(hydrogen bond), 염화결합(salt bond), 반 데르바알스 결합(van der waal's forces), 시스틴결합(disulfide bond) 중에 수분에 약한 수소결합과 염화결합의 원리를 활용한 헤어 디자인 기법이다.

모발은 수분과 열을 이용하여 표정을 표현 할 수 있는데, 모발은 수분에 약해 물에 젖거나 수증기, 습도에 의해서 일시적으로 형태가 변할 수 있다.

3) 블로우 드라이의 요소

① 세정력

모발이 기름지면 볼륨을 얻을 수 없으므로 세정 후 시술한다.

② 습도

모발에 수분이 너무 많으면 스타일 내기가 어렵고 손상되기 쉬운 조건이 되므로 모발의 수분을 20%~25% 정도 남도록 잘 말린 후 시술한다.

③ 열

온풍을 이용하여 수소결합과 염화결합으로 연화된 모발에 롤 회전력의 표현테크닉과 냉풍, 열풍을 이용하여 스타일을 고정시킨다.

④ 각도

볼륨을 얻고자 할 때는 모근의 방향과 각도를 파악하며 모발과 브로우 드라이어의 각도는 수직과 수평으로 번갈아 가며 조절한다. 모발과 두상의 각도는 120, 90, 60, 45, 30, 15, 0도로 조절할 수 있다.

⑤ 회전력

스타일링 테크닉을 위해 브러쉬의 회전력이 필요하다.

⑥ 속도

드라이 시 충분이 열이 전달 되게 손으로 롤을 잡고 열의 정도와 모발의 건조된 상태를 손바닥으로 느끼면서 천천히 움직인다.

⑦ 텐션

젖은 모발과 마른 모발 모두 신축성이 있어 늘어나기 때문에 너무 당기면 모발이 손상되고 모발을 적당히 당기지 않으면 매끄러운 느낌이 드라이로 표현되지 않는다.

블로우 드라이의 준비

블로우 드라이어(blow dryer), 다양한 롤 브러쉬, 크립(clips), 분무기 그리고 헤어스타일링을 위한 제품 등이 필요하다.

6. 두피 · 모발관리

1) 두피 · 모발관리 시장

사람들은 여러 가지 요인에 의해서 자신의 생물학적인 나이보다 어려 보이기도 하고 많아 보이기도 하는데, 그 요인 중 빠질 수 없는 것이 바로 풍성하고 윤기있는 모발이다. 외모에 대한 관심과 루키즘의 확대는 물론 사회가 급격히 고령화 되는 시점에서 두피 · 모발 관리와 탈모 예방이 사람들의 관심사가 되는 것은 자연스러운 현상으로 볼 수 있다. 이런 두피모발 시장의 확대와 더불어 두피모발전문가의 영역은 해마다 확대되고 있다.

기존의 유전적 요인 외에도 환경오염과 스트레스 등으로 비듬, 모발손상, 두피트러블, 탈모 등의 문제가 확대되어 두피 모발건강에 대한 사회적 니즈가 대두됨에 따라 전문 관리사의 필요성이 요구되었다.

두피모발관리사

모발학(trichology)은 두피와 모발에 대한 연구로서 모발이라는 그리스어 'trikhos'에서 유래되었으며 두피 모발의 아름다움과 건강을 과학적으로 다루며 두피 모발의 구조, 생리 및 질병에 대한 이론과 영양, 진단, 모발 제품의 시술에 필요한 능력을 갖춘 전문가를 두피 · 모발관리사 또는 두피 · 모발전문가(Trichologist) 라고 한다.

국내에서 두피관리만을 전문으로 하는 센터는 초기 시장에서 르네휘테르코리아, 스벤슨코리아, 다모 코스메틱, 스펠라랜드, 까망 등으로 출발하였으며 해마다 다각화되면서 늘어나는 추세이다. 두피관리센터에서 주로 탈모에 초점을 맞추어 시작되었으나, 이후 두피관리의 필요성을 자각한 고객들이 예방 차원에서 관리를 받기도 하며 두피관리의 경우 휴식과 치유의 컨셉으로 운영되는 고가의 뷰티살롱들로 양분화 되고 있다. 형태는 직영으로만 운영하는 곳도 있으며 프랜차이즈의 형태이거나 헤어 미용실이나 피부 관리실에 '샵인샵'의 형태로 운영되기도 한다.

두피관리의 경우 중장년 남성들은 탈모가 어느정도 진행되면 관리에 대해 포기하는 비율이 높은 데 반해, 청년이나 여성의 경우는 치료를 하겠다는 의지가 강한 것도 두피 · 모발 시장에서 고객 마케팅의 중요한 요소라고 할 수 있다.

최근 들어서는 추가 서비스 수준에 머물러 있던 헤어 미용실이나 피부관리실에서도 전문적으로 탈모 관련 지식을 배우려는 미용인들이 늘어나고 있다. 병원이 전문가적 시술이나 의학적 치료에 장점을 가진 반면, 뷰티살롱의 경우 미용적 측면이 강하기 때문에 예방을 목적으로 하는 기존 고객 중, 젊은 층과 여성들이 부담 없이 찾을 수 있는 장점이 있다. 각 뷰티 살롱마다 고객 연령층에 따라 차이가 있겠지만 20-30대가 절반이 넘고 고객들 중 여성의 비율이 40% 정도에 이른다. 이러한 청년과 여성 탈모 고객의 증가로 두피 · 모발관리프로그램을 도입하는 미용실과 전문 관리업체도 큰 성장

세를 보이고 있다.

두피 · 모발 전문가의 취업 및 활동분야는 전문 탈모 센터, 미용실, 피부 관리실, 병원(피부과, 성형외과, 산부인과), 두피 · 모발제품업체, 두피 · 모발 전문가 교육 강사, 대학평생교육원, 미용대학, 창업, 프리랜서 등으로 분류할 수 있다. 이를 위한 두피 · 모발전문가 교육과정에서는 미용 산업 현장에서 두피관리의 전문화를 위해 다양한 임상데이터를 통한 분석 및 관리기술 습득이 이루어진다. 이는 병원 두피 관리실, 전문두피센터, 피부 관리실 및 헤어 미용실 등의 두피 서비스 관련 근무자가 현장에서 필요로 하는 전문적인 지식과 임상자료를 통해 탈모 및 문제성두피에 대한 방법 및 다양한 관리방법을 습득하는 과정이다.

2) 두피의 분류

(1) 피지 분비량에 따른 특징 및 관리방법

① 중성두피

가. 특징

피지 분비량이 적당한 두피로 모공이 깨끗한 상태로 열려 있으며 두피 전체가 촉촉하고 투명감이 있고 모발에 윤기가 흐르는 건강한 두피이다.

나. 관리방법

현재 상태의 유지를 위하여 계절 및 환경에 따라 수분과 영양공급을 해주고 모발의 건조화 방지를 위해 에센스로 관리한다.

② 건성두피

가. 특징

피지분비량이 상대적으로 적은 두피로, 건조하여 표면에 각질이 쌓여 있고 각화된 표피가 제때 떨어지지 못해 모공이 막히는 경우가 있다. 상처나 이물질이 침투할 경우, 염증이 생기고 두피가 가렵고 따가움을 느끼게 된다. 이를 장기간 방치할 경우 예민성 두피로 악화되기 쉽다. 피지 분비가 충분하지 못한 원인은 다양하지만 스트레스, 잦은 퍼머넌트 시술 및 염색시술로 인한 두피 자극, 탈지력이 강한 샴푸의 사용 및 냉, 난방에 의한 건조한 실내 환경 등을 들 수 있다.

나. 관리방법

막힌 모공의 세척을 위해 각질 제거 및 혈행 촉진에 중점을 두며 깨끗해진 두피에 충분한 영양을 공급한다. 건성용 샴푸를 사용하며 드라이어로 말릴 경우 미지근하거나 찬바람을 이용한다.

③ 지성두피

가. 특징

과다한 피지로 인해 물이 고여 있는 듯 촉촉한 상태로 보인다. 남성호르몬의 과다작용에 기인하는 경우가 많으며 그 외에 청결하지 못한 두피, 자극적인 음식이나 스트레스, 스타일링 제품의 과도한 사용이 원인이 될 수 있다. 또한 장기간 방치할 경우 피지 분비 과다로 지루성 염증이 나타날 수 있다.

나. 관리방법

두피 세정과 피지 조절에 초점을 맞추어 관리하여야 하며 피지 응고물 제거를 통하여 모공을 열어준다. 청결히 세정한 후에는 피지 조절제 등을 사용하여 두피에 대한 보호 기능을 회복시켜준다.

두피 타입별 자가진단

◆ 지성두피

- 샴푸 후 3-4 시간만 지나도 두피에 기름이 끼고 심한 경우 냄새가 난다.
- 여드름이 많이 난 경험이 있거나, 피부타입이 지성이라면 모발도 지성타입인 경우가 많다.

◆ 건성두피

- 이틀 정도 샴푸하지 않아도 두피에 기름이 끼지 않는다.
- 건조한 계절에는 따가움을 느끼거나 두피가 당기는 것을 느낀다.

복합성 두피모발

- 일반적으로 모발은 두피 타입을 따라간다. 그러나 복합성 두피모발은 두피는 지성이며 모발은 건성인 상태를 의미한다.
- 현대의 젊은 여성들에게 종종 나타나는 타입으로 피지분비량에 충분한데 비해 잦은 헤어스타일링으로 모발이 상대적으로 건조한 경우로 나타난다.
- 두피의 유분을 제거해 줄 수 있는 적절한 샴푸제 사용해야하며, 모발에는 영양공급을 해줄 수 있는 단백질 성분이 코팅된 헤어 컨디셔너를 사용하는 것이 좋다.

(2) 두피 문제에 따른 특징 및 관리방법

① 예민성두피

가. 특징

두피 표면이 붉은 색을 띠며 표면에 홍반 및 염증 또는 가느다란 실핏줄들이 육안으로 확인되며 모발은 매우 가늘어져 있는 상태가 대부분이다.

스트레스, 피로, 선천적인 요인, 건성두피를 오래 방치했을 경우, 잦은 퍼머넌트 웨이브와 염색 등의 화학적 시술 또는 자극이 강한 제품을 사용했을 경우 발생할 수 있다.

나. 관리방법

두피 자극을 최소화하고 두피의 기능을 정상화시키는 것이 중요하며 두피를 민감하게 만드는 내부적, 외부적 환경요인들을 제거해 준다. 화학적 시술을 삼가고 헤어 스타일링 제품 사용도 자제하며 저자극 천연성분의 샴푸 사용하는 것이 좋다.

② 지루성 두피

가. 특징

피지의 분비가 많아 염증과 지성 비듬이 자주 생기는데, 두피 염증으로 인해 두피가 붉어지고, 모낭 주위가 붉게 부풀어 오르거나 곪고, 가려움이 발생한다.

과도한 스트레스와 잦은 화학적 시술이 주원인될 수 있으며 지성두피인 경우 발생 확률이 더 높아진다.

나. 관리방법

염증이 더 퍼지지 않도록 긁어서는 안 되며, 세정에 신경을 써야한다. 지루성 두피는 피부염에 속하므로 근본적 원인 해결을 위해 전문의와 상담하는 것이 좋다.

③ 비듬성 두피

가. 특징

비듬균(Pityrosporum ovale)의 과다증식에 의해 나타나는데, 그 원인은 청결하지 못한 두피 호르몬의 불균형, 유전적 요인, 피지선의 과다분비, 각질주기의 이상 및 신경이완제 등의 약물복용을 들 수 있다.

나. 관리방법

비듬의 형태에 따라 지성과 건성으로 구분하여 관리하며 두피를 청결히 해주고 비듬 전용 샴푸제품을 사용하여 균의 증식을 억제해 준다.

3) 두피모발관리 과정

① 상담과 진단

두피 · 모발의 상태를 파악하기 위하여 고객과의 첫 상담에서 고객카드를 작성한다.

진단을 위해 사용할 수 있는 방법으로는 문진, 시진, 촉진, 검진 등이 있으며 정확한 두피와 모발의 상태를 정확히 측정하여 두피모발관리에 근거자료로 사용한다. 상담과 진단을 통해 두피와 모발의 타입을 정확히 파악하여 그 타입에 맞는 적절한 관리 방법을 선택해야 한다.

※ 고객진단과정

- 문진 : 고객과의 면담으로 고객카드 작성을 위해 물어보고 답변하는 과정이다.
- 시진 : 두피 및 모발 상태를 눈으로 관찰하는 것으로 확대경을 사용하여 두피의 상태나 모발의 손상부위 등을 분명히 관찰하여 고객에 대한 과학적 진단에 접근하여야 한다.
- 촉진 : 모발을 손으로 직접 만져보고 모발의 탄력, 경도, 모량 등을 조사한다. 이때 탈모된 모발을 샘플링 하여 고객카드에 첨부해 두면 사후의 참고 자료가 될 수 있다.

② 코밍(Combing)

두피와 모발에 붙은 노폐물을 제거하며 마사지 효과를 보기 위해 사용한다. 끝이 둥근 천연소재의 빗으로 양쪽 귀 옆부터 시작해 정수리를 향해 위로 올려 빗어준다.

'홈케어 코밍 & 마사지' 티칭

빗질은 세정 전에 하거나 모발이 건조한 상태에서 하며 기본적으로 모류의 반대 방향으로 해준다. 좋은 방법으로는 머리를 앞으로 숙인 후, 목에서부터 이마 방향으로 빗질하면 좋다. 그리고 옆부분에서 정수리까지, 후두에서 정수리까지는 반복한다. 스스로 두피 전체를 지압점 삼아 손가락을 이용해 지그시 눌러 주기, 두드려 주기, 주물러 주기, 흔들어 주기 등의 마사지를 하면 스트레스나 공해로 약해진 모낭을 활성화하고 혈액순환을 도와준다.

③ 스캘링

두피의 각질을 연화시켜 막힌 모공을 열어주고 진정과 노폐물 제거로 두피를 청결하게 하게 해 주며 이후 단계인 영양 액 흡수 등이 용이한 상태로 만들어 준다.

④ 두피마사지

두피의 혈행 촉진을 목적으로 하는 마사지로 신진대사를 높이고 피지분비를 촉진시켜 탄력 있고 건강한 머릿결을 만들어 주며 심리적 안정감도 주게 된다. 두피마사지의 시술자는 먼저 손을 따뜻하게 하여 목과 어깨 근육을 부드럽게 이완시키고 대략 10-20분 정도 어깨, 목, 두피, 귀 등을 마사지한다.

마사지 시술에서는 손을 밀착시켜서 곡선에 따라 연속된 동작으로 적절한 강약의 리듬이 있어야 한다. 마사지 시술 시 지나친 자극은 금물이며 손은 자유롭게 움직일 수 있도록 하면서 마사지에서 요구되는 다양한 테크닉을 잘 구사할 수 있어야 한다.

테크닉은 어깨, 견갑골, 팔 윗부분, 목과 머리에만 적용되지만, 전체적으로 몸 전체를 위한 스트레스를 감소시켜주는 프로그램이다. 머리, 목, 어깨, 그리고 상반신 간의 전체적인 요소로서의 관련이 있음을 이해하고 이 부분들을 통합하여 관리하도록 해야 한다. 특히 목이나 어깨와 두피의 신체적인 특정 부위로 생길 수 있는 스트레스는 마사지로 즉시 이완될 수 있다. 긴장이 완화되고 섬유 모양의 결절과 뭉쳐진 근육들은 이완되어 풀어지게 된다.

마사지가 진행될 때 고객은 긴장을 풀고 호흡을 깊게 하면서 점점 더 많은 산소를 몸에 공급하게 된다. 마사지는 너무 오래하거나 강하게 힘을 주지 않아야 하며 마사지에 의해 두피가 부드러워지고 원활하게 혈액순환이 되면 모발도 건강하게 자라나게 된다.

⑤ 세정

두피 모발의 세정 과정을 샴푸(shampoo)하기 또는 샴푸잉(shampooing)이라고 한다. 샴푸 세정은 두피와 모발의 청결이 주목적이나, 그 외에 수분 공급과 모발의 손질이 용이하게 해 주는 것은 물로 모근을 자극하여 발모촉진, 탈모예방, 가려움증 방지, 비듬방지, 모세혈관을 원활하게 하는 데 도움을 준다. 두피와 모발 상태에 따라 적절한 샴푸 제품을 선택하여 샴푸 테크닉을 적용시킨다.

⑥ 영양 공급

모유두에 대한 영양공급으로 모근강화, 모발육성, 모발성장촉진, 탈모예방, 발모촉진을 도와준다. 주로 육모제 및 양모제 관련 앰플을 사용하거나, 고객 두피 개선을 위해 피지 조절 성분과 비듬 등 원인에 대한 솔루션을 사용한다.

두피모발화장품에 흔히 비타민류, 미네랄 등의 성분으로 두피의 신진대사를 높이는 효과가 있다. 특히 요오드는 갑상선 호르몬의 분비를 촉진시켜 모발성장을 도와주고 백발예방, 신경계의 기능향상, 신진대사 과정 원활, 수분의 균형 및 골격구조에 매우 중요하다.

자료제공 : 수이스타일

헤어 트리트먼트

모발이 긴 여성 고객의 경우 모발 윤기와 관련하여 트리트먼트 처리를 따로 하게 되는데, 모발 트리트먼트의 경우 단기적 사용으로도 효과가 좋기 때문에 고객만족도 부분에서 가시적 효과를 빨리 볼 수 있다. 외부환경에 대한 두피 및 모발을 보호며 대전방지제, 유지류, 습윤제, 모질 개량제, 계면활성제 등이 배합되어 수분이나 유분을 보급한다.

두피모발기기의 사용

두피모발기기는 두피모발 관리과정시 수기요법의 상보적 효과로 사용되며 두피모발 화장품의 흡수를 도와주는 역할을 하고 두피의 혈행을 촉진시켜 줌으로써 탈모를 예방한다. 그러나 기기를 잘못 사용하면 오히려 탈모의 가속화와 두피 질환의 문제점이 생길 수 있으므로 기기 자체의 기능을 잘 파악하여 적절하게 사용하여야 한다. 적외선, 고주파, 스티머, 광선기, 복합기 등이 있다.

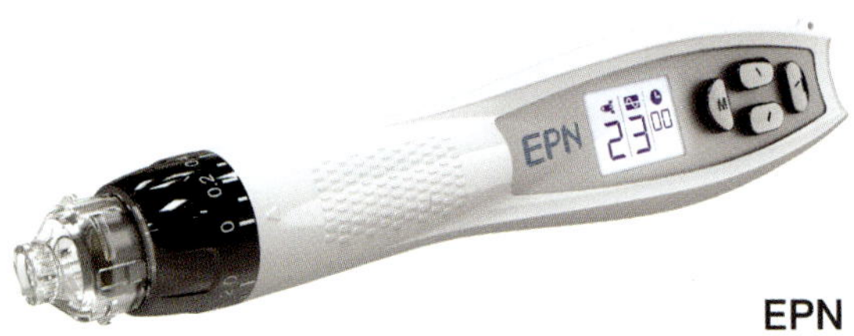

EPN
두피모발기기

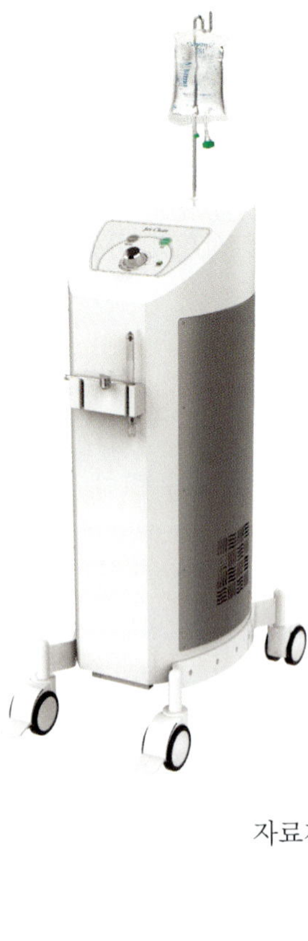

JET CLEAR
젯트클리어

자료제공 : 은성글로벌

■ 단원문제

1. 다음 문장의 (　　) 에 해당되는 용어가 순서대로 맞게 나열된 것은?

헤어디자인의 3요소 중 (　　) 는 헤어 커트(hair cut)로 전체 머리형을, (　　)은 헤어 커트와 헤어 퍼머넌트(hair permanent) 시술로 자연적 모발의 상태를 인위적으로 변화시키는 것이라 할 수 있다. 또한 (　　)는 모발의 자연색 또는 염 · 탈색에 의하여 표현된다.

① 질감–색채–형태　　② 형태–질감–색채
③ 형태–방향–색채　　④ 방향–형태–색채

2. 모발의 물리적 특성에 대한 설명 중 잘못된 것은?

① 모발에 힘을 가하여 당기면 점차로 늘어나 모발은 가늘게 되어 결국 끊어지게 되는데 이 때까지 견디는 힘을 신도라고 한다.
② 양극성을 가진 모발은 마찰 전기를 일으키기 쉽고 일단 생긴 정전기는 머물기 쉬운 성질을 갖고 있다.
③ 모발은 건열에서는 외관적으로 120℃ 전후에서 팽윤되어 270～300℃에서는 타서 분해하기 시작한다.
④ 모발이 수분을 흡수하여 그 부피가 증가하여 크기가 늘어나는데 이 성질을 팽윤이라고 한다.

3. 모발의 화학적 특성에 대한 설명 중 잘못된 것은?

① 측쇄의 염 결합이 가장 안정되어 있는 수치를 모발의 등전점이라고 한다.
② 모발은 산에서는 수축성을 나타내고 모표피가 닫힌다.
③ 모발의 세로의 결합은 모두 폴리펩티드끼리의 결합으로 이루어져 있다.
④ 모발의 세로의 결합을 측쇄결합이라고 한다.

4. 다음 중 모발의 성분에 대한 설명으로 잘못된 것은?

① 모발은 18종의 아미노산을 함유하며 그 중 시스틴이라는 아미노산이 제일 많다.
② 모발의 케라틴은 물리적인 외부환경에는 약하지만 알칼리에는 비교적 강하다.
③ 모발의 수분 함유량은 평상시에는 10～15%이나 세정 직후에는 30～35%까지 늘어난다.
④ 피지의 분비는 연령, 성별, 인종 등의 영향에 의해 개인적인 차이가 있다.

5. 다음 중 모근부에 대한 설명으로 잘못된 것은?

① 모구 : 모구부의 구근 모양으로 되어 있는 아랫부분이다.
② 모유두 : 모발의 성장을 돕는 집적적인 영양 공급원이다.
③ 피지선 : 모유두 위 옆으로 모낭의 1/3부위에 위치하며 피지를 분비한다.
④ 입모근 : 피지선의 아래쪽에 붙어있는 수의근이다.

6. 다음 중 모표피에 대한 설명으로 잘못된 것은?

① 모발의 가장 바깥층으로 비늘모양의 세포가 쌓여 일정한 모양을 이루고 있다.
② 모표피는 모간부의 85～90%인 가장 많은 부분을 차지한다.
③ 모발의 최외층에서 모발을 보호하고 수분을 유지한다.
④ 퍼머넌트나 염색 시술 시에 알칼리제에 의해 열리고 산화제에 의해 닫힌다.

7. 다음 헤어 커트 시에 필요한 기구에 대한 설명 중 가장 적합한 것은?

① 용도에 가장 알맞은 빗을 결정할 때 결정 요인은 빗살의 간격이다.
② 틴닝 가위는 각 모발의 끝을 가늘게 해 부드럽고 확산된 형태 선을 만들어준다.
③ 레이저는 가위와는 달리 커트 시 모발 전체를 잘 말린 후 사용하는 것이 좋다.
④ 레이저는 형태를 유지하면서 짧은 길이로 질감 처리하는데 사용하기에 좋다.

8. 다음 중 헤어 커트의 기본형에 대한 설명으로 잘못된 것은?

① 원랭스는 모발 길이가 하나의 선상에서 똑같이 잘리는 특징을 지닌다.
② 그레쥬에이션은 머리끝에 작은 단차를 주는 기법이다.
③ 레이어는 층 쌓임으로 만들어 가는 형태를 말한다.
④ 유니폼은 모발 길이의 단차가 윗 부분은 짧고 밑 부분은 길어지는 형태이다.

9. 퍼머넌트 웨이브 시술 시 주의사항 중 잘못된 것은?

① 두부의 탑 부분 시술에는 지그재그 섹션을 뜨는 것이 좋다.
② 고무 밴드 자국이 남지 않도록 스틱을 사용한다.
③ 산화제 도포 시에는 빠짐없이 골고루 도포해야 한다.
④ 펌제 용액은 사용 후 남은 용액은 잘 밀폐하여 냉암소에 보관하도록 한다.

10. 다음 중 퍼머넌트 웨이브 시술 고객 주의사항 중 적당하지 않은 것은?

① 시술 후 일반적으로 48시간이내에는 샴푸를 하지 않는 것이 좋다.
② 뜨거운 물로 샴푸할 경우 쉽게 풀릴 수 있으므로 미지근한 물로 세정한다.
③ 퍼머넌트 웨이브 시술 후 염색은 최소한 3일 후에 하는 것이 좋다.
④ 염색 후 퍼머넌트 웨이브 시술은 최소한 2주 후에 하는 것이 좋다.

11. 다음 중 퍼머넌트 웨이브제에 대한 설명으로 잘못된 것은?

① 암모니아계의 알칼리성 웨이브제는 암모니아 특유의 자극적인 냄새가 나고 암모니아가 휘발하여 피부 자극이 많다.
② 산성 웨이브제는 웨이브 형성이 매우 약하기 때문에 얇은 슬라이스와 가는 로드를 사용해야 한다.
③ 과산화수소는 방치 시간은 오래두면 모발이 탈색될 수 있다.
④ 시스테인(cystein)은 자극적인 냄새가 적으며 모발의 손상도가 적다.

12. 다음 퍼머넌트 웨이브의 와인딩 기법에 대한 설명으로 잘못된 것은?

① 크로키놀식 와인딩은 모발 끝부터 모근 쪽으로 와인딩 하는 기법이다.
② 크로키놀식 와인딩은 긴 모발에서 더 효과적이다.
③ 스파이럴식 와인딩은 두피로부터 모발끝 쪽으로 나선형으로 와인딩 하는 기법이다.
④ 스파이럴식 와인딩은 동일한 웨이브를 갖게 된다.

13. 다음 염모제에 대한 설명으로 잘못된 것은?

① 일시적 염모는 색소가 모표피 층 사이사이에 일시적으로 붙어 있게 하는 원리를 이용한 염색 방법이다.
② 일시적 염모제에는 컬러 린스, 컬러 파우더, 컬러 크레용, 컬러 스프레이 등이 있다.
③ 반영구적 염모제는 1, 2제로 구성되어 있으며 '직접 염모제'라고도 한다.
④ 영구적 염모제는 현재 가장 많이 사용되고 있는 염모제는 합성 염모제이다.

14. 다음에서 설명하는 모발의 결합은 무엇인가?

두 개의 황(S) 원자 사이에서 형성되는 일종의 공유결합으로 측쇄결합 중 가장 강한 결합이다. 모발의 물리적 · 화학적 성질에 대한 안정성을 높여주며 황을 함유한 단백질 특유의 것으로 측쇄결합으로 모발 케라틴을 특징지으며 S-S 결합이라고도 한다.

15. 다음은 어떤 모발에 대한 설명인가?

모발의 형상에 따른 분류 중 모낭이 활처럼 한쪽으로 휘어 있어 모발이 꼬불꼬불하게 성장하며 머리카락의 횡단면은 매우 작게 오그라진 타원형, 삼각형에 가깝다. 흑인에게서 많이 나타난다.

16. 다음은 무슨 기구에 대한 설명인가?

헤어 커트 시에 모량을 조절하기 위해 사용하며 짧고 긴 길이가 뚜렷하고 규칙적으로 교차되도록 해주는데, 스타일의 무거움을 줄이고, 머리에 부드러움을 주기 위해 사용한다.

17. 다음은 무슨 용액에 대한 설명인가?

퍼머넌트 웨이브의 제1제로 사용되는 것으로 자극적인 냄새가 적고 모발의 팽윤도가 적어 손상도가 적으며 시술 후 모발 감촉이 부드럽다. 반면 환원력이 약해 웨이브 효과는 다소 감소된다.

18. 다음은 무엇에 대한 설명인가?

· 사용할 염모제를 사용법에 따라 정해진 비율(일반적으로 제1제:제2제=1:1)로 혼합하여 소량의 테스트 액을 만든다.
· 귀 뒤에 헤어라인 밑이나 팔의 안쪽 등 부드러운 부위를 택하여 소독된 면솜으로 용액을 동전크기만큼 도포한다. 도포하기 전 부위를 깨끗이 닦고 건조시킨다.
· 24~48시간 정도 자연 방치한다.
· 이 후 시험 부위의 피부반응을 관찰한다.

19. 모발의 성장주기에 대하여 분류하고 설명하시오.

20. 헤어 커트의 기본형 중 원랭스(one length)의 개념과 유형을 설명하시오.

21. 탈색의 개념을 설명하시오.

22. 다음 두피의 분류에 따른 특징 및 관리법으로 잘못 설명한 것은?

① 중성두피 : 피지 분비량이 적당한 두피로 모공이 깨끗한 상태로 열려 있다.
② 건성두피 : 각화된 표피가 제때 떨어지지 못해 모공이 막히는 경우가 있다.
③ 지성두피 : 남성호르몬의 과다작용에 기인하는 경우가 많다.
④ 복합성 두피 : 이틀 정도 샴푸하지 않아도 두피에 기름이 끼지 않는다.

23. 다음은 어떤 탈모증에 대한 설명인가?

탈모의 원인이 유전, 성호르몬의 과다분비, 나이, 스트레스 등으로 다양하지만 주요 원인은 유전적 안드로겐성 탈모증의 경우가 가장 많다. 특히 안드로겐의 영향으로 인하여 이마와 정수리 부분의 모발의 성장을 억제시키는 것으로 알려져 있는데, 유전적 인자에 의해서서 징조가 결징되는 경우가 많고, 보다 젊은 나이에 탈모가 시작될수록 탈모의 정도가 심해지는 경향이 있다.

① 남성형 탈모 ② 여성형 탈모
③ 원형 탈모 ④ 산후 탈모

24. 다음 중 탈모의 사전 증상으로 적당하지 않은 것은?

① 이전보다 머리에 기름기가 많아졌다.
② 비듬이 많아졌다.
③ 남성의 경우, 몸의 털이 이전보다 가늘어졌다.
④ 두피가 건조하고 당긴다.

25. 다음 중 탈모 예방과 개선을 위한 생활 습관으로 적당하지 않은 것은?

① 퍼머넌트나 염색 등 화학적인 시술을 자주 하지 않는다.
② 자주 셀프 두피 마사지를 한다.
③ 약용 샴푸는 함부로 사용하지 않는다.
④ 린스는 두피와 모발에 골고루 바른다.

26. 두피 · 모발관리 과정 중 두피의 각질을 연화시켜 막힌 모공을 열어 주고 진정과 노폐물 제거로 두피를 청결하게 하게 해 주며 이후 단계인 영양 액 흡수 등이 용이한 상태로 만들어 주는 관리과정을 무엇이라고 하는가?

27. 머리의 근육은 모발과 연결된 피부로 피부아래 아주 강한 섬유조직을 무엇이라고 하는가?

28. 두피 · 모발관리 과정을 단계별로 설명하시오.

■ 해답과 TIP

1. ②
2. ① 모발에 힘을 가하여 당기면 점차로 늘어나 모발은 가늘게 되어 결국 끊어지게 되는데 이 때까지 견디는 힘을 '인강강도'라고 한다.
3. ④ 모발의 세로의 결합을 주쇄결합, 가로결합을 측쇄결합이라고 한다.
4. ② 모발의 케라틴은 물리적인 외부환경에는 강하지만 알칼리에는 비교적 약하다.
5. ④ 입모근은 피지선의 아래쪽에 붙어있는 불수의근이다.
6. ② 모피질은 모간부의 85~90%인 가장 많은 부분을 차지한다.
7. ① · 레이저는 각 모발의 끝을 가늘게 해 부드럽고 확산된 형태 선을 만들어 주며 모발 전체를 적은 상태로 사용한다.
   · 틴닝 가위는 형태를 유지하면서 짧은 길이로 질감 처리하는데 사용하기에 가장 적합하다.
8. ④ 인크리스 레이어는 모발 길이의 단차가 윗 부분은 짧고 밑 부분은 길어지는 형태이다.
9. ④ 펌제 용액은 공기와 광선, 열 등에 의해 화학적인 반응을 일으키기 쉬우므로 사용 후 남은 용액은 버리도록 하며 사용하지 않은 용액은 밀폐하여 냉암소에 보관하도록 한다.
10. ④ 퍼머넌트 웨이브 시술 후 염색은 최소한 1주일 후에 하는 것이 좋으며, 염색 후 퍼머넌트 웨이브 시술은 최소한 2주 후에 하는 것이 좋다.
11. ① 암모니아 특유의 자극적인 냄새가 나지만 시술 중 암모니아가 휘발하여 약제의 pH가 낮아져 모발에 과잉작용을 방지하고 고객의 두피나 시술자의 피부에 알칼리제의 잔류가 적어 피부자극이 적다.
12. ② 크로키놀식 와인딩은 짧은 모발에서 더 효과적이다.
13. ③ 반영구적 염모제는 1제로만 구성되어 있으며 '직접 염모제' 라고도 한다.
14. 시스틴 결합
15. 축모
16. 틴닝 가위
17. 시스테인
18. 패치테스트(patch test, skin test)
19. 성장기-퇴행기-휴지기, 그 외 내용 본문 참고
20. 솔리드(solid) 또는 단발머리(Bob)라고도 하며 모발의 내측과 외측의 길이 차이가 없는 커트를 의미한다. 선이 바닥과 평행이 되는 수평 라인(straight Bob line), 뒤쪽이 짧고 앞쪽이 길어지는 전경사 라인(spaniel line) 그리고 앞쪽이 짧고 뒤쪽이 길어지는 후경사 라인

(Isadora line)이 있다. 그 외 내용 본문 참고

21. 탈색이란 모발 속에 존재하는 멜라닌 색소를 파괴 · 분해 · 산화시킴으로써 모발을 밝게 하는 것이다. 그 외 내용 본문 참고

22. ④ 23. ① 24. ③ 25. ④

26. (두피) 스캘링

27. 모상건막

28. 상담과 진단–코밍–스캘링–두피마사지–샴푸세정–영양공급(그 외의 내용 본문 참고)

제3장. 미용 세부전공 분야: 피부미용

1. 피부 미용 개요

1) 피부미용의 개념

■ 피부미용은 미용업의 범주 안에서 피부분야의 미용업무를 담당하는 영역으로 국내 법에서 지정한 피부미용의 업무는 다음과 같다.

공중위생관리법에서 '미용업이라 함은 손님의 얼굴, 머리, 피부 및 손톱 발톱 등을 손질하여 손님의 외모를 아름답게 꾸미는 영업을 말한다.'라고 정의하며, 이에 대한 피부미용업은 '의료기기나 의약품을 사용하지 아니하는 피부상대분석, 피부관리,제모,눈썹손질을 하는 영업'이라 규정하였다.

2007년 4월 공중위생관리법 시행규칙 '피부미용 제도'가 최초 도입을 시작으로 2008년 6월 공중위생관리법 시행령으로 '피부미용업 제도'가 격상되었다. 이후 2008년10월 피부미용사 국가기술자격증이 시작되었다.

피부미용은 불특정 다수의 고객의 신체를 관리하므로 위생관리가 필수적으로 필요하다. 이에 업장을 개설하는 이는 위생교육이 필수 조건이며 1년에 한번 씩 오프라인 및 온라인을 통하여 위생교육을 받아야 하며, 점 빼기. 귓볼뚫기,쌍꺼풀,문신,박피술 그 밖에 이와 유사한 의료행위를 하여서는 아니되며, 피부미용을 위하여 의약품 또는 의료기기를 사용하여서는 아니 된다. 또한 미용기구는 소독을 한 기구와 소독을 하지 아니한 기구로 분리하여 보관하고, 면도기는 1회용 면도날을 손님 1인에 한하여 사용하며, 영업소 안에 면허증 원본을 게시하여야 한다.

■ 피부미용이란 피부의 질환을 앓고 있는 피부를 제외한 피부를 대상으로 안면 및 전신의 피부를 피부분석을 통하여 화장품, 손 테크닉,미용기기 등을 이용하여 인체의 표면을 이루는 피부기능을 정상적으로 유지하고 개선시켜 건강하고 아름다운 피부를 보호, 유지하는 것이다.

피부미용은 인체의 구조, 기능, 생리작용에 대한 과학적인 지식을 바탕으로 피부미용관리사의 손을 이용한 수기법과 화장품,미용기기 등을 이용하여 이루어지며, 피부미용사는 피부미용학, 피부학, 및 해부생리학, 피부미용기기학, 화장품학, 공중위생관리학 등 이론적인 지식과 관리에 필요한 다양한 피부미용 기술을 습득하고 이를 피부미용관리 과정에 적극 활용하여 임상경험을 축적함으로써 고도로 훈련된 전문가로서 성장할 수 있다.

얼굴 및 전신의 피부를 대상으로 고객의 상담과 피부분석을 통하여 안정감 있고 위생적인 환경에서 피부관리를 통해 피부의 생리기능을 원활하게 함으로써 건강하고 탄력있는 피부를 유지하며, 문제성 피부의 경우 피부의 기능을 회복시켜 정상적인 피부상태로 개선함으로써 건강한 피부를 유지하는 것을 목적으로 한다.

우리는 내.외적인 환경과 심리적.정신적 요인으로 끊임없이 변화하고 그에 영향을 주게 된다.그러므로 피부미용의 궁극적인 목적은 건강하고 아름다운 피부를 지속적인 피부관리를 통해 항상 보호,유지하여 피부노화를 최대한 지연시키는 것이다.

■ 피부미용은 피부노화 방지 및 보습, 영양 공급을 통한 피부 기능을 활성화시켜 외부환경으로부터 피부보호와 피부관리를 통한 신체 접촉을 통해 심리적 안정감 및 만족감에 효과가 있으며, 뭉친 근육을 풀어주며, 거친피부의 개선과 비만관리에 도움을 주어 신체 기능을 개선하고 근본적인 아름다움을 갖도록 하는 전인적인 조화미를 선사하는 효과가 있다.

2) 피부관리사의 개념

피부관리사란(estheticians)는 이름은 그리스의 “aisthetikos”와 라틴어 “aesthetica”에서 유래된 것으로 미의 형성과 자연에 관련된 철학의 가지이다. 이 용어는 약200년 전의 독일의 미학자 바움갈텐(A,G Baumgarten, 1717~1762)이 미학적 관점에서 ‘미는 인간에게 만족감과 쾌감을 주는 대상이며, 보는 사람의 마음에 달려있다.’고 설파하며 처음 사용하였다.

‘Cosmetic’은 화장,피부미용,미용의 포괄적인 의미로 통용되고 있다.

피부미용사는 피부의 구조와 신체 골격 및 근육에 대한 이론과 기술적 실기능력을 갖추고 수기와 미용기기를 사용하여 화장품을 흡수시켜 피부를 보호하고 청결하게 가꾸어 주며, 얼굴과 신체를 아름답게 가꾸어 주는 전문가를 의미한다. 성공적인 피부미용사는 고객이 얼마만큼 자신을 인정하고 좋아하느냐에 따라 좌우된다고 볼수 있다. 피부미용사로써의 전문성과 의사소통, 태도, 행동, 사고방식, 정서적 안정, 친절함, 단정한 몸차림 등 전문가적 역량을 갖추어야 한다.

우리나라는 1981년 YMCA에서 처음으로 피부미용전교육과정을 개설하고 그 과정을 수료한 자를 '피부관리사'라 지칭하였으며, 피부미용 종사자가 증가함으로써 1991년 강릉영동대학 및 부산동주여자대학에서 미용과가 처음으로 신설된 이래 전국의 많은 대학에서 미용관련학과가 신설되어 피부미용 전문인력을 배출하며, 현재는 4년제 학사 및 석. 박사 학위과정도 개설되었다.

3) 피부미용 시장의 변화

2000년이후 얼굴 중심의 피부미용에서 벗어나 체형 및 전신관리, 피부건강의 예방적 측면으로까지 확산되어 산업의 세분화가 점차적으로 확대되고 있다. 이는 평균수명의 증가와 건강한 육체와 정신을 통해 추구하는 웰빙이 새로운 문화로 해석되면서 미(美)에 대한 가치도 변화하고 있다. 건강의 개념이 아름다움을 추구하고 코로나19이후 건강한 피부에 대한 관심이 증가하며, 남녀 모두 나이보다 젊어 보이는 외모를 사회경쟁력으로 인식하고 있으며, 그에 따라 과학적인 피부관리와 화장품 시장을 원하고 있으므로 피부관리사의 서비스에 대한 요구와 피부미용 산업 및 그에 관련한 산업은 지속적으로 성장하고 있다.

2. 피부학

1) 피부의 정의

피부는 인체의 최외각에 위치하며 인체 내부와 외부를 구분하는 경계면의 역할을 담당하며 외부의 여러 가지 환경요소로부터 신체를 보호하고 다양한 생리적 기능을 담당하고 있는 기관으로서 전신을 둘러싸고 있으며 건강에 중요한 기능을 담당한다.

피부는 해부학적, 생리학적 기능에 따라 표피(epidermis), 진피(dermis), 피하지방층(subcutaneous fat)으로 구성되어 있으며 피부의 부피나 면적은 개인의 특성에 따라 다르다. 성인의 기준에 따라 체중의 약7~8%를 차지하며 그 무게도 약4kg정도이고 외부로부터 물리적, 화학적 변화를 완충시켜 내부를 보호하는 중요한 기관이다.

피부 부속기로는 한선(sweat gland), 피지선(sebaceous gland), 모발(hair) 및 손톱, 발톱 등이 있다.

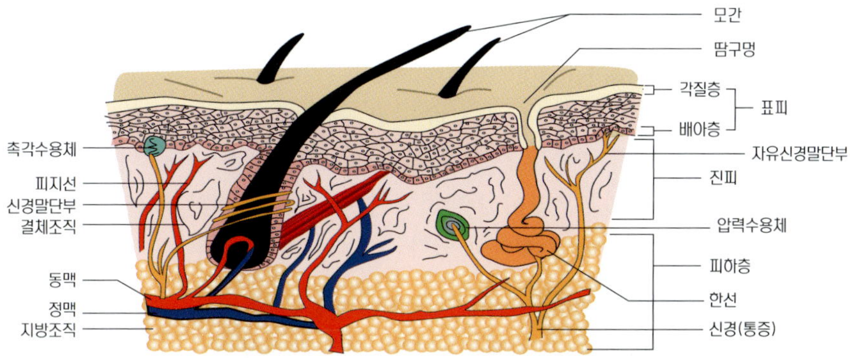

[그림 3-24] 피부의 단면

2) 피부의 구조

피부의 구조는 크게 표피, 진피, 피하지방층으로 나눌 수 있다.

(1) 표피(Epidermis)

표피의 신진대사는 진피층과 접해있는 기저층의 각질형성세포가 분화하여 유극층, 과립층, 투명층, 각질층을 거쳐 신체 밖으로 노화각질이 박리되면서 일어난다. 이 형성기간은 4주간으로 표피의 두께는 0.1mm~0.3mm로 신체부위에 따라 다르며 진피와 피하지방에 비해 얇다.

표피층의 세포는 각질형성세포, 멜라닌세포, 랑게르한스세포, 메켈세포가 존재한다.

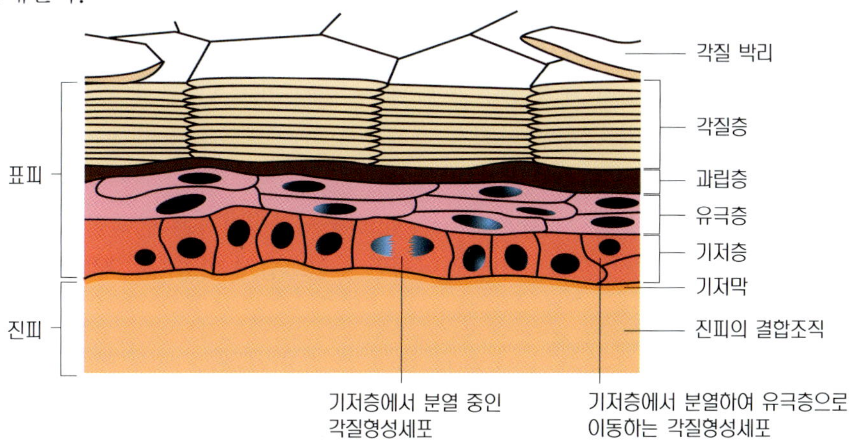

[그림 3-25] 표피의 구조

① 표피층 분류

가. 기저층(Stratum basal)

표피의 최하부에 있으며 진피와 접촉하고 있으며 타원형의 핵을 가지며 물결 모양의 단층구조이다. 이층은 모세혈관을 통해 영양을 보충하며, 수면중에 세포분열이 활발하게 일어난다. 피부의 색소인 멜라닌 형성세포가 기저층에 존재하고 있다.

나. 유극층(Stratum spinosum)

표피의 대부분을 차지하는 층으로 세포의 표면은 가시가 돋힌 모양으로 돌기가 있어 세포와 세포사이의 다리 역할을 한다.세포핵이 존재하며 5~10층의 구조로 이루어져 있으며 표피가 다칠 경우 피부손상을 복구할 수 있으며, 또한 림프액이 흐르고 있어 표피의 영양을 공급하고 살아있는 세포이다.

다. 과립층(Stratum granulosum)

방추형의 세포로 뚜렷한 작은 난알과 같은 세포로 구성되어 있으며 2~5층의 구조로 이루어져있다. 케라토히알린과 황을 함유한 단백질로 피부내부로 부터의 수분증발을 억제하는 방어막 기능을 수행한다.

라. 투명층(Stratum lucidum)

빛이 통과할 수 있는 엘라이딘(Elaidin)이라는 반 유동성 물질을 함유하고 있으며 외부로부터 수분침투를 억제하고 작은모양의 죽은 세포로 2~3층의 구조로 손,발바닥의 두꺼운 부위에만 존재하는 층이다.

마. 각질층(Stratum corneum)

피부의 제일 바깥층으로 기저층에서 생성된 세포가 각화작용에 의해 죽은세포로 되나 세포막이 존재하므로 외부 환경으로부터 물리적자극이나 유해물질에 대해 저항력을 가지고 있어 인체를 보호하는 보호기능을 담당한다.

각질층은 15~22층으로 겹쳐있으며 케라틴이라는 단백질로 구성되어 시간이 지나 결합능력이 떨어지면 자연스럽게 비늘처럼 떨어진다.

② 표피의 구성

가. 각질형성세포(Keratinocyte)

표피세포의 80%를 차지하고 기저층에서 새로운 세포생성과 세포분열과정을 거치며 피부표면으로 밀려나오면서 모양과 기능이 변하게 된다. 표피의 세포는 각화됨에 따라 기저층, 유극층, 과립층, 투명층, 각질층으로 모양이 변하며 이들은 모두 각질이 형성되는 과정에서 만들어진 세포이므로 각질형성세포(keratinocyte)라고 부른다

나. 멜라닌 세포(Melanocyte)

피부색을 결정짓는 역할을 담당하며 표피세포의 5%을 차지한다. 대부분 기저층에 위치하며 자외선을 흡수 또는 산란시켜 자외선으로부터 피부손상을 입는 것을 방지하는데 큰 역할을 한다. 멜라닌 세포의 수는 인종과 피부색에 관계가 없이 일정하며, 피부색을 결정하는 것은 세포가 생산하는 멜라닌의 양에 의해 결정된다.

다. 랑게르한스 세포(Langerhans cell)

1868년 독일의 베를린 의과대학생인 파울 랑게르한스에 의해 발견되었다. 방추형의 세포돌기를 가진 것으로 유극층에 대부분 존재하며, 진피를 비롯한 질, 식도, 구강점막, 상피, 한선, 피지선 등에 분표하며, 외부의 항원 면역 담당세포로 피부의 면역기능을 담당한다.

라. 메르켈세포(Merkel cell)

기저층에 위치하고 메켈세포는 손바닥, 발바닥, 입술등 털이 없는 부위에서 주로 발견되며, 피부의 촉각을 감지하는 역할을 하는 것으로 알려져 있으며 신경섬유의 말단과 연결되어 신경의 자극을 뇌에 전달하는 역할을 한다. 이를 촉각세포 또는 지각세포라고도 한다.

(2) 진피(Dermis)

표피와 피하지방층 사이에 위치하며 피부의 90%이상을 차지하며 표피두께의 10~40배의 두꺼운 세포층으로 피부의 탄성과 피부의 영양분을 공급에 관여하는 실질적인 피부이다. 진피는 상층에서부터 유두진피(Papillary dermis), 망상진피(reticular dermis)으로 구분할 수 있다.

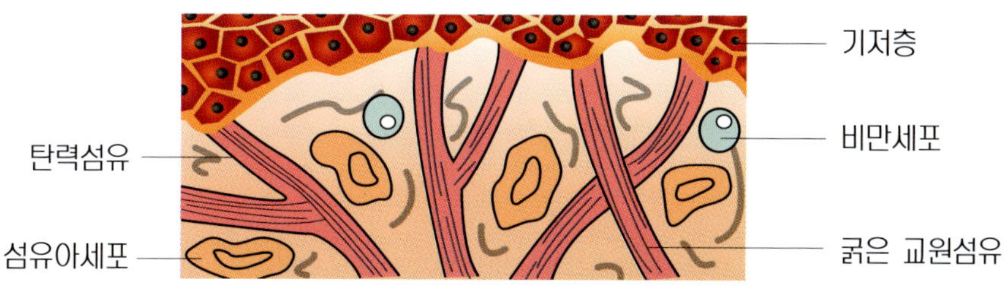

[그림 3-26] 진피의 단면

① 진피층 분류

가. 유두진피(Papillary dermis)

진피와 표피를 연결하며 유두처럼 돌출되어 있어서 유두층이라 하며, 유두진피는 미세한 교원질(collagen)과 섬유사이의 빈 공간으로 이루어져 있으며 이공간은 세포성분과 기질성분이 많으며, 모세혈관이 분포되어 표피에 영양공급을 한다

나. 망상진피(Reticular dermis)

망상층은 결합조직(교원섬유와 탄력섬유)으로 이루어져 있다. 망상진피에는 혈관, 림프관, 신경총, 땀샘등이 복잡하게 분포되어 있다. 주성분은 콜라겐, 엘라스틴 등의 단백질이며 피부에 긴장과 탄력을 유지시켜준다.

② 진피의 구성

진피에 존재하는 세포는 결합 조직 내에 널리 분포된 섬유아세포(fibroblast)가 주종을 이루는데, 이들 섬유아세포는 교원섬유와 탄력섬유 그리고 기질을 만드는 역할을 한다. 진피에는 섬유아세포 외에 대식세포(macrophage), 비만세포(mast cell)가 존재하며 표피와 섬유아세포의 성장을 자극하는 표피성장인자(epidermal growth factor:EGF)라 불리는 호르몬이 있어 세포성장을 촉진시킨다.

비만세포(mast cell)는 진피의 유두내의 모세혈관 가까이에 위치하고 있으며 염증매개 물질을 생성하거나 분비하는 작용을 한다. 비만세포에는 과립을 함유하고 있으며 이 과립들은 혈관 투과성 인자인 히스타민(histamine)이나 단백질 분해효소 등을 저장하고 있다.

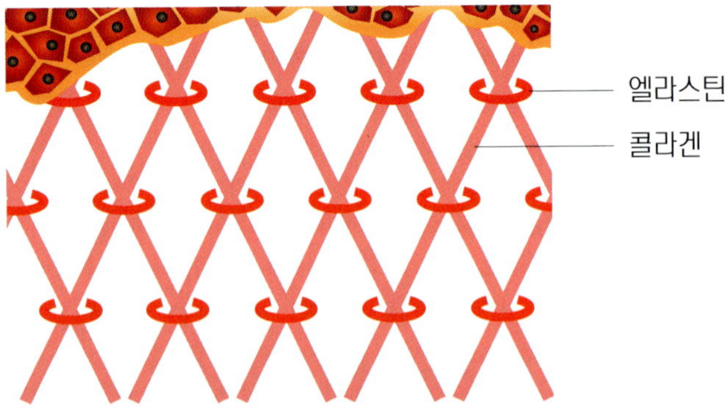

건강한 진피 층에는 교원섬유(콜라겐)와 탄력섬유(엘라스틴)가 규칙적으로 배열되어 있고 섬유 사이에 히알루론산 등 무코다당류가 채워져 있어 피부에 탄력성과 유연성을 준다.

[그림 3-27] 진피층의 세포배열

가. 교원 섬유(Collagen fiber)

교원질(collagen)은 진피 성분의 90%를 차지하고 있는 단백질로서 피부에 장력을 제공해 주며 지방을 제외한 피부 전체 건조 중량의 77%가 된다. 교원질 분자는 섬유아 세포에서 만들어지며 교원섬유와 탄력섬유가 그물 모양으로 서로 짜여 있어 피부에 탄력성과 신축성을 부여한다.

나. 탄력 섬유(Elastic fiber)

진피에 분포되어 있는 섬유질로서 교원섬유와 같이 섬유아 세포에서 만들어지며 진피에 있는 섬유 성분 가운데에는 비교적 적은 부분을 차지하고 있다. 탄력성(elasticity)이 있어서 변형된 피부가 마치 스프링과 같이 원래의 모습으로 되돌아오도록 하는 기능을 갖는다.

다. 기질(Ground substance)

진피의 결합섬유 사이를 채우고 있는 물질을 기질이라 부르는데, 이는 대부분 히아루론산(hyaluronic acid)과 콘드로이친 황산(chondroitin sulfate)등의 글리코사미노글리칸(glycosaminoglycans)들로 이루어져 있다. 이들은 친수성 다당체로 물에 녹아 끈적 끈적한 액체 상태로 존재하기 때문에 점액성이라는 무코(muco)라는 접두어를 붙여 무코-다당체(muco-polysaccharide)라고도 한다.

이들은 진피의 건조 중량으로 따져 겨우 0.1~0.2%를 차지하고 있지만 자기 몸무게의 수백배에 해당하는 다량의 수분을 보유할 수 있는 성질이 있다. 이 진피가 보유한 수분은 일반적인 물과 달리 강하게 결합되어 쉽게 마른다든가 얼지 않는 특별한 성질을 나타낸다. 보통의 물을 자유슈(free water)라 부르며 이와 같이 특별히 생체 내에서 강하게 결합된 분자를 결합수(bound water)라 부른다. 또한 생체내의 이런 물분자는 수분이 부족하기 쉬운 다른 조직에 수분을 공급해 줄 수 있는 저수지와 같은 기능을 한다.

(3) 피하지방조직(Subcutaneous fat)

피하지방은 진피에서 내려온 섬유가 엉성하게 결합되어 그 사이사이에 많은 수의 지방을 함유하고 있다. 피하지방층은 신체의 체온조절과 영양소를 저장하고 피부의 운동성을 향상시키는 역할과 체형의 굴곡을 주고 쿠션의 역할을 담당하며 피부의 탄력을 높여주는 기능을 한다.

(4) 피부의 부속기관

피부에는 표피, 진피, 피하조직 외에 피부가 변형된 피부부속기관이 있다. 피부부속기관은 크게 각질 부소기관(손톱, 발톱, 털)과 땀샘 부속기관(한선, 피지선)으로 나눈다.

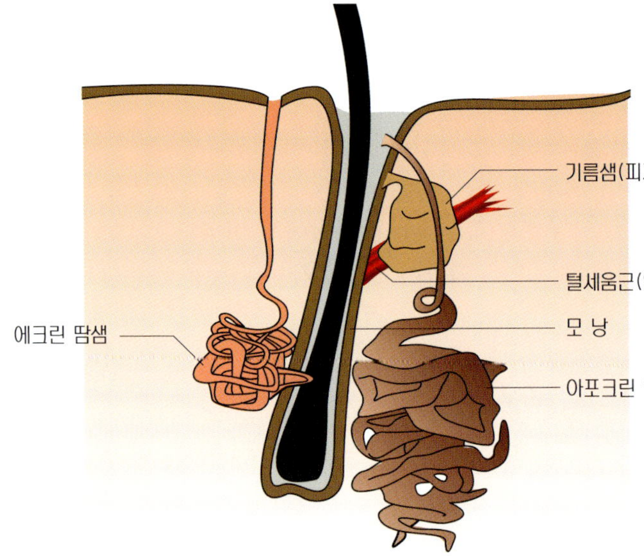

[그림 3-28] 피부 부속기관

① 한선

한선은 땀샘이라고도 부르며 한선에서 분비된 땀은 체온 조절을 담당하며, 각질층의 표면을 습하게 하여 마찰을 감소하는 작용을 하고 있다. 한선은 기능과 크기에 따라 에크린선(소한선)과 아포크린선(대한선)으로 분류한다.

가. 소한선(Eccrine gland)

소한선은 일반 체부에 분포되어 땀샘을 말한다. 성인의 피부에 약 200~400만개의 땀샘이 있으며 무색무취로 90%이상 수분이다. 특히 손바닥, 발바닥, 이마, 겨드랑이에 많이 분포한다.

나. 대한선(Apocrine gland)

대한선은 모낭을 통해 지질, 수분, 단백질 등의 내용물을 분비하며 겨드랑이, 유두, 성기주변, 유두주변과 같이 특정한 피부 부분에만 분포한다. 대한선은 분비 시에는 무취이나 분비 후 피부표면의 박테리아에 의해 냄새가 발생해 독특한 냄새를 만드는 액취증을 유발한다.

② 피지선

피지선은 손바닥, 발바닥을 제외한 전신에 분포하며 특히 두피, 얼굴, 목, 등, 가슴에서 밀도가 높은 편이며 모낭과 연결되어 작은 관을 통해 피지를 분비한다. 피지의 기능은 피부에 윤기를 부여하고 수분 증발 억제, 피부의 pH조절, 유해물질로부터 보호, 살균 작용 등이 있다. 이러한 피지선의 기능이 조화롭지 못할 때 다양한 피부질환이 유발된다.

피지선 중에서 털과 관계없이 독립 피지선이 존재하는 곳으로는 입과 입술, 구강점막, 눈과 눈꺼풀, 젖꼭지 등을 볼 수 있다.

③ 모발

모발은 여성에게 있어서 가장 큰 성적 매력을 발산하는 역할을 하며 이러한 심미적인 기능과 함께 빛, 먼지 등으로 부터 보호하고 마찰을 감소하며 체온 조절에도 많은 영향을 준다.

피부표면에 나와 있는 모간과 내부의 모근,모구로 모발의 단면은 모표피, 모피질, 모수질로 나눈다. 모발은 인종에 따라 물리적, 화학적 성질의 차이는 적으나 형태적 차이는 크게 나타난다. 황인종은 직모, 백인종은 파상모, 흑인종은 곱슬머리로 육안으로도 쉽게 구별할 수 있다. 모발의 물리적 특성은 흡수성(흡습성), 다공성, 탄력성이다.

모발은 성장기(생장기), 퇴행기, 휴지기, 발생기를 거치며 대략 2~7년이 전체 모발의 80~90%가 성장기 단계이며 하루평균 약 0.04mm 성장하며 이때는 영양이나 체내 호르몬 등의 영양을 받아 변화될 수 있다.

④ 손톱, 발톱

손톱과 발톱 은 표피의 각질층이 변형된 것으로 주 성분은 케라틴 단백질로 피부부속기관이다. 조갑의 구성은 손.발톱 끝을 향하는 면을 조체(nail body)라하며 새로운 세포가 만들어져 조갑의 성장이 시작되는 곳이 조근(nail root)이다. 조체를 받치고 있는 부분이 조상(nail bed), 그리고 조근 밑에서 각질세포 생산과 성장을 조절하며 혈관, 신경, 림프관이 분포되어 손발톱의 손상을 입게 되면 성장이 저해되는 부분이 있어, 특히 조심해야 하는 부분이 조모(nail matrix)이다.

손발톱의 성장 주기라는 것이 따로 없고 하루 약 0.14~0.4mm 정도 성장을 계속하고 있으며 15~18%정도 수분을 함유하고 있다.

3) 피부의 생리적 작용

피부는 몸 전체를 덮고 있는 매우 큰 조직이다. 두께와 피부결 및 색깔과 민감성이 부위에 따라 다양하며 외부의 여러 요인으로부터 인체 내부를 보호하는 역할을 맡고 있다.

① 보호작용

피부는 신체적 자극으로부터 보호막 역할, 즉 쿠션의 역할을 한다. 피지 표면의 약산성 보호막을 형성 미생물의 번식을 막고 천연피지 오일은 피부에 방수 피복제 역할과 수분증발을 막아 보습을 유지해 준다. 그리고 멜라닌 색소를 생산하여 자외선으로부터 피부를 보호한다.

② 재생작용

일상생활에서 크고 작은 피부 상처가 특수한 치료를 거치지 않아도 아물고 재생되는 경우를 볼수 있는데 피부조직의 세포분열이 일어나 일정한 시간이 경과 한 후에 원래 모습으로 복구가 된다.

③ 분비작용

땀샘이 노폐물을 배설하는 과정이다.

④ 체온조절작용

피부는 체온을 유지하도록 관리한다. 몸에 열이 날경우 모세혈관이 확장되어 땀을 분비해 열을 내리게 하고 일부는 호흡을 통해 발산한다. 피부는 외부의 온도에 따라 피부의 표면을 수축과 확장하며 체온을 유지한다.

⑤ 흡수작용

피부는 피부의 깊은 층의 수분을 조절한다. 피부에 방수기능이 있어 흡수는 매우 어렵다. 또한, 피부의 흡수는 수용성보다 지용성 물질이 흡수가 더 유리하며 피부의 건조에 사용한다. 매우 제한된 양은 모낭을 통해 일어날수 있다.

⑥ 감각작용

피부는 온각. 촉각, 냉각, 통각, 압각과 같은 같은 감각수용체가 있다. 신경은 감각을 뇌에 전달하고 신경 자극은 운동신경에 보내어서 감각에 반응을 보이게 한다. 이러한 감각수용체는 피부의 외부와 내부의 자극에 민감하여 몸에 열을 내거나 불쾌감을 느끼게 하여 무언가 불쾌감을 전달하여 우리 몸에 방어기능과 밀접한 관계가 있다.

⑦ 비타민 D 합성작용

피지분비 성분 중에 에르고스테롤 성분이 자외선을 받으면 피부표면에서 비타민D로 전환한다. 이 비타민은 신체에 칼슘과 인산을 흡수하는데 담당을 하며 이는 골의 성장과 발육을 도와주고 혈액의 칼슘 농도 및 항상성 유지 기능을 담당한다.

⑧ 면역작용

피부를 통해 들어오는 외부의 이물질 및 세균들에 대해 항원항체반응을 보이는 면역반응에 관련된 세포들이 분포되어 있는 생체 방어기전의 기능이 있다.

⑨ 호흡작용

피부표면에서는 산소의 흡입과 이산화탄소의 방출을 통한 호흡작용이 일어난다.

⑩ 표현작용

피부는 정서적, 신체적 건강 상태를 표현하는 역할도 한다. 인간 정서의 희노애락과 신체 건강의 상태를 거울처럼 표현해 혈색, 윤기, 근육 등을 이용해 다양한 표정을 짓기도 한다.

3. 피부미용의 기본 관리 분야

1) 피부분석과 고객카드 작성

피부미용 업무에서 가장 첫 번째로 진행되는 사전내용으로 고객의 피부 유형과 상태를 관찰하며 특성에 적합한 피부관리 계획과 관리를 통한 사후 내용 및 유의사항 등을 기입하여 피부관리에 기초자료로 활용된다. 피부분석은 올바른 피부지식과 피부유형 분석으로 고객에게 맞는 최적의 관리법을 도출할 수 있어야 한다.

(1) 피부 분석 방법

① 문진법(問診) 고객에게 질문을 하고 그에 답변에 의한 내용으로 분석하는 방법으로 기본석인 가족관계와 생활 환경, 직업, 약의 복용, 병력 등을 필요한 질문용지를 직접 작성하게 하고 질문하고 기록하는 방법이다.

② 촉진법(觸診)

손을 통하여 고객의 피부를 부드럽게 쓰다듬으면서 피부표면의 각질화 정도와 피부 결을 파악하고 그에 묻어나는 피지 정도와 안전한 도구를 활용하여 고객의 피부에 가볍게 터치를 하여 민감도를 파악하여 그에 바탕으로 하여 분석하는 방법이다.

③ 견진법(見診)

클렌징 과정을 거친 후 육안으로 보이는 얼굴 전체의 피부색과 부분적으로 피부의 색을 살펴 보며, 피부 표면의 결을 확인하고 색소침착이나 모세혈관 확장 등 피부상태를 살펴 상담하는 방법이다.

④ 피부 진단기기의 활용

- 우드램프 : 인공자외선 파장을 이용하여 피부에 비치는 색상으로 분석하는 방법이다.
- 확대경 : 모공상태와 잔주름, 색소침착 등의 상태를 3.5~5배율의 확대경으로 관찰, 분석하는 방법이다.
- 스킨 스캐너 : 고객의 얼굴을 사진으로 촬영하여 객관적인 수치와 데이터로 정확하게 계산하여 피부관리를 하는데 도움이 되는 피부분석 방법이다.
- pH 측정기: 피부의 산성도와 알칼리의 수치를 파악하여 피부의 유 · 수

분 상태를 파악할 수 있는 방법이다.

[표 3-2] 피부 타입의 구분

구분		특징
일반적 피부	정상 피부	피지 분비 정상, 수분보유량 정상, 피부결이 섬세하고 탄력있다. 피부의 각질이 두껍거나 너무 얇지 않고 정상 범위이다.
	건성 피부	피지 분비량이 적고, 수분 보유량이 적어 버석거리는 느낌이 있고, 건조각질이 있으며, 피부결이 거칠고 탄력도가 낮다.
	지성 피부	피지분비가 왕성하고 번들거리며 피부결이 거칠고 각질층이 두꺼우며 모공이 크다.
	복합성 피부	한 얼굴에 두 가지 이상의 피부 타입이 혼재하여 피부 상태가 균일하지 않다.
문제성 피부	여드름 피부	모낭에 염증이 생긴 염증성 여드름과 비염증성 여드름으로 구분하며 과도한 피지분비 및 각질 증식으로 인한 모공 폐쇄와 모낭의 염증 등으로 다발한다.
	색소침착성 피부	피부의 색을 결정하는 멜라닌 색소가 피부의 특정 부위에 과다 침착된 피부로 주로 자외선, 호르몬 불균형, 노화, 스트레스로 다발한다.
	민감성 피부	유전적, 환경적 이유로 정상적인 피부보다 조직이 얇고 섬세하며 보호 기능이 저하되어 외부의 자극에 민감한 특성을 보인다.

(2) 고객관리 카드의 작성

피부분석 전에 문진으로 고객에 필요한 정보를 수집하기 위함이며, 이는 피부유형 분석을 통하여 피부관리 프로그램 계획 시 중요한 기초자료로 활용한다.

고객관리카드 구성요소

- 고객의 이름 및 개인 신상 : 성명, 주소, 연락처, 연령, 직업 등
- 건강 상태 및 생활습관 현황 : 건강상태, 질병 유무, 병력 및 특이사항, 체형, 생리상태 등
- 스트레스 및 심리적 성향 파악 : 스트레스 정도, 신경성 질환, 기질 및 성격, 예민 정도 등
- 고객이 피부 관심도: 기대효과, 주관적 피부 관심도, 문제점 등
- 피부 관리 시 유의점 : 알레르기, 피부 트러블 및 내력, 관리 경험 유무, 사용 화장품 등
- 기타사항 : 홈 케어 및 기타사항

고객관리 카드

고객No.	고객명:	관리사:	핸드폰:
생년월일:	직업:	이메일:	
주소:			

방문동기	지인소개□ 광고□ 인터넷 검색□ 기타□	
관심분야	건성 개선□ 지성 개선□ 미백 개선□ 탄력/주름 개선□ 여드름 개선□ 민감 및 모세혈관 확장 개선□ 아토피 개선□ 복부 관리□ 팔/다리 관리□ 등관리□ 발관리□ 비만관리□ 한방미용관리□ 상체관리□ 하체관리□ 전신관리□ 체형관리□ 기타□	
건강	피부질환□ 알레르기□ 심혈관계 질환□ 당뇨병□ 천식□ 아토피□ 기타□	
약물 및 식품	치료제□ 항생제□ 항히스타민제□ 호르몬제□ 피임□ 이뇨제□ 기타□ 건강식품□ (종류:)	
생리주기 및 부인과 건강	규칙적□ 불규칙적□ 부인과 건강 : 좋은□ 보통□ 나쁨□	생리주기: 일
피부 관리 이력	박피 및 필링□ 색소치료 레이저□ 리프팅 밑 안티에이징 레이저□ 성형수술□ 보톡스□ (시술기간) 필러□ (종류:) 안면관리□ 특수관리□ 비만관리□ 전신관리□ 발관리□ 한방미용관리□ 기기관리□ 스파 관리□ 기타□	
음주 및 흡연	음주(주) : 4회 이상□ 2~3회□ 1회 이하□ 안함□ 흡연(일) : 2갑 이상□ 1~2갑 이내□ 1갑 미만□ 10개피 미만□ 안함□	
생활습관	규칙적 운동□ 불규칙적 운동□ 운동 안함□ 기타□ 식사습관 규칙적□ 불규칙적□ 다이어트□ 기타□ 수면습관 규칙적□ 불규칙적□ 불면증□ 기타□ (수면시간: 시간)	
피부 타입	건성□ 지성□ 복합성□ 여드름□ 민감/모세혈관확장□ 색소침착□ 노화□ 기타□	
모공	미세함□ 보통□ 큼□ 기타□	
피부결/ 탄력도	얇다□ 정상□ 두껍다□ 높다□ 보통□ 낮다□ 기타□	
클렌징		
딥 클렌징		
팩,마스크		
앰플, 세럼		
크림		
아이제품		
선제품		
기타		

[그림 3-29] 고객관리 카드

2) 안면관리

(1) 클렌징 관리

모든 피부관리를 위한 첫 번째 단계로 메이크업을 지우는 클렌징과 딥 클렌징, 습포, 화장수 마무리 등으로 구분할 수 있다.

① 클렌징

메이컵 잔여물과 대기 중의 먼지와 공해물질을 제거하고 피지 및 땀과 묵은 각질을 제거하고 모공을 청결하게 하며 혈액순환에 도움을 주어 피부를 맑게 한다.

② 딥 클렌징

모공속의 피지와 피부에 붙어 있는 각질을 제거하는 과정으로 스크럽제.효소.고마쥐.AHA종류로 나누어 지며, 피부에 청량감과 피부유형 분석의 정확성에 도움을 준다.

③ 습포

피부관리 과정 중 제품의 잔여물 등을 제거하는 과정에 사용되며 해면 또는 면타올을 이용하여 온습과 냉습으로 관리방법이 있다. 습포는 사용목적에 따라 나누어 진다.

④ 화장수 마무리

화장솜을 사용하여 마지막 잔여물까지 깨끗하게 제가하는 과정으로 피부의 상태와 타입에 따라 사용되는 화장수가 달라 진다.

(2) 안면 마사지

안면 마사지는 흔히 '페이셜마사지' 또는 매뉴얼테크닉 '이라고 불리며 우리가 알고 있는 마사지의 어원은 '두드리다', '어루만지다', '주무르다'라는 뜻에서 유래되었다.

마사지는 손뿐만 아니라 팔꿈치, 발 등을 사용하며 크림 또는 오일을 이용하여 피부를 문지르고, 두드리고, 압박, 주무르고, 당기는 등 물리적으로 피부와 근육에 자극을 주어 혈액과 림프순환 및 통증 완화와 대사의 균형을 증진시켜 준다.

안면관리에 필요한 기본동작은 고객의 만족도를 높이기 위해서 정확하게 테크닉을 구사하여야 한다. 이는 관리사의 자세와 기술의 방향이 중요하며 그에 맞는 정확한 동작과 압력 등의 기본적 요소를 반드시 습득하여야 한다.
안면 마사지는 주로 크림 또는오일을 피부에 적당량 도포한 후 손을 이용하여 피부와의 마찰로 생긴 열과 자극으로 제품을 흡수시켜 피부에 고른 자극을 준다.

안면 마사지를 시행할 때에는 경찰법을 포함한 6가지 마사지 기법을 조화롭게 적용하여 피부타입에 맞는 동작으로 실행하며 혈액과 림프의 흐름을 개선하고 근육을 자극하여 탄력효과와 주름 개선에 도움을 주도록 한다. 관리시간은 대략 10~20분 정도 실행 후 티슈를 이용하여 잔여물을 닦은 후 해면이나 온습포로 제거 한다.

① 마사지의 기본 요소

- 피부결에 따른 마사지의 방향
- 고객의 연령과 성별과 관리의 목적과 유형을 고려하여 속노 빛 리듬
- 손과 압력의 밀착감
- 테크닉의 횟수와 시간
- 사용제품(매개체)의 올바른 선택
- 관리사의 자세
- 동작의 연결성

② 마사지 시 주의사항

- 고객이 심신의 릴렉스 상태가 될수 있도록 조용한 분위기를 제공한다.
- 고객에게 피부관리 전에 피부관리 방법과 기대효과 등에 대해 충분히 설명하여야 한다.
- 환경적 상태를 쾌적하게 유지 하여야 한다.
- 피부 환자나 전염성 질환, 출혈 및 상처가 있거나 심장병 질환자의 경우 마사지를 금해야 한다.
- 제품이 고객의 눈이나 코, 입안으로 들어가지 않도록 주의한다.

③ 마사지의 기본 동작 및 효과

6가지의 마사지 동작을 기본으로 하며 관리사는 고객의 요구와 피부 상태에 따라 조절하여 적용한다.

- 경찰법(effleurage): 쓰다듬기, 에플라지라 하며 쓸어서 펴 바르기 동작을 말한다.

손바닥이나 손가락을 이용하여 피부를 부드럽게 쓸면서 다듬는 동작이다.

- 강찰법(friction): 문지르기,프릭션이라 하며 밀착하여 펴바르기 동작을 말한다.

  손가락의 첫마디 부분을 이용하여 제한된 부위에 집중적으로 작은 원을 그리거나 부위를 옮겨 가며 문지르는 동작이다.

- 유연법(petrissage): 반죽하기, 페트리사지라 하며 어루만져 펴 바르기 동작을 말한다.

  손가락 전체를 이용하여 피부와 근육조직을 집어 들어 올리는 등의 반죽하기 동작이다.

- 진동법(vibration): 흔들어주기, 바이브레이션이라 하며 피부를 떨며흔들어 주는 동작을 말한다. 손끝이나 손바닥전체로 피부를 가볍게 흔들어서 진동효과를 주는 동작이다.
- 고타법(tapotement or percussion): 가볍게 두드리기, 찰싹때리기, 치기 등 가장 자극적인 동작이다. 신중하게 사용하여야 하며 특히 얼굴 마사지를 할 경우 손가락을 가볍게 두드리는 방법을 사용하는 것이 좋으며 고타법은 전신관리에 적절한 자극과 쾌감을 주는 효과가 있다.

다양한 고타법

- 태핑(tapping):손의 옆면을 이용한 고타법
- 커핑(coupping):손바닥을 우묵하게 하여 이용하는 고타법
- 슬래핑(slapping):손바닥을 이용한 고타법
- 해킹(hacking):손등을 이용한 고타법
- 비팅(beating):살짝 쥔 주먹을 이용한 고타법

- 압박법(pinching): 지압법.핑칭이라 하며 피부를 누르는 동작을 말한다.

  피부의 지압점을 정확히 찾아 손가락 및 손바닥을 이용하여 힘을 주어 피부를 누른 후 서서히 빼는 동작이다.

(3) 팩과 마스크 관리

팩(pack)은 '포장하다', '둘러싸다'라는 의미이며 마스크(Maske)는 '덮어 가리다'라는 의미를 두고 있다. 팩과 마스크의 목적은 피부유형별 관리 목적에 따라 선택하여 피부문제를 개선시키고 완화시키기 위해 사용되며, 피부의 살균효과와 수분공급 및 진정효과, 유효성분 영양공급 등의 효과를 준다.

피부관리에서 1차팩, 2차팩 용어로 나누어 피부유형에 맞는 제품을 선택하여 성질에 맞게 적용하며 안전하고 깔끔하게 제거하는 작업으로 팩과 마스크를 부르는 용어는 다르지만 의미는 현재 동일하게 혼용되어 사용되고 있다.
그에 따른 종류에는 젤 타입, 크림타입, 파우더 타입 등이 있고, 도포 후에 공기가 통하지 않는 마스크에는 고무 마스크, 석고 마스크, 파라핀팩 등이 대표적이다. 이외에도 마스크 시트 타입의 콜라겐 벨벳 마스크, 필름 타입 마스크 등이 있으며 점차 피부관리와 홈케어 등에서도 특화되고 전문적인 제품들과 기법이 다양해지고 있다.

3) 전신관리

전신관리는 안면을 제외한 신체 부위를 통칭하며 주로 팔, 다리, 등, 복부 등을 관리한다.

안면피부보다 피지선이 적고 피부 두께도 두꺼우며 수분보유량도 적은 전신피부는 매끈한 피부결과 바디 라인 정돈, 비만관리, 피로회복, 신진대사 촉진, 근육통 감소, 피부색 개선, 부종 개선 등의 다양한 목적으로 총체적 관리가 진행된다.

국가자격증 과정에서는 지압이나 안마 행위는 금지되며 부드러운 경찰법 위주의 관리가 실시되나 실제 업무 현장에서는 경락 관리 및 각종 수기요법 등을 혼용한 테라피가 주를 이룬다.

전신 관리에서는 가볍게 클렌징을 실시한 후 마사지 크림이나 오일을 이용해 근육과 피부를 경찰법으로 마사지 하고 신체의 피로를 풀고 근육과 피부결을 부드럽게 가꾸어 주는 기법을 사용한다.

국가 자격증인 미용사(피부)의 실기시험에는 안면관리에 이어 팔, 다리 관리가 진행되며 다리 관리 후에 체모를 제거하는 제모단계가 실시된다. 이 단계에서는 관리 기법의 적합성, 숙련도, 그리고 방법의 정확성이 평가 된다. 이외에도 일반적인 피부관리실에서는 등관리와 복부관리 등 특수 범위에 대한 마사지가 주로 이루어지고 있다.

4) 특수 피부 관리

주로 기본적인 안면관리 외에 추가로 부가되는 관리를 말한다. 여드름 피부, 색소침착 피부, 민감성 피부, 노화피부, 모세혈관확장피부 등 문제성 피부와 목과 눈 등 안면의 특정부위를 집중적으로 관리하거나, 일반 안면관리 피부에 목적형 화장품이나 특수한 화장품과 기기를 이용하여 특별한 프로그램으로 집중관리를 하는 것을 목적으로 한다.

(1) 여드름 피부

① 피부 특성

피부 전체에 피지 분비의 배출이 많으며 이로 인해 모공이 넓고 피부가 두꺼워 보인다. 또한 피부표면의 과각질환 현상에 의해 모공이 막혀 면포를 형성하거나 여드름균의 감염으로 인한 염증성 여드름을 발생하며 주로 사춘기 이후에 발생 되며 드물게는 성인기 이후에도 발생 될 수 있다. 여성보다는 남성에게 자주 빈발하며 증상의 호전 후에도 흉터 및 색소침착으로 안색이 거무칙칙하게 느껴진다.

② 원인

- 피지 분비 왕성
- 남성 호르몬 과다
- 모공의 과각화증으로 인한 모공 폐쇄
- 정신적 스트레스로 인한 피지 과다
- 유전적 요소
- 잘못 사용한 약물 및 연고, 화장품
- 기타

③ 피부 관리 프로그램

- 고객 상담 및 고객관리 카드 작성
- 클렌징
- 피부 분석 및 정확한 피부 유형 진단
- 딥 클렌징
- 안면 관리는 림프 드레나쥐나 미용기기를 이용한 관리
- 팩 및 마스크(진정 및 항염 효과 위주로 선정)
- 피부 관리 마무리 및 기초제품을 통한 영양공급
- 유분감이 적은 자외선 차단 제품으로 마무리
- 홈 케어를 이용한 피부 관리 및 유의사항 조언

(2) 색소침착 피부

① 피부특성

피부표면이 얇게 보이며 외부 자극에 예민하게 반응하여 쉽게 붉어지거나 열이 나는 현상을 보인다. 자외선 및 호르몬 불균형, 스트레스 등으로 멜라닌 색소의 침착이 과다하여 발생되며 주로 미백관리와 피부 신진대사 활성을 통한 개선을 주목적으로 한다.

② 원인

- 과도한 자외선 노출
- 여성 호르몬 불균형 및 임신과 출산
- 정신적 스트레스
- 영양 부족 및 잘못된 생활습관
- 약물 및 연고, 화장품의 잘못된 적용
- 기타

③ 피부 관리 프로그램

- 고객 상담 및 고객관리 카드 작성
- 클렌징
- 피부 분석 및 정확한 피부 유형 진단
- 딥 클렌징
- 안면 관리, 미용기기를 이용한 관리
- 팩 및 마스크(보습 및 미백, 영양공급 위주)
- 피부 관리 마무리 및 기초제품을 통한 미백, 영양공급
- 자외선 차단 제품을 이용한 전체 관리 마무리
- 홈 케어를 이용한 피부 관리, 색소침착 방지를 위한 생활습관과 유의사항 조언

(3) 민감성 피부

① 피부특성

민감성 피부는 신체 외부의 자극에 민감하고 피부 방어력이 떨어지는 유형으로 연령과 관계없이 나타나며 피부 표피가 얇아 얼굴이 쉽게 붉어지고, 열이 쉽게 나며 실핏선이나 모세혈관이 확장되어 피부색이 일정하지 않다.

② 원인

- 선천적 피부 특성
- 정신적 스트레스 및 생활습관의 불균형
- 환경적 특성(계절, 온도, 습도, 근무환경, 실내 환경, 알레르기 유발 물질 접촉 등)
- 호르몬 불균형(생리주기 불균형 및 여성 호르몬 불균형, 임신, 출산, 갱년기 등)
- 약물 및 화장품으로 인한 알레르기 및 접촉 피부염
- 기타

(4) 노화 피부

① 피부특성

연령 증가 및 피부 노화로 인한 전체적인 탄력 저하, 주름 발생, 색소 침착, 피지분비 감소, 건조감, 피부 저항력 약화, 각질층 비대, 피부색 저하 등의 증상을 보인다. 연령 증가에 따른 자연적인 노화는 피해갈 수 없으나 신체적, 정신적 스트레스 및 기타 요인으로 인한 노화 가속화를 막아주고 예방적인 피부 건강을 위해서 최근에는 일찍부터 피부 관리를 시작하는 추세이다.

② 원인

- 자연적인 연령 증가
- 건강 저하 및 질환
- 정신적 스트레스
- 불규칙한 생활습관, 영양 불균형
- 환경적 특성(온도, 습도, 근무환경, 실내 환경 등)
- 호르몬 불균형(생리주기 불균형 및 여성 호르몬 불균형, 임신, 출산, 갱년기 등)
- 약물 및 화장품으로 인한 알레르기 및 접촉 피부염
- 기타

③ 피부관리 프로그램

- 고객 상담 및 고객관리 카드 작성
- 클렌징

- 피부 분석 및 정확한 피부 유형 진단
- 딥 클렌징
- 안면 관리, 림프 드레나쥐, 기기를 이용한 관리
- 팩 및 마스크(보습, 기능 활성화, 영양 공급 위주)
- 피부 관리 마무리 및 기초제품을 통한 영양공급
- 자외선 차단 제품을 이용한 전체 관리 마무리
- 홈 케어를 이용한 전방위적인 피부 관리, 유의사항 등의 조언

5) 비만 관리

(1) 비만의 개념

피부는 표피, 진피, 피하지방으로 분류할 수 있는데 일반적으로 피하지방층이 과잉 축적되어 과체중이 발생하고, 신체의 실루엣이 정돈되지 않아 셀룰라이트, 튼살, 피부가 겹쳐지는 부위의 습진 등의 피부염이 발생하며 이것이 악화되면 과도한 색소침착으로 이어지는 특성을 보인다. 이외에도 내장 비만 등의 형태로 나타날 수 있으며, 일반적으로 남자는 체지방이 체중의 25%, 여자는 체중의 30% 이상이고 현재 체중이 이상체중을 20% 초과하는 경우에 비만이라 할 수 있다.

비만은 지방의 과다 축적으로 시작하여 점차 고혈압, 심장질환, 뇌혈관질환, 당뇨, 디스크 및 퇴행성 관절질환, 성기능 저하, 생리불순, 불임 등의 여러 합병증을 야기하며 개인의 심리적 건강과 사회적, 경제적 활동에 제약을 줄 수도 있어 현대에는 적극적인 개선 노력이 병행되는 추세이다.

BMI(Body Mass Index)

비만도를 측정하는 방법 중 가장 쉽게 통용되는 체질량지수이다.
BMI는 체중을 신장의 제곱으로 나눈 지수로 저체중, 정상체중, 과체중, 비만, 고도비만 등으로 구분할 수 있다.

비만관리에는 피부관리와 병행하여 식이요법, 운동, 생활습관 개선, 정신적 안정 등을 함께 해야하며 장기적이고 꾸준한 관리와 함께 반드시 고객 본인의 비만관리에 대한 의지가 필수적이다.

[표 3-3] BMI에 따른 비만도 분류

구분	체질량지수(BMI)
저체중	〈 18.5
정상체중	〈 18.5~22.9
과체중	〈 22.9 ~24.9
비만	〈 24.9~29.9
고도비만	〉 30

(2) 비만의 원인

비만의 원인은 복합적이고 유기적인 다양한 요인으로 발생되며, 음식의 과다 섭취 및 운동 부족, 호르몬 이상, 심리적 요인, 식습관 등이 주요 원인으로 지목된다.

① 열량섭취 과다

인체 내의 신진대사에 필요한 열량보다 많은 열량을 섭취하여 발생하는 잉여된 열량이 체내에 지방의 형태로 축적되어 나타난다. 피하지방, 복부 내장, 뼈, 간 등에도 지방이 축적되며 비만의 가장 큰 요인으로 지목되고 있다.

② 유전적, 체질적 요인

일반적으로 체형과 체질은 부모로부터 받은 유전적 요인과 연관이 크며, 이러한 요인은 유전력과 함께 가족간의 식습관, 생활습관 등의 환경적 요소가 복합되어 더욱 강하게 비만의 원인으로 나타날 수 있다. 이러한 유전적 요인은 선천적인 인체 내의 기초대사량과 관련이 깊으므로 다른 비만 요인보다 비만을 탈출할 수 있는 가능성이 낮은 편이며, 이런 유형의 비만일 경우에는 장기적이고 체계적인 관리가 필수적이며 본인의 노력도 더욱 강화되어야 한다.

③ 환경적 요인

사회적, 경제적 요인을 포함한 요인으로 직업적인 업무의 특성이나 근무환경, 근무시간 및 교대에 따른 영향으로 발생할 수 있다.

④ 에너지 대사 저하 및 대사증후군

선천적 요인 외의 후천적 요소로 인해 인체 내의 신진대사가 저하되어 기초 대사의 소모 열량이 낮아져 발생하는 요소로 주로 갑상선 호르몬의 불균형이나 성호르몬의 저하로 인한 갱년기, 비만 및 운동부족의 장기화에 따른 대사증후군 등이 대표적이다.

⑤ 운동 부족 및 생활 습관 불균형

일상에서의 운동 부족과 불규칙한 식습관 및 수면습관, 음주 및 흡연, 기호식품의 지나친 섭취 등은 비만의 강력한 요인으로 작용한다.

⑥ 스트레스

정신적 스트레스는 자율신경 불균형과 호르몬 불균형, 내장 기능의 저하, 우울감 및 무기력증을 야기해 인체의 행동 양태를 위축시켜 비만을 유발할 수 있다.

(3) 비만 관리 프로그램

- 고객 상담 및 고객관리 카드 작성
- 비만 유형 및 원인 파악
- 클렌징 후 전신 및 문제 부위 관리: 수기요법 및 테라피 적용, 부종관리, 기기 관리
- 팩 및 마스크
- 비만 또는 셀룰라이트를 위한 피부관리 및 기기관리
- 마무리
- 운동, 식이요법 등의 홈 케어를 이용한 관리와 유의사항 조언

6) 발 관리

(1) 발관리의 특성

발관리는 발반사요법, 정맥 마사지, 풋스파, 풋케어 관리 등이 결합된 피부미용의 전문 분야이다. 발반사요법은 오랜 역사를 가진 대표적 대체요법으로 발이 인체의 축소판이라고 보고 적극적인 관리를 통해 인체 건강 및 피부건강을 증진시키는 피부미용의 대표적 수기요법이며 정맥 마사지는 발의 정맥 순환의 촉진을 통해 혈액순환 촉진 및 부종 완화, 피로도 개선, 탄력강화 등의 효과

를 볼 수 있다.

발관리는 발반사요법의 신경 반사점들을 연결하여 인체의 각 기관의 기능을 높이고 문제점을 개선하는 요법과 피부미용적 풋케어를 결합한 피부미용 분야로 동서양의 한의학적, 양의학적 임상과 결과를 통해 대중들에게 널리 사랑받고 있다.

발은 인체의 체중을 지탱하고 보행과 운동 능력에 필수적인 신체 기관이며 제2의 심장이라 불릴 만큼 혈액순환과 직결된 신체 기관이다. 발은 이외에도 인체의 축소판으로 다양한 인체 생리적 연관성을 갖고 있으며 반사요법을 통한 신체적, 정신적 건강 상태 등을 반영하며 한의학의 경락이론과도 맞닿아 있는 분야이다.

또한 현대인들의 외부 활동 증가로 인한 발의 혹사 및 하이힐, 발 변형, 피로 증가에 따른 신체적 피로 해소를 위해서도 수요와 필요성이 높아져 가는 피부 관리 영역이다. 피부미용 분야에서 발 관리를 시행할 때는 해부학적, 생리학적 발에 대한 전문 지식과 반사요법, 한방의학의 경락이론이 망라된 발 관리 이론과 각탕법, 각질 제거법, 마사지 등을 이용한 기술적 요소가 혼합하여 적용된다.

(2) 발반사구

발을 인체의 축소판으로 보며 발 그림에 인체의 기관을 대입시켜 자극을 통해 기능을 증진시킨다.

발관리의 효과

- 혈액순환 및 순환계에 대한 효과
- 림프 순환 및 부종완화 효과
- 신경계 및 정서 안정의 효과
- 근육계 및 통증 완화의 효과
- 신진대사 활성 효과
- 피부미용적 피부 개선 및 탄력도 강화 효과

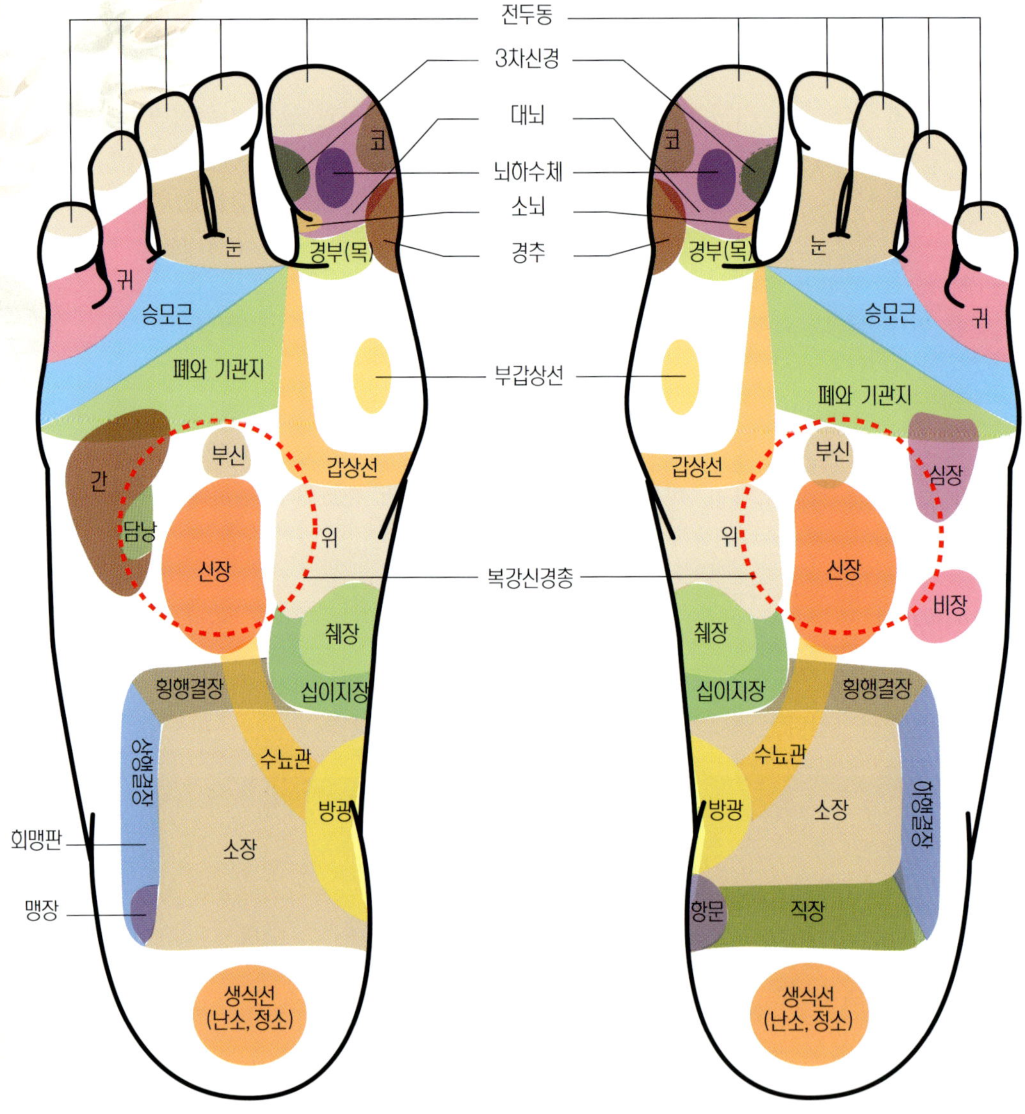
전두동
3차신경
대뇌
뇌하수체
소뇌
경추
코
눈
귀
경부(목)
승모근
폐와 기관지
부갑상선
갑상선
부신
간
담낭
심장
신장
위
복강신경총
비장
췌장
횡행결장
십이지장
상행결장
하행결장
수뇨관
방광
소장
회맹판
맹장
항문
직장
생식선
(난소, 정소)

[그림 3-30] 발반사구

(3) 발 관리 프로그램

- 각질제거
- 소독
- 풋스파, 풋팩, 풋 파라핀 등의 적용
- 정맥 마사지
- 발반사 요법
- 기타 세부 발 관리 기법 적용
- 마무리
- 홈 케어 및 유의사항 조언

7) 림프 드레나쥐

(1) 림프 드레나쥐의 특성

림프는 혈관이 없어 혈액이 흐를 수 없는 인체 조직에서 조직과 조직 사이를 순환하며 물질교류 및 노폐물 배출 등의 기능을 담당하는 조직액이다. 림프는 투명하거나 엷은 황색을 띄는 액체로 한자어로는 임파(淋巴)라고 표기한다.

인체 조직액인 림프액은 크게 혈액순환의 큰 틀에서 설명할 수 있는데, 전신의 혈액은 동맥에서 모세혈관을 거쳐 정맥으로 순환하고, 혈액 중 일부 성분이 혈관이 없는 조직으로 흘러가 세포 사이사이를 흐르게 되는 조직액이 되며, 이렇게 흐르던 조직액은 림프관을 따라 순환하다 다시 정맥으로 들어가 혈액의 일부를 이루다 여과되는 과정을 반복하게 된다.

림프액에는 백혈구의 일종인 림프구가 있어 노폐물, 지방, 독소를 운반하며 림프관을 통해 순환한다. 림프액은 인체의 면역 기능을 담당하며 이를 통한 림프 마사지를 통해 부종완화, 염증 감소, 알레르기 감소, 피부톤 개선 등의 효과를 볼 수 있다

림프 드레나쥐의 효과

- 인체 면역력 증가
- 진정 및 염증, 알레르기 완화 관리
- 노폐물 및 독소 배출
- 정신적 스트레스 완화 및 심신 릴렉스 효과
- 자연치유력 증가
- 부종관리
- 셀룰라이트 관리
- 수술 후 회복 증가

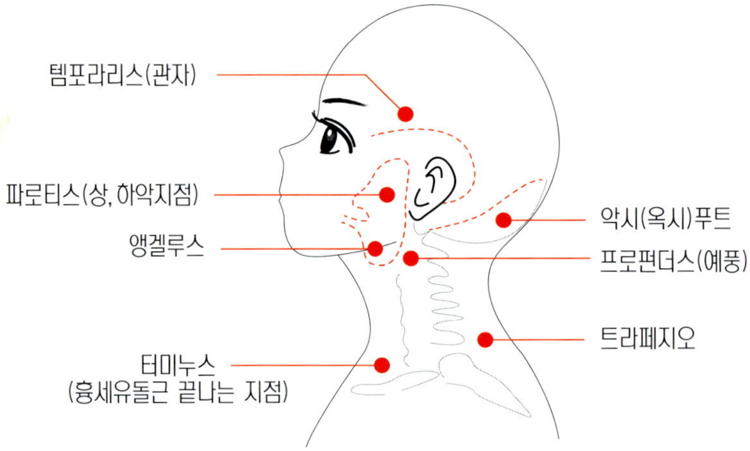

[그림 3-31] 주요림프절

(2) 림프 마사지의 기본 동작

① 정지 상태에서의 원동작

관리하는 손이 정지 상태에서 원동작을 실시하며 손끝 부위나 손바닥을 이용하여 피부에 밀착하여 제자리에서 천천히 일정한 주기로 시행한다. 림프 마사지를 통한 동작 시에는 반드시 림프의 흐름과 맞추어 림프액이 흐르는 방향으로 관리를 해야하며 적당한 압력과 속도를 유지하도록 주의한다. 이때 림프액의 순환 방향과 역행하지 않도록 주의하며 끊어지지 않고 유려하게 연속하여 동작을 진행하여야 한다.

② 펌프 기법

펌프 기법은 섬세하고 정확한 림프관리가 특징인 안면 관리에서는 거의 사용되지 않으며 주로 팔, 다리 등의 전신부위에서 순환을 촉진하기 위한 방법으로 사용된다. 펌프기법은 손바닥의 둥글고 두툼한 호구 부위를 고객의 신체 부위에 밀착한 후 림프의 순환 방향에 따라 압을 주며 펌프질 하듯이 림프 흐름을 촉진시키는 기법이다.

③ 퍼올리기 기법

퍼올리기 기법은 손등을 아래로 향하게 하여 손가락 부위가 고객의 피부에 닿게 하여 손목회전을 하면서 림프의 흐름에 따라 끌어 올리면서 압력을 주어 림프 순환을 촉진하는 기법이다.

펌프 기법과 유사하나 손등의 방향이 반대이며, 주로 전신 및 팔, 다리에 주로 활용한다.

④ 회전 기법

회전 기법은 손바닥 전체를 이용하여 인체의 평평하고 넓은 부위에서 효과적으로 림프의 흐름을 촉진시키는 기법이다. 회전 기법은 손바닥을 펼쳐 고객의 피부에 밀착시켜 피부 표면을 약하게 늘리고 신장시키면서 회전하는 방법으로 상대적으로 평평한 등, 복부 등의 전신 부위에서 주로 사용된다.

8) 메디컬 에스테틱

(1) 메디컬 에스테틱의 개념과 목적

메디컬 에스테틱은 피부 관리실에서의 전통적인 피부관리에서 확대되어 피부과 및 성형외과 한의원 등의 의료 시설에서 활용되는 미용 치료와 결합한 관리 방법을 말한다. 여기에는 전문 의료인의 의학적 지식과 관리 감독 하에 피부 치료, 의료기기, 약품, 의료 서비스, 화장품, 미용기기 등을 이용한 기술적 요소가 첨가되어 진행된다.

이외에도 피부과의 여러 피부 처치 후나 성형외과의 수술 후에 피부의 개선과 회복을 돕기 위한 부가적인 에스테틱 관리 기법까지 포함하여 메디컬 에스테틱이라 한다.

따라서 메디컬 에스테틱은 의학적 치료와 에스테틱적 관리가 병행되어 최상의 효과를 볼 수 있도록 하는 융합 관리를 말하며, 사회의 다양화와 뷰티에 대한 수요 증가로 앞으로도 뷰티 영역의 확대에 지속적인 발전을 이룰 것으로 전망된다.

(2) 메디컬 에스테틱의 주된 분야

① 문제성 피부의 의료적 처치와 치료가 필요한 상황

- 여드름 피부 치료
- 민감성 피부 치료
- 색소침착 피부 치료

- 노화 피부 치료 등
- 기타 레이저 및 약물 치료 등

② 각종 박피 및 의료기기 및 약물을 이용한 재생관리

③ 노화 치료를 위한 복합적 의료 시술 후의 회복 관리

④ 혈관 및 홍조증 치료를 위한 피부관리

⑤ 수술 후 회복을 위한 림프 드레나쥐 및 각종 뷰티 테라피 관리

⑥ 통증 경감 및 심신의 릴렉스를 위한 전반적인 효과 증진을 위한 전인적 관리 등

⑦ 약물 및 화장품을 이용한 홈케어의 지속적인 관리를 통한 기능 유지 관리 등

(3) 메디컬 에스테틱의 업무 영역

- 주로 의료인(의사, 간호사)의 치료 및 보건적 지시에 의한 기본적 관리 방향 선정 및 주의점 전달
- 시술 후의 의료적 유의사항 및 조언
- 피부미용사를 통한 시술 후의 관리 기법 및 강도, 기간 선정
- 피부미용사를 통한 세부 관리 계획 및 매뉴얼 작성
- 피부미용사를 통한 화장품 및 홈케어 조언
- 시술 후 유의 사항 및 구체적인 피부관리 방법 전달

(4) 메디컬 에스테틱의 기본 지식

① 쁘띠 성형

- **필러**

  진피의 주성분인 히아루론산을 이용하여 수분 공급과 탄력, 볼륨을 올려주는 방법과 자가 지방 이식, 콜라겐 주입, 고분자 합성물질 등을 국소마취 없이 주사를 통해 눈가, 미간, 팔자주름, 흉터, 코끝, 이마, 볼, 턱 등의 원하는 부위에 필러 성분을 주입하는 방법이다. 시술 후에 부종, 멍, 염증, 홍반 등의 증상이 나타날 수 있고 드물게 알레르기 증상이 나타날 수 있어 사전에 미리 알레르기 테스트를 진행 한 후 시술한다. 시술 후에 주

입된 필러 성분으로 피부결이 매끈하지 않고 울퉁불퉁 할 수 있으나 점차 개선되며 마사지 등은 최소 2주 이후부터 시행한다.

▪ 보톡스

신경 독소인 보튤리늄 톡신을 이용하여 운동신경과 근육을 마비시켜 근육의 발달을 저하하고 근육 운동에 따른 주름 발생을 억제하여 부가적인 미용효과를 얻는 시술 방법이다. 신경독소인 보튤리늄 톡신을 사용하는 시술이라 처음에는 안과에서 사시 치료를 위한 근육 마비제로 사용되다 1994년에 피부과적 미용치료로 발표된 후 미국 FDA에서 승인을 받아 사용되기 시작 하였다. 많은 안전성에 대한 우려 및 점진적 독소 축적에 의한 우려가 제기되어 오다 최근에 임상 및 추가 연구에 의해 대중적으로 확대되어 오고 있다.

주로 안면 신경에 의해 반복적인 근육의 운동을 저해하는 주름 등에 사용되며 눈꼬리, 눈꺼풀, 이마, 미간 등의 표정 주름과 사각턱 축소를 위한 교근 등에 사용된다.

근무력증이나 근위축성 환자에게는 금기시되며 보톡스 주사 후 두통, 부종, 멍, 홍반, 피하출혈, 좌우 적용 효과의 불일치 등에 다른 부작용이 다발할 수 있다.

1회 주사 시 약 4~6개월의 효과가 지속되며 장기적으로 규칙적인 시술이 진행될 시에 유효기간의 차이가 생길 수 있으며, 제조사에 따른 약효 및 부작용의 차이가 다를 수 있다.

▪ 실이나 밴드를 이용한 안면 리프팅

비수술적 요법으로 리프팅 효과를 볼 수 있는 시술로 특수 제작된 실이나 밴드를 피부 속에 넣어 당겨주어 늘어진 피부와 페이스 라인을 리프팅 해주는 방법이다. 수술에 비해 시술 방법이 간편하고 부작용과 비용이 낮은 편이라 수술을 기피하는 환자들이 선호하는 편이다.

주로 볼의 탄력 저하, 안면 라인 저하, 눈꼬리, 늘어진 팔자 주름, 이마, 목의 늘어짐 등에 적용하며, 리프팅 시술 후 2~5년 정도 효과가 유지되고 최근 안전성과 바이오 기술을 접목한 신소재 개발이 지속되고 있다.

시술 후 통증, 이물감, 염증, 알레르기, 멍, 부종, 홍반, 가려움증, 울퉁불퉁한 표면 등의 부작용이 생길 수 있다.

② 약물 치료

- **여드름에 적용되는 성분**

  피지분비 억제, 모공 축소, 살균 및 진정, 염증 후 착색 방지, 염증 후 재생 관리를 위해 약물 및 주사요법, 연고 및 화장품을 이용한 피부관리가 병행되어 실시된다. 주된 약물 성분에는 테트라사이클린, 미노사이클린, 살리실산, 글리콜릭산, 레티노이드, 레티놀, 항히스타민제, 면역억제제 등을 사용한다.

- **색소침착에 적용되는 성분**

  글리콜릭산, 레티놀, 살리실산, 화학적 박피제, 하이드로퀴논, 비타민 C, 알부틴, 폴리페놀, 유용성 감초 추출물, 아젤릭산 등이 사용된다.

- **아토피 피부에 적용되는 성분**

  항히스타민제, 항생제, 부신피질 호르몬제 등을 사용한다.

- **항산화 및 노화 방지에 적용되는 성분**

  레티놀, 토코페롤(비타민 E),비타민 C, 코엔자임 Q10, 콜라겐 등을 사용한다.

③ 의료기기 치료

- **기미 치료 및 색소침착 치료**

  프락셀, Q- 스윗치, Nd:AYG 레이저, IPL, 레블라이트, C6 레이저 토닝 등의 레이저 기기를 사용해 기미 및 색소침착 피부를 치료한다.

- **주름 개선 치료**

  써마지, 제네시스, 울쎄라, 프락셀 등의 기기를 사용한다.

- **홍조 치료**

  브이빔(V-BEAM), 제미니 등을 사용한다.

- **혈관 치료**

  브이빔(V-BEAM) 등을 사용한다.

- **여드름 치료**

  PDT, 옴니룩스, 스무드 빔, LED 등의 기기를 사용한다.

9) 다양한 피부관리 요법

세계의 마사지는 신체 구조와 신체 에너지에 근거한 다양한 종류가 널리 퍼져있다.

① 스웨디쉬 마사지(Swedish massage)

스웨디쉬 마사지는 스위스 물리치료사인 피터링(Pehr Henrik Ling 1776~1839)에 의해 창시되었는데 국제 Bodywork and Massage Therapy에서 근육과 관절이완, 통증이완, 혈액과 림프계 순환증진 및 스트레스 이완, 자율신경계 이완 등에 많이 적용되는 마사지로 스웨디쉬는 부드럽고 유동적인 리드미컬한 마사지 테크닉과 편안하고 릴렉스한 느낌을 특징으로 마사지의 기본적인 동작 요소로 구성되어 있다.

② 아로마테라피 마사지(Aromatherapy massage)

기원전 4000년부터 종교의식과 치료제로 사용했으며 향기나는 식물에 추출한 정유(Essense oil)와 식물성 오일을 브랜딩하여 매뉴얼 테크닉과 흡입법, 목욕법, 습포법 등을 응용하여 피부에 신체 생리적 기능의 정상화를 시켜 신체적, 정신적, 심리적인 치유의 효과를 주어진다.

③ 한국형 미용마사지

한방 에스테틱이라고도 불리며, 한의학의 이론을 통한 신체의 이해 및 피부건강 증진을 위한 피부관리를 한방 피부관리라 한다. 여기에는 흔히 말하는 경락 관리가 주를 이루며 이외에도 사상체질의학, 음양오행 등을 포함한 다양한 한방의학적 이론이 망라되어 다양한 방법론으로 적용하고 있는 피부관리 분야이다. 이는 인체에 있는 기와 혈의 순행하는 길을 통행하게 하여 전신의 기와 혈의 순행을 촉진시켜 신진대사 작용과 독소 및 노폐물 배출 등에 도움이 된다.

- 개개인의 증상 및 기의 운행 상태에 따라 관리 방법과 방향, 순서가 달라질 수 있으며, 다양한 기법과 적용법이 존재해 일률적인 관리로 정의하기가 어렵다
- 12경락 및 임맥, 독맥의 방향에 따라 경락점을 자극하여 효과를 보는 관리법으로 피부관리에서 활용하는 안면 부위의 대표적인 경혈점은 다음과 같다.

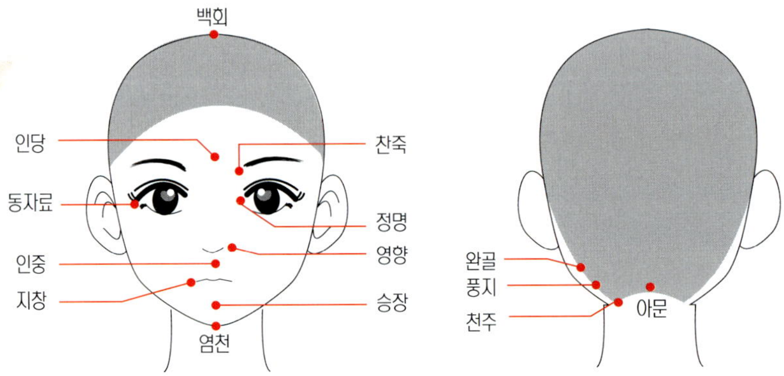

[그림 3-32] 안면 경혈점

[표 3-4] 주요 경혈점

명칭	경혈점 위치
백회	두개골을 전후, 좌우로 나누는 선의 꼭지점
인당	눈썹과 눈썹 사이의 미간부위
찬죽	눈썹의 머리 부위
양백	눈썹 중앙에서 위로 손가락 한마디 위
사죽공	눈썹의 끝 부위
정명	눈 앞머리 부위
동자료	눈의 끝 부위
승읍	눈동자 아래로 0.7 촌 아래 부위
사백	눈동자 아래로 1촌 부위
영향	콧망울 0.5촌 옆 부위
거료	눈동자 하방과 콧망울 옆선의 교차점 부위
권료	콧망울과 눈 끝을 사선으로 연결하는 교차점 부위
하관	광대뼈 아래, 턱관절 부위
청궁	귀의 중간부위와 얼굴이 만나서 움푹 들어간 부위

지창	입술 끝의 구각 부위
승장	턱의 중앙 부위
예풍	귀밑 부위
천주	풍부혈을 기준으로 좌우 1.3촌 옆의 부위
풍부	뒷목 정중선에서 1촌 위의 부위
풍지	천주와 완골의 중간 부위

④ 타이마사지(Thai massage)

태국의 전통마사지로 인도의 '지바카 코마라밧차(Jīvaka Komārabhacca)'가 인도에서 태국으로 불교와 의술이 함께 들어오면서 타이마사지를 전해 주게 되었으며, 우리가 일반적으로 알고 있는 습식 마사지가 아닌 건식마사지로 신체조직을 누르거나 비틀어 이완시켜 전신이완 및 근, 골격계 체형관리에 효과가 높다

⑤ 시아츠(Shiatsu)

일본의 안마로 손가락을 이용하여 특정 부위에 손가락으로 압을 주어 누르는 동작으로 1953년 미국, 캐나다, 호주 등지로 확산되면서 현재는 건식의 요법으로 자연 보안요법으로 인정 받고 있다.

⑥ 뱀부마사지(Bamboo massage)

대나무라는 도구를 이용하여 행하는 관리로 고대 이집트에서 오래된 치유마사지 중 하나이다. 대나무를 이용하여 신체에 압력과 강함을 느끼게 하고 그로 인한 피부에 따뜻한 열을 활성화 하여 신체에 따뜻한 느낌을 함께 선사한다. 이는 림프순환 촉진과 혈액 순환 촉진과 신진대사촉진 등의 효과를 볼수 있다.

⑦ 딥티슈 마사지(Deep tissue massage)

스웨디쉬 마사지를 근간으로 1929년 독일의 여성 수기물리치료사인 엘리자베스 디케 박사에 의해 창조되어 근육의 심부조직과 결합조직에 가하는 마사지 테라피이다.

⑧ 로미로미 마사지(Hawaiian massage lomilomi)

로미로미는 '사랑의 손'이라는 의미를 담고 있는 하와이 전통 용어로

1973년 하와이 원주민 마가렛 마차도(Margaret Machado)에 의해 체계화되었다. 이는 팔을 이용하여 리듬과 춤을 연상하듯 지친 몸과 영혼을 치유하기 위함이다.

⑨ 스파 테라피

스파테라피는 온천 및 광천수 등의 물을 이용한 혈액순환, 심신 회복 및 릴랙스를 통한 인체의 기능 개선과 피부를 아름답고 건강하게 관리하는 피부미용 분야이다. 여기에는 마사지와 각종 기기, 도구, 화장품 등이 함께 활용되어 신체적, 정신적, 정서적 에너지의 균형과 회복을 도우며 물을 이용한 총체적 '하이드로테라피(Hydrotherapy)'와 인류 전반에 걸쳐 사랑받은 '목욕문화'의 전통을 동시에 내포하고 있다.

4. 피부미용 기기학

1) 피부미용에 적용되는 전류

(1) 지속형 직류(갈바닉)

피부에 적용되는 전류 중 가장 대표적인 것이 지속형 전류이다. 전류의 방향과 세기에 상관 없이 약 1mA의 미세 전류가 일정하게 흐르며 인체에 큰 자극이 없고 규칙적인 전류로 피부 세포의 화학적, 물리적 영향을 주어 피부 건강을 증진시켜 준다.

갈바닉이라는 명칭은 이탈리아의 학자 갈바니(Galvani)가 개구리 해부 실험 중 개구리 다리가 전류에 전기적 반응을 보이자 생체 전기에 대한 연구를 심화하여 전자기학 및 전기 생리학에 큰 공헌을 하자 이에 붙여진 이름이다.

지속형 전류 기기를 통해 피부에 흐르게 된 전류는 물질 교류 확대, 노폐물 배출, 기능 활성화를 통한 신진 대사 증진으로 피부를 맑고 투명하게 하며 원하는 효과에 따라 목적에 부합하도록 기기를 조절할 수 있다는 장점이 있다. 특히 전류를 통한 국소 부위의 피부 건강 증진에 효과적이고 양극(+)과 음극(−)에 따른 미용 효과가 상이하므로 이에 대한 이해가 필수적이다.

[표 3-5] 직류형 직류의 특징

양극(+) 효과	음극(–) 효과
산성 반응	염기성 반응
양이온성 물질의 피부 투과에 효과적	음이온성 물질의 피부 투과에 효과적
신체 조직의 수축과 수렴효과가 있어 혈관 수축 및 모공 수렴 등이 일어남	신체 조직의 이완과 확장이 되어 혈관 확장 및 조직 이완 등이 일어남

[표 3-6] 직류형 전류를 이용한 미용기기 효과

이온토포레시스(Iontophoresis)	디스인크러스테이션(Disincrustation)
자석의 원리처럼 같은 극은 밀어내고 다른 극은 끌어당기는 성질을 이용해 피부 건강을 위한 유효 성분의 흡수 및 피부 침투를 강하게 촉진시켜 줌	음극의 효과를 강화시켜 노폐물 배출 및 독소 배출의 기능을 극대화 함
물리적으로 피부 흡수가 어려운 고분자 성분 및 보습제, 영양 물질 등을 피부층에 흡수시켜 줌	피지 제거 및 모공 청정 효과, 여드름 완화 등의 청정 기능이 뛰어남

2) 감응 전류(Induction Current)

일정하게 흐르는 직류와 다르게 전류의 흐름과 세기가 수시로 변하는 교류 전류를 이용한 미용 기기이다. 주로 피부미용을 위해 신경 근육계를 자극하여 근육의 피로 및 염증 완화, 부종 완화, 혈액순환 및 체액 순환 촉진, 피부 탄력, 피로 회복, 흡수 촉진, 지방 분해 및 유동성 증가를 통한 비만 관리 등에 활용된다.

(1) 저주파

교류의 전류 세기 중 1Hz ~ 1,000Hz 이하의 범위에 있는 미용기기를 말한다. 주로 병원의 물리치료센터에 근육의 수축과 이완을 통한 통증 경감, 근육의 피로 회복, 염증 완화 등을 위한 목적으로 많이 사용되는 기기이며 피부미용에서는 물리치료에서와 같은 근육의 수축과 이완보다 약하고 피부미용의 건강을 증진시키는 정도의 주파수대의 기기를 많이 사용한다.

저주파를 사용하면 근육의 피로 회복 및 통증 완화에 효과적이고 조직간의 신진대사가 촉진되어 물질 교류 및 노폐물 배출에 효과적이고 탄력 있는 바디라인과 지방 감소 등의 효과를 볼 수 있다.

(2) 중주파

저주파보다 높은 주파수인 1,000Hz ~10,000Hz 사이의 교류 전류로 신체 조직으로 전달되는 전력의 손실이 적어 피부가 느끼는 저항도 낮아 피부 관리에 적용 시 편안하고 안정감이 높아 고객의 선호도가 높은 편이다.

저주파와 같은 강한 근육의 수축과 이완이 반복되지 않으며 통증도 적고 에너지 손실도 낮아 주로 비만관리와 부종관리, 탄력 관리, 셀룰라이트의 완화 등을 위해 사용된다. 또한 부종 완화 효과로 사이즈 감소 및 실루엣 정돈의 효과가 크고 신진대사 증가로 인한 부가적인 피부미용 효과가 높게 나타난다.

(3) 고주파

전류의 주파수가 저주파, 중주파보다 훨씬 높은 주파수인 100,000Hz 이상의 영역대로 주파수가 높아 초당 진폭이 매우 빠르고 이로 인한 분자들의 진동이 강렬해 마찰로 인한 열에너지의 발생이 높은 특성을 보인다. 이로 인해 심부 발열이 잘 되고 신진대사가 촉진되어 혈류량 증가와 순환 촉진으로 인한 대사가 용이하다.

전체적으로 혈액순환 촉진, 노폐물 및 물질 교류 증대, 지방 분해, 피부 및 신체에 필요한 유효 성분의 흡수 증대, 통증 완화 및 탄력 강화 등의 미용 효과가 강력하고 빠르게 나타난다.

3) 초음파

초음파는 전류를 이용한 미용기기와는 달리 음파를 이용한 미용기기로 우리 인간의 청각이 감지하지 못하는 영역대의 음파를 이용한 미용기기이다.

초음파는 20,000Hz 이상의 진동주파수로 물과 같은 액체의 매질에서 진동으로 인한 열이 발생하고 신진대사를 촉진하는 효과를 준다. 특히 초음파는 지방층의 분해 및 유동성 확보에 도움이 되고 세포막과 세포막 사이의 물질 교류 증대, 노폐물 배출, 혈액순환 촉진, 탄력 증가 등의 효과를 볼 수 있으며 상대적으로 가격대가 저렴하여 널리 애용되고 있다.

4) 진공 흡입기

일반적으로 석션이라는 용어로 널리 알려진 미용기기로 국소적인 진공 흡입을 통해 특정 부위에 물리적인 자극을 주어 노폐물 및 독소 배출, 탄력 증가,

셀룰라이트 완화, 통증 완화, 혈액순환 촉진, 근육 이완, 재생 촉진 등의 효과를 볼 수 있다.

한방에서 활용되는 부항의 원리를 미용기기로 활용하였으며 피부 자극 및 부작용 없이 물리적, 생리적 영향을 극대화할 수 있는 장점이 있다.

피부관리를 위해 사용되는 피부미용 기기

- 우드램프: 피부의 보습 상태나 피지, 여드름, 색소침착, 염증, 민감 상태 등을 색상으로 관찰할 수 있다.
- 확대경: 배율 렌즈를 통해 육안으로 보는 것보다도 큰 시각으로 볼 수 있게 한다.
- 피부 측정기: 배율렌즈를 활용하여 피부상태를 측정하고 촬영하여 분석하는데 사용한다.
- 적외선 램프: 적외선(IR, Infrared Radiation)을 방출하여 심부 조직을 자극하고 열을 전달함으로써 물리치료, 통증 완화, 피부 미용, 상처 치유 등 다양한 분야에서 사용되며, 피부 표면뿐 아니라 피부 깊은 층까지 열을 전달해 근육과 관절의 회복을 돕는데 사용한다.
- 체지방 측정기: 분해되지 않고 몸속에 쌓여 있는 지방의 양을 측정하는 데 쓰는 기구로 비만도를 알수 있다.
- pH 측정기: 용액의 산도(acidity) 또는 염기성(alkalinity)을 측정하는 기기로 용액에 수소 이온 농도(H^+)를 감지하여 pH 값을 표시한다.
- 전동 브러쉬: 피부를 부드럽게 마사지하면서 깨끗하게 세안할 수 있도록 돕는 기기로 일반적인 손 세안보다 더 효과적으로 먼지, 피지, 각질을 제거해 주며 진동 기능으로 마사지 효과를 더하고 피부의 혈액 순환을 촉진하는 데도 도움을 준다.
- 스티머: 피부관리 과정에서 보습을 주기 위해 사용한다.
- 엔더몰러지: 비만으로 인한 피부의 결합조직 이상 현상인 셀룰라이트를 치료하는 데 활용되는 기기로 진공 음압과 롤링 테크닉을 이용하여 지방 세포를 둘러싸고 있는 섬유질의 엉킴을 풀어주고, 혈액순환과 림프 순환을 촉진시켜 지방 세포의 분해를 유도하는 원리로 효과를 낸다. 혈액과 림프 순환을 원활하게 이루어지도록 하여 파괴된 지방조직이 혈관과 림프관을 통해 배출되도록 한다. 주로 복부, 허벅지, 엉덩이, 팔 등 국소부위의 지방 축적 해결에 유용하며, 부종이나 섬유부종으로 인한 피부의 울퉁불퉁한 현상을 개선시키는 데에도 효과적이다.
- 바이브레이터기: 진동 마사지기기로 전기적 진동을 통해 마사지 효과를 얻는다.
- 제모기: 피부의 털을 제거하기 위해 사용하는 기기이다.
- 파라핀기: 따뜻한 온도의 왁스를 통한 온열요법으로 혈액순환 개선에 좋으며 노폐물 배출에 활용하는 기기이다. 뭉친 근육을 풀어주며 손/발처럼 굴곡이 많은 관절에 열을 골고루 전달하여 저림증상에 효과적이고 병원에서 온열요법의 치료기로 활용되고 있으며 피부에 좋은 미네랄 오일과, 파라핀왁스에는 콜라겐, 비타민E 등이 함유되어 피부 수분공급이 원활하여 피부를 촉촉하게 관리하는데 도움이 된다.

5. 제모(除毛)관리

1) 제모의 개념

제모란 왁싱이라고도 하며 미용상 인체에 불필요한 털을 제거해 피부를 깔끔하게 가꾸는 것을 말한다.

제모는 신체의 일부 노출 부위에 미용상 보기 싫은 털을 제거해 매끄럽고 아름다운 피부를 가꾸기 위한 미용 시술로 심리적 효과는 마사지의 효과를 낼 수 있다.

2) 제모의 종류

(1) 물리적 제모

물리적인 힘을 이용하여 모근이나 모간을 제거하는 방법이다.

① 면도

- 일반적으로 시술하는 방법으로 면도기를 이용하여 피부표면에 있는 모간만을 제거하는 법이다.
- 정기적으로 제모를 해야 하며 털이 점점 굵고 거칠게 자란다.
- 위생에 문제가 발생 시 피부염을 일으킬 수 있다.

② 족집게

- 모근의 뿌리에서 모발을 하나씩 제거하는 방법으로 다른 제모 방법과 병행하여 사용한다.
- 짧은 길이의 털을 뽑을 수 있으며 가장 간단하면서도 확실한 제모 방법이다.
- 하나하나 직접 뽑아야 하기 때문에 번거롭고, 시간이 오래 걸리며 통증이 동반된다.

③ 실면도

- 명주실을 이용하여 전문가가 손가락을 이용하여 실로 피부의 털을 잡아 뜯는 원리를 이용한 방법이다.
- 굵은 털에는 시술이 어려우며 얼굴의 솜털을 제거할 때 사용된다.

④ 왁스를 이용한 제모

- 하드 왁싱: 하드왁스를 이용하여 모발을 제거하는 방법으로 모발이 굵고 양이 많은 부위에 적합하다. 예) 브라질리언, 턱수염
- 소프트 왁싱: 무슬린천을 이용하여 모발을 제거하며, 모발이 넓게 분포되어 있는 부분에 적합하다. 예) 허벅지 팔, 가슴
- 슈가링 왁싱: 설탕 등을 이용하여 만든 천연제품으로 손의 테크닉을 이용해 모발을 제거한다.

(2) 화학적 제모

① **제모크림** : 화학적 제모용 크림을 발라 모발을 제거하는 방법이다. 제모 시술 중 가장 손쉬운 방법으로 일반적으로 제모 과정 중 일어나는 통증은 없지만 면도와 같이 피부의 표면에 모발만 제거되기 때문에 자주 해야하는 번거로움이 있다. 제모크림은 민감한 부위에는 사용을 하지 않는 것이 좋으며 발진 및 피부 손상과 농포나 감염의 우려가 있는 피부는 사용을 금한다.

(3) 영구적 제모

① **전기분해요법** : 모근에 전기 침을 꽂아 전류를 흘려 털을 태움과 모낭을 파괴시키는 시술로 여러번 시술을 해야 한다.

② **전기응고 요법** : 고주파의 높은 주파수를 발생시켜 모낭세포를 가열하고 응고하여 제거시키는 방법

③ **레이저 요법** : 레이저를 이용하여 모낭세포를 영구적으로 파괴시켜 털을 빠른 시간에 제거하는 방법으로 5~10회 이상 주기적 시술이 필요하다.

제모 시 주의 사항

- 제모 시술 전.후 위생관리에 주의 하여야한다.
- 제모 시술후 잔여 털이 있는 지 확인하여야 한다.
- 정맥류 이상이나 당뇨병 등의 증상이 있는 경우 제모를 금한다,
- 피부감염 방지를 위해서 제모 후 24시간 내에 사우나 및 과다한 햇빛노출을 금한다.

■ 단원문제

1. 다음 중 표피를 구성하는 층과 거리가 먼 것은?

① 기저층 ② 유두층
③ 과립층 ④ 유극층

2. 다음 중 표피층에 존재하는 세포가 아닌 것은?

① 섬유아세포 ② 멜라닌세포
③ 각질형성세포 ④ 메켈세포

3. 진피층에서 콜라겐과 엘라스틴, 기실 등을 생산하는 세포는 어느 것인가?

① 각질세포 ② 비만세포
③ 머켈세포 ④ 섬유아세포

4. 피부의 부속기로써 체온조절 및 노폐물 배출의 기능을 하는 것은?

① 대한선 ② 소한선
③ 모낭 ④ 조갑

5. 피부의 주요한 작용에 해당되지 않는 것은?

① 보호작용 ② 혈액 여과 작용
③ 비타민 D 합성작용 ④ 호흡작용

6. 다음 중 고객카드를 작성할 때 해당되지 않는 것은?

① 성명 및 나이 ② 고향 및 출신지
③ 질병 유무 및 약물 복용 ④ 피부 상태 및 피부고민

7. 다음 중 피부미용의 영역에 해당되지 않는 것은?

① 약물을 이용한 필링과 레이저
② 해초를 이용한 필링
③ AHA를 이용한 필링
④ 엔자임을 이용한 딥 클렌징

8. 다음 보기들 중 성질이 다른 피부기기는 무엇인가?

① 저주파기기 ② 중주파기기
③ 고주파기기 ④ 갈바닉기기

9. 마사지의 기본 동작과 거리가 먼 것은?

① 경찰법 ② 건찰법
③ 진동법 ④ 유연법

10. 림프 드레나쥐를 통한 피부미용적 효과와 거리가 먼 것은?

① 면역력 강화 ② 미백효과
③ 부종 완화 ④ 순환 촉진

■ **해답과 TIP**

1. ④ 유극층은 진피층에 속한다.
2. ① 섬유아세포는 진피층에 존재한다.
3. ④ 섬유아세포가 망상층에서 콜라겐, 엘라스틴, 기질 등을 생산한다.
4. ② 5. ② 6. ② 7. ① 8. ④ 9. ② 10. ②

제4장. 미용 세부전공 분야: 메이크업미용

1. 메이크업의 개념

우리가 흔히 화장(化粧)이라고 부르는 어휘는 한자어로 연지나 분 등의 화장품을 바르거나 문질러 얼굴을 곱게 꾸민다는 뜻을 가지고 있으며 머리나 옷의 매무새를 매만져 맵시를 낸다는 의미도 내포하고 있다. 이것과 유사한 단어로 우리 조상들은 단장, 치장이라는 말도 사용하였고, 여기에는 진짜가 아닌 거짓이라는 가화(假化) · 가식(假飾)의 의미를 내포하고 있다.

이러한 의미는 조선시대의 유교주의적 사회 분위기 속에 원래의 얼굴을 보다 더 아름답게 치장하는 것이 본래의 것을 가리는 거짓된 모습이라고 여기는 당시 지배층의 의식이 반영된 것으로 양반가의 여성이라면 이러한 화장이 통념상 받아들여지기 어려운 것이었다.

조선시대에 기생 등의 신분이 낮은 특수 신분이 원래의 모습과 형태를 변형하여 더욱 아름답게 화장한 상태를 야용(冶容)이라 불렀는데 이는 화장의 개념보다 요염하게 얼굴을 단장하여 본래의 모습을 표현하기보다 억지로 아름답게 꾸민 요란하고 거짓된 분장(扮裝)의 의미를 내포하고 있다.

이외에도 우리 조상들은 장식(粧飾), 단장(端粧)이라는 단어를 사용하였는데 여기에는 화장품에 의한 피부와 머리의 손질, 옷과 장신구, 향낭 등을 이용한 토탈 패션의 개념을 결합한 것이다.

세분화하자면 장식은 화려하고 요란하게 꾸미는 것을, 단장은 수수하면서 은은하게 꾸미는 것을 부르는 말이며 이외에도 이목구비보다 단순한 피부손질 위주의 소박한 꾸밈을 담장(淡粧)이라고 하였고, 이것보다 더 농염하게 색깔을 더해 화려하게 치장한 경우를 농장(濃粧), 이것보다 더 강하고 짙은 화장으로 매우 요염하며 교태가 배인 화장일 때를 염장(艷粧)이라고 하였다.

양반가의 아녀자에게는 담장까지 허용이 되었고, 기녀 등의 특수 신분의 여성들에게는 농장이 허용되었으며 염장 등은 특수한 경우가 아니라면 사회적으로 배제되는 분위기였다.

이외에 일반 백성의 여성이 혼례와 같은 의식용 화장을 할 때를 응장(凝粧)이라고 하고, 얼굴 중심의 단장이 아닌 전체적인 몸치장을 함께 할 경우에는 성장(盛裝)이라 한다.

영어의 메이크업(make up)은 '제작하다', '만들다', '꾸미다' 등의 뜻을 내포하며 화장품과 여러 도구, 기술을 이용하여 얼굴 및 신체를 가꾸고 수정, 보완하는 행위를 말한다.

이렇게 얼굴과 인체를 가꾸는 행위에는 인체가 가진 장점은 더욱 돋보이게 부각시키고, 결점이나 단점은 수정, 보완하여 개성있고 아름답게 가꾸어주며, 더 나아가 외적 변화를 통한 정서적, 심미적 만족과 자신감을 부여해 삶의 역동성 및 즐거움을 부여하여 내면적 변화를 이끌어내는 과학이자 예술의 영역이기도 하다.

메이크업이 가진 이러한 의미가 어우러져 메이크업은 화장품을 이용한 얼굴의 화장과 치장의 의미라는 협의의 개념을 벗어나 장단점을 강조하고 보완하여 아름다움을 추구하는 내면적 가치추구의 행위와 결과를 모두 포함하는 의미로 발전 하였다.

그러므로 미용 산업의 인력을 양성하는 미용 교육 현장이나, 산업 현장에서 일반대중들이 메이크업을 수행하는 사람을 '메이크업 아티스트'라는 예술인의 영역으로 분류하며, 이를 통한 전문적 미용 기능인의 특별한 기술과 함께 사회적, 문화적 특징을 반영하는 예술가로써의 가치를 인정하고 있는 것이다.

메이크업 아티스트와 관련한 메이크업이란 용어는 원래 캐릭터 메이크업(character makeup)인 분장을 뜻하는 말이다. 그러나 우리나라에서 화장품이 생산되기 시작한 당시 화장품 제조회사 등에서 제품을 파는 영업사원들에게 화장법이나 제품을 소개하면서 뷰티 메이크업(beauty makeup)이라고 표현해야 하는 화장을 뷰티를 생략하고 메이크업이라고만 불러왔는데 최근까지도 캐릭터 메이크업(분장)과 화장이 혼용하여 사용되고 있는 실정인데, 정확한 표현과 이해를 기준한다면 구별되어야 적당하다. 여성들의 아름다움을 가꾸는 것이 뷰티 메이크업이라면, 분장(캐릭터 메이크업)은 배우를 대본(극본)이 요구하는 개성 있는 인물(캐릭터)로 표현하는 것이라고 할 수 있다.

2. 메이크업의 목적

메이크업은 아름다움을 위한 재창조 행위로 미의식의 발달과 사회적, 문화적 트렌드와 밀접한 관련을 맺고 있다. 따라서 메이크업을 하는 목적과 기대효과가 다양하게 나타날 수 있으나 크게 범주화하면 다음과 같다.

1) 미(美)를 위한 장식적 목적

인간은 누구나 자신을 돋보이게 보이고 싶고 타인에게 아름다운 모습으로 각인되기를 바라는 본능을 가지고 있다. 이러한 본능 속에는 더욱 아름답고 강렬하게 나를 타인과 구별하고 싶은 욕구와 특히 이성에게 더욱 부각되고 아름답게 보여 후손 및 종족 번식에 유리하고자 하는 무의식적 욕구가 숨겨져 있다.

그러므로 장식적인 목적에는 본능적인 장식의 욕구 및 성적 매력을 강화하고자 하는 이성 유인의 욕구가 함께 존재하며 이를 위한 다양한 문화적, 사회적 미의 욕구를 발전시켜 현재에 이르는 미 의식이 인류보편인 가치로 인정받고 있는 것이다.

이러한 아름다움에 대한 갈망에는 신체적, 정신적 미를 표현하고자 하는 내적 갈망의 욕구도 포함되며, 타인과 자신을 구별하기 위해 하는 여러 표식 등이 메이크업 등의 형태로 점차 발전하고 체계화되기도 하였으며, 민족과 종족에 따라 서로 영향을 주고받으며 현재에 이르렀다.

2) 보호를 위한 실용적 목적

자기 자신의 건강과 보호를 위하여 메이크업을 하는 경우가 있는데 이는 벌레나 해충으로부터 인체를 보호하고, 피부나 모발 등의 손상을 줄이며, 자외선이나 물리적 자극으로부터 자신을 지키기 위한 방법 등이 있다.
이는 인간을 둘러싼 자연환경과 생물학적 환경에서 인류가 살아남기 위한 진화의 흔적이며, 이를 위해 초기적 형태의 화장품과 기구, 기술 등이 사용되었다.

3) 종족 보호 및 주술적 목적

전쟁터에 나가는 부족의 전사들이 얼굴과 신체에 여러 색의 점토층이나 수

액을 발라 안전과 승리를 기원하며, 나아가 주술적 승전 목적을 위해 짐승의 피나 제사의 일환으로 메이크업 등의 수단을 사용하여 보다 더 극적이고 확실한 공동체적 주술 및 신앙의 단결을 꾀하기도 하였다.

이러한 목적은 많은 세월이 흐르면서 상징과 기호로 발전하고, 특별한 목적을 위한 종교적 제의행사 및 제복 등으로 변용되고, 색을 통한 종교적 일체감의 확대로 나타나기도 하였다.

4) 표식의 목적

역사 시대 이후로 집단 내 계급 및 신분을 나타내는 가장 쉬운 표식으로 옷과 의상색, 머리모양, 특정한 색채 등이 사용되며 특별한 표식의 목적으로 사용되었다.

우리나라에서도 결혼 유무에 따른 헤어스타일의 변화나 궁중 내에서의 신분 및 계급에 따른 의복의 형태와 색채의 구분 등은 쉽게 볼 수 있으며, 서양에서도 로마시대 이래로 신분과 계급, 종교적 계급에 따른 의례복의 색깔과 장식의 범위 등이 정해진 것을 통해 알 수 있다.

3. 메이크업의 요소

각 개인의 장점과 단점을 수정, 보완하여 개성을 살리는 메이크업의 특성을 일률적이거나 획일화된 요소로 설명하기는 어렵다. 메이크업은 전체적으로 조화와 균형미라는 대전제 하에 개개인의 얼굴 형태 및 신체와의 조화, 형태와 입체감의 조화 등을 통해 변화할 수 있다.

1) 통일감

메이크업은 전체적인 이미지의 통일 및 일관성 있는 목적 하에 설계되어 진행되어야 한다. 이를 위해 각자가 표현하고자 하는 목적과 결과가 드러나도록 메이크업의 기법과 기술을 통일감 있게 적용하여야 보다 더 단정하고 아름다운 결과로 나타날 수 있다.

2) 조화미

안면을 아름답게 해주는 안면 메이크업에서도 각각의 형태와 색채의 조화가 필수적이며, 이외에도 안면과 신체의 전체적인 조화 및 의상과 악세사리 등과의 조화미 등도 예상하며 메이크업을 진행하여야 한다.
아름다움은 어느 한 부위만 돋보이거나 강조되는 것보다는 조화미 속에서 어우러지는 아름다움을 인간이 더 선호하므로 전체적인 조화미를 통한 기술의 발달이 필요하다.

3) 강조 및 변화를 통한 이미지 전달

형태, 색채, 질감, 볼륨을 통한 특정 부위의 강조 및 강렬한 미의 포인트를 통해 자신이 전달하고자 하는 아름다움을 전달할 수 도 있다.
이는 조화미의 상반되지만 강렬한 색상의 대비나 명도, 채도를 통한 대비효과와 대칭을 통한 균형미 및 변화를 통한 입체미와 리듬감을 통해 인간의 오감을 자극하여 강렬한 미적 효과를 전달할 수 있다.

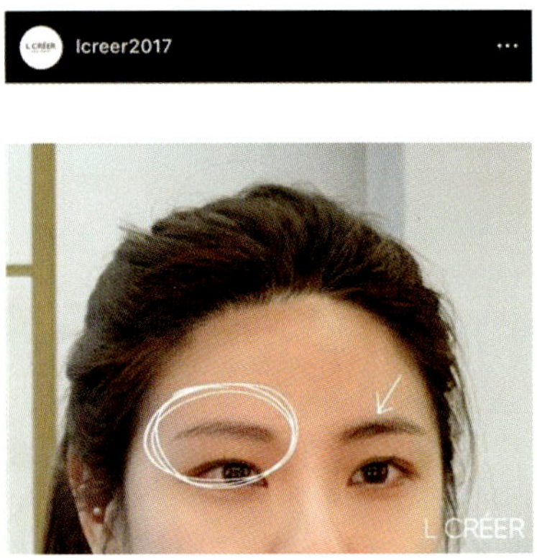

L CRÉER
엘크레 뷰티플렛폼

자료제공 : 주) 엘크레

4. 메이크업의 분류

1) 뷰티 메이크업

뷰티 메이크업은 일상생활에서 여성들이 자신의 용모를 돋보이고자 행하는 메이크업을 의미한다. 꼼꼼한 기초화장 위에 메이크업 베이스, 파운데이션, 파우더, 팩트, 투웨이케익 등의 베이스 화장을 충실히 한 후 아이브로우, 아이 섀도우, 아이라이너, 마스카라 등을 이용한 눈 화장과 립스틱, 립글로스, 틴트 등을 이용한 입술 화장을 조화롭게 하는 것으로 설명할 수 있다.

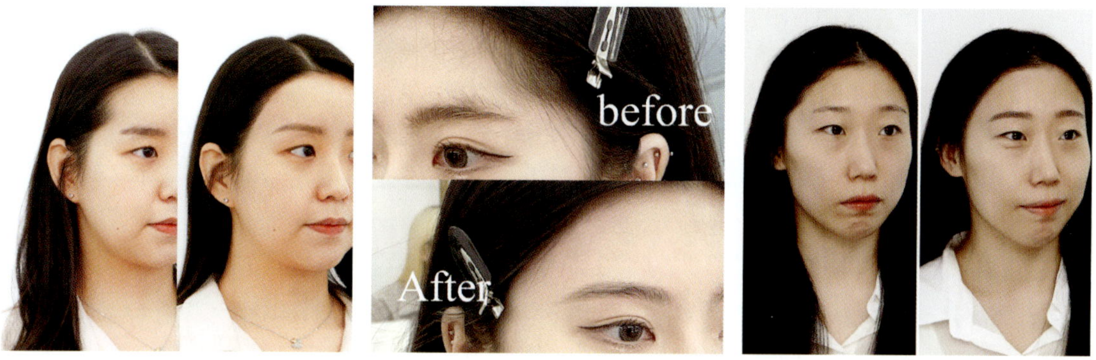

자료제공 : 주) 엘크레

[그림 3-33] 뷰티 메이크업

2) 이미지 메이크업

특정한 이미지 추구와 결과를 위한 메이크업으로 다양한 요소가 어우러져 원하는 이미지를 획득할 수 있도록 하는 메이크업이다. 이는 일반인 뿐만 아니라 광고, 무대분장, 캐릭터 창출 등의 상업적인 면에서 모두 활용되며, 다양한 기법과 색채, 도구 등을 종합한 메이크업 기술이 요구된다.

3) 아트 메이크업

예술적 창의성을 표현하기 위한 메이크업 분야로 추상적이거나 비현실적이며, 여러 문화 사조들을 표현해 내기도 하며 행위예술과 결합할 수도 있는 융복합 메이크업 분야이다.

일반적인 뷰티 메이크업과 달리 다수가 보기에 즐겁고 아름다우며 편안한 기법과 형태로 메이크업을 하는 것이 아니라 색채와 형태, 기법, 도구, 오브제, 의상, 퍼포먼스를 통해 도발적이고 창의적이며 새롭고 자유로운 표현이 주를 이루는 메이크업이다.

4) 응용 메이크업

응용 메이크업은 주어진 주제를 기반으로 시행하는 실용 메이크업 분야로 상업용 광고 메이크업과 웨딩 메이크업이 대표적이다. 상업용 광고 메이크업 등은 사진과 영상을 통한 표현에도 선명하고 화사하게 주어진 이미지와 컨셉을 확실히 각인할 수 있도록 하여야 한다.

웨딩 메이크업은 인생의 가장 축복받은 의식인 결혼식을 위한 특별한 메이크업으로 의례용 메이크업이라 할 수 있다. 웨딩 메이크업은 뷰티 메이크업과 달리 결혼을 진행하는 식장의 장소 특성과 계절, 조명, 신부의 나이 및 이미지, 웨딩 드레스 형태, 신랑과의 조화미, 하객과의 균형미 등을 복합적으로 고려해야 한다.

일반적으로 뷰티 메이크업보다 지속력이 높고 사진으로 남겼을 때의 표현성 등을 염두에 두어야 하며 눈과 입술의 표현이 깔끔하면서도 우아하고 고상한 느낌을 구현하여 신부를 최고의 아름다움으로 나타낼 수 있어야 한다.

5) 무대 분장

분장은 대본(극본)의 내용에 따라 배우를 다양한 캐릭터로 표현하는 메이크업을 의미한다. 연극, 영화 등에서의 배우들은 대본이 요구하는 내용에 맞게 관객에게 나타나야 하고, 또한 상황에 맞게 배역을 표현해야 한다. 이러한 내용 및 상황 표현을 뒷받침해 줄 수 있는 수단이 바로 분장인 것이다.

무대 분장은 연극이나 오페라, 뮤지컬, 드라마, 영화 등을 위한 메이크업으로 작품 속에 구현하고자 하는 인물의 캐릭터를 섬세하고 정확하게 부각시켜 주며 극의 몰입에 도움을 주어야 한다. 무대 분장은 주조색, 형태, 의상, 헤어스타일 등을 통한 변주가 가능하며, 무엇보다 작품 속의 캐릭터를 재창조 할 수 있어야 하는 창의적 메이크업 분야이다.

즉 분장은 연기자를 대본이 요구하는 내용이나 상황(종족, 시대, 배경, 직업, 지위, 성격, 나이, 건강, 경제적 기반이나 환경 등)에 맞게 가시적(visual)으로 표현함으로써, 관객들로 하여금 등장인물을 더욱 쉽게 이해할 수 있도록 도와주는 외면적인 표현이다. 그래서 분장을 제2의 연기력이라고 할 수 있다.

6) 특수 분장

특수분장은 주로 사극 드라마, 영화, CF 등에서 특수한 형태의 분장을 통해 이미지를 재창조하는 창의적 분야의 메이크업을 의미한다. 다만 무대 분장과의 차이점은 특수분장을 구현하는데 필요한 제조물의 성과가 병행되어야 하는 것이며 그것이 실제 형태와 똑같은 사실감을 주어야 한다는 점이다.

현재에는 특수 분장과 IT가 결합한 특수효과의 병행으로 기술적, 질적 완성도가 높아졌으며 극의 몰입 및 구현을 위해 매우 사실적이고 정교한 작업이 필요하므로 숙련된 경력과 고도로 발달한 기술력이 요구된다.

7) 바디 페인팅

신체를 예술적 창작의 장으로 삼아 여러 형태와 기법, 질감 등을 종합하여 표현한 종합 메이크업으로 작품에 대한 설계와 치밀한 표현력, 기구 및 물품에 대한 숙련도, 색채의 조화 등을 염두에 두고 표현해야 한다.

[그림 3-34] 바디 페인팅

5. 뷰티 메이크업의 표현

메이크업은 일반적으로 뷰티 메이크업을 가장 많이 활용하며 사회적 트랜드에 따른 표현력이 함께 나타나야 한다. 일반적인 메이크업에는 베이스 메이크업, 포인트 메이크업 등으로 구분 할 수 있다.

1) 베이스 메이크업

(1) 메이크업 베이스

피부톤을 보정하고 정돈하며 화장의 밀착성과 색상 표현력, 지속성 등을 높여 화사하고 안정감 있는 이미지로 변화시켜 주는 품목이다. 파운데이션의 밀착감을 높여주어 다음 단계의 화장이 화사하고 발색력이 좋게 표현해 준다. 젤 타입, 리퀴드 타입, 크림 타입 등이 있으며 그린, 블루, 핑크, 보라 등의 색상이 있으며 본인 피부색에 맞는 색상을 선택하여 사용한다.

(2) 파운데이션

피부의 색채를 부여하며 피부톤을 완성해 주는 품목으로 여러 번에 걸쳐 소량씩 펴 바른다.

무스, 리퀴드, 크림, 스킨 커버, 콘실러 타입 등이 있으며 목과 안면이 확연히 차이가 나지 않고 자연스럽게 연결되도록 발라준다. 이외에도 파운데이션은 얼굴의 윤곽 및 얼굴형을 수정해 주어 입체적인 얼굴 표현이 가능하며 각종 외부 자극으로부터 안면 피부를 보호해 주는 역할도 한다.

(3) 파우더 및 팩트

페이스 파우더는 메이크업과 파운데이션의 유분감을 제거해 뽀송뽀송한 피부로 만들어 준다. 이외에도 화장의 지속력을 높여주고 안면 피부에 닿는 빛을 난반사시켜 메이크업으로 인한 블루밍 효과를 부여한다. 본인의 피부에 맞게 선택하며 투명, 베이지톤, 핑크톤 등으로 크게 색상이 분류된다.

팩트는 가루날림이 있는 페이스 파우더의 단점을 개선하여 압축한 품목이다. 잡티 커버 능력이 없는 파우더 보다 잡티 커버 기능이 뛰어나면서 가볍고 투명한 피부로 표현할 수 있어 페이스 파우더보다 더 사랑받는 품목으로 자리 잡았다.

(4) 하이라이터 및 쉐이딩

안면에 하이라이트와 음영을 부여하여 얼굴의 볼륨감을 표현하는 품목이다. 보통 단계별로 환한 색상의 하일라이터와 단계별로 어두운 색상의 쉐이딩을 필요한 부위에 함께 사용하며 이로인해 평면적인 얼굴이 입체적이 되고 작아보이며, 세련되어 보이는 효과를 줄 수 있다.

크림타입, 스틱타입, 파우더 타입 등의 다양한 제품이 있으며 하이라이터 및 쉐이딩이 한 품목에 모두 결합한 멀티 하이라이터 & 쉐이딩 제품도 있다.

(5) 치크

볼화장용 품목을 보통 치크화장품이라 부르며 건강한 혈색 부여와 얼굴형 수정, 여성미 부여 등을 위해 사용한다.

2) 포인트 메이크업

(1) 아이 브로우

눈썹은 얼굴형 및 개인의 이미지 전달에 매우 중요한 요소이다. 따라서 부드럽고 얼굴형에 맞는 눈썹을 표현하기 위해 필요한 품목이다. 자신의 머리카락색과 비슷한 색상을 선택하며 눈썹 숱, 형태, 결 등을 고려하여 선택한다.

(2) 아이 섀도우

눈매에 음영을 주어 입체감을 부여하고 의상색 및 입술색, 장신구 등과의 조화미를 높여주는 품목이다. 보편적으로 계절, 유행 트렌드, 연령, 이미지 등을 고려하여 다양한 컬러의 하모니를 표현할 수 있다. 바탕색, 중심색, 엑센트 컬러, 하이라이트 등의 색들을 사용하며 다른 메이크업 품목보다도 트렌드에 민감한 품목이다.

(3) 아이 라이너

눈매를 그윽하고 선명하게 표현해 주며, 눈 모양의 수정 효과를 주며 개성 창출 및 이미지 변신에 큰 영향을 주는 품목이다. 펜슬타입, 리퀴드 타입, 붓펜 타입 등이 있으며 최대한 속눈썹이 난 선에 가깝게 그려야 한다.

(4) 마스카라

속눈썹을 풍성하고 볼륨감 있게 표현해 주는 품목이다. 동양인 특유의 적은 눈썹 숱과 직모 형태, 짧은 속눈썹 길이라 하더라도 마스카라를 이용하면 길고 풍성한 속눈썹으로 연출하여 또렷한 눈매를 완성할 수 있어 메이크업의 전체적 완성 및 이미지 변신에 기여도가 큰 품목이다.

아이래쉬 컬러(뷰러)를 이용해 속눈썹을 올려주어 형태를 잡은 후 속눈썹의 뿌리 부분에서 위를 향해 지그재그로 뭉치지 않게 올려준다. 아래 속눈썹은 세워서 한 올씩 터치해 준다.

(5) 립스틱 및 립글로스

입술에 바르는 화장품 중에서 립스틱은 색채 부여와 보습, 광택감 부여 및 입술 수정의 기능을 한다. 얼굴에 사용하는 화장품 중에서 색소 함유량이 가장 많고, 유분감도 높은 편이다.

전체적인 메이크업의 진하기와 아이섀도우와의 조화, 의상 및 기타 장신구와의 컬러 조화, 유행, 계절, 연령 등을 종합적으로 고려하여 색채를 선택한다. 립글로스는 립스틱과 달리 보습 및 글로시한 광택감, 볼륨감의 부여를 위해 사용하며 내추럴한 메이크업과 투명화장의 인기로 립스틱보다 더 많이 사랑받는 품목으로, 입술 전체뿐만 아니라 입술 중앙에만 도포하는 등 입술 형태 및 기능에 따라 다양하게 활용할 수 있다.

3) 메이크업의 표현기법

(1) 메이크업 베이스

메이크업 베이스는 이마, 양볼, 턱 부분에 한 점 정도의 제품을 덜어 바르고 손이나 브러시 및 스펀지 등을 이용해 얼굴 안쪽에서 바깥쪽으로 골고루 펴 준다. 두 번에 걸쳐 얇고 가볍게 펴 바른다.

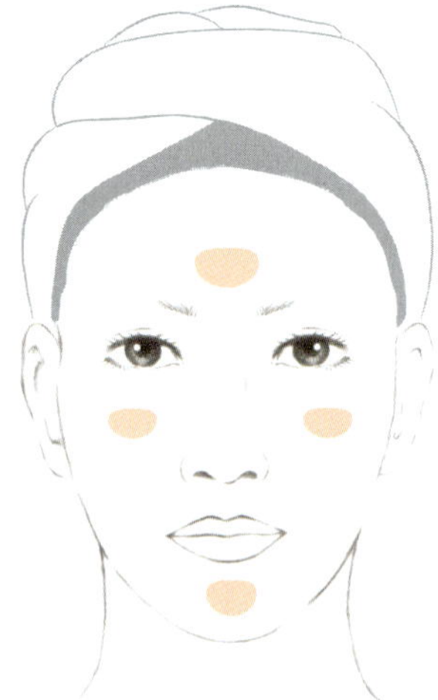

(2) 파운데이션

파운데이션은 한 볼에 세 점, 이마에 세 점, 턱에 한 점을 찍어 도구를 이용해 얼굴 안쪽에서 바깥쪽을 향해 피부결대로 섬세하게 바른다. 마지막에는 얼굴과 연결되는 귀, 목 등의 경계선을 꼼꼼하게 연결해 피부 톤을 맞춰준다.

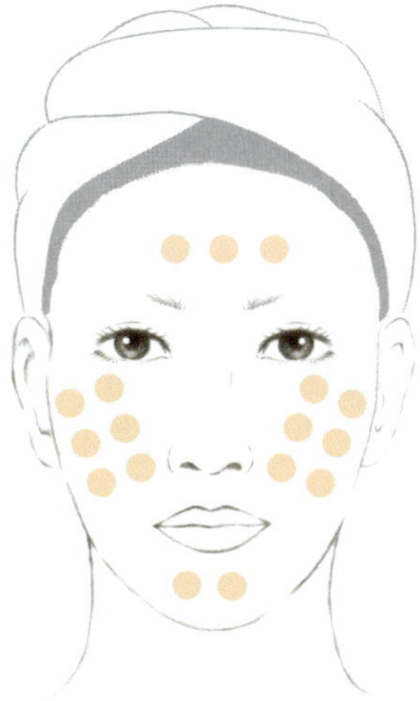

(3) 페이스 파우더

페이스 파우더는 눈 아래 외측에서 볼을 따라 반대편 눈밑까지 눌러 주며 그대로 연결해 얼굴 안쪽방향으로 이동한 후 이마까지 한번에 발라 준다. 분첩의 여분으로 코를 터치해준다. 같은 방법으로 한 번 더 적용하고 귀와 목선을 연결해 자연스럽게 처리한 후 페이스 브러쉬를 이용해 피부 안쪽에서 바깥쪽으로 잔여물을 털어내 정돈한다.

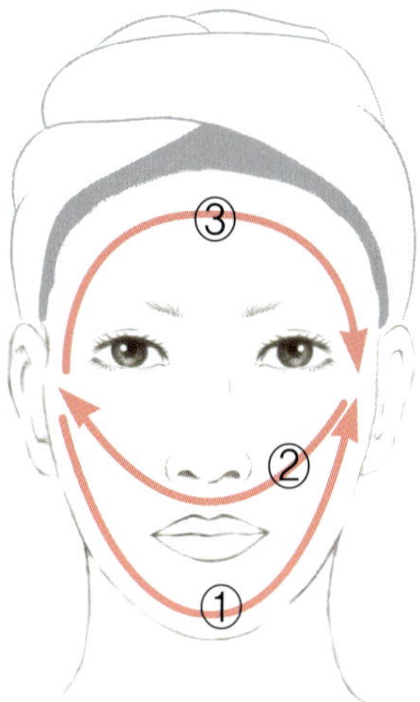

(4) 치크

치크 컬러는 눈 중앙의 검은 눈동자를 기준으로 하여 수직으로 내려온 선과 코와 귓불이 만나는 수평선이 만나는 지점의 바깥쪽을 대상으로 하며 개개인의 얼굴형과 형태에 따라 가감한다.

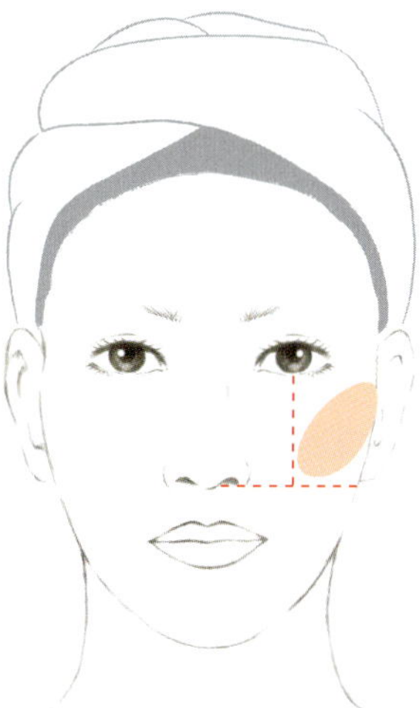

● 얼굴형에 따른 치크 메이크업

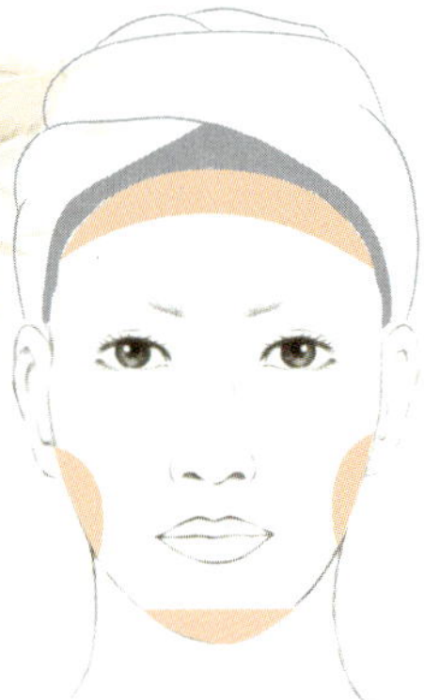

긴형 : 얼굴이 길어 고민인 긴형에는 이마와 턱 끝 부분에 쉐이딩을 부드럽고 경계지지 않게 넣어준다. 전체적으로 긴형은 나이보다 성숙하게 보일 수 있고 생기없어 보일 수 있는 이미지이므로 전체적으로 타원형에 맞는 얼굴형이 되도록 메이크업으로 수정효과를 준다.

양 볼 부분에 하이라이트를 넣어 길어 보이는 얼굴형의 단점을 극복하고 화사함을 연출한다.

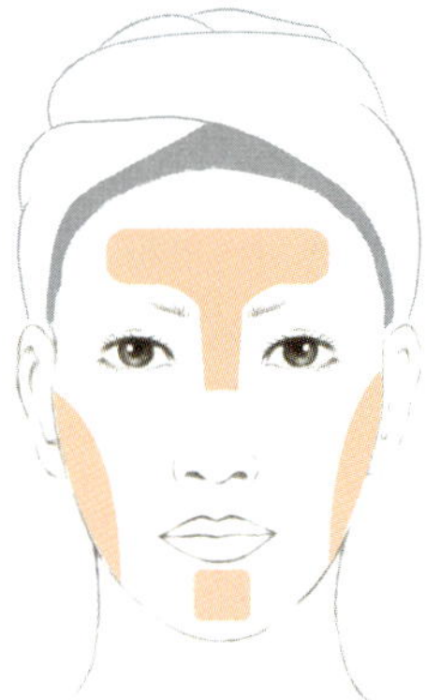

둥근형 : 둥근 얼굴형은 귀엽고 선한 이미지를 줄 수 있으나 지적이고 샤프한 이미지 연출은 힘들고 다소 얼굴형이 짧아 보일 수 있어 타원형 얼굴형으로 보일 수 있게 쉐이딩과 하이라이트를 이용해 수정한다.

볼 부분에 세로로 쉐이딩을 하고 T존 부분에 하이라이트를 길게 넣는다.

둥근 얼굴의 평면성을 탈피하고 얼굴형이 타원형에 가깝게 보이도록 수정한다.

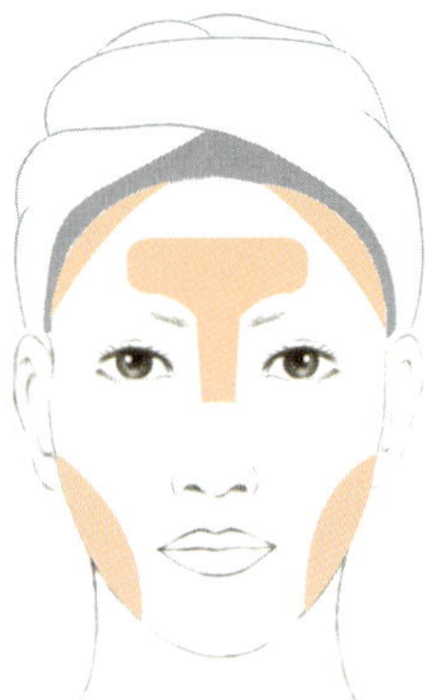

사각형 : 서양에서는 각이진 얼굴형의 미인이 많지만 우리나라 여성들은 얼굴형이 각이 진 형태는 인상이 강하다고 생각해 선호하지 않는다.

이럴 때는 전체적으로 각을 순화하여 부드럽고 여성적인 느낌이 되도록 수정한다.

이를 위해 이마와 턱 부위를 쉐이딩 하고 T존 부위에 길게 하이라이트를 넣어 부드러우면서 유순한 이미지로 변화시키도록 한다.

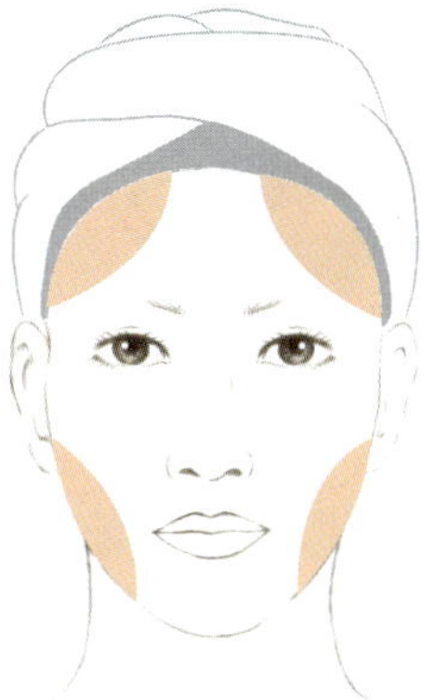

역삼각형 : 역삼각형의 얼굴형은 넓은 이마와 빈약한 양 볼, 뾰족한 턱을 가진 얼굴형으로 나이보다 어려보일 수 있으나 경우에 따라 부드럽고 온화한 느낌 보다는 날카롭고 예민한 이미지로 비춰질 수도 있는 얼굴형이다.
이런 얼굴형에는 이마 양쪽에 쉐이딩을 넣어 넓은 이마를 수정하여 보완하고 뾰족해 보이는 양 볼에는 화사하게 하이라이트를 넣어 생기있게 연출한다.

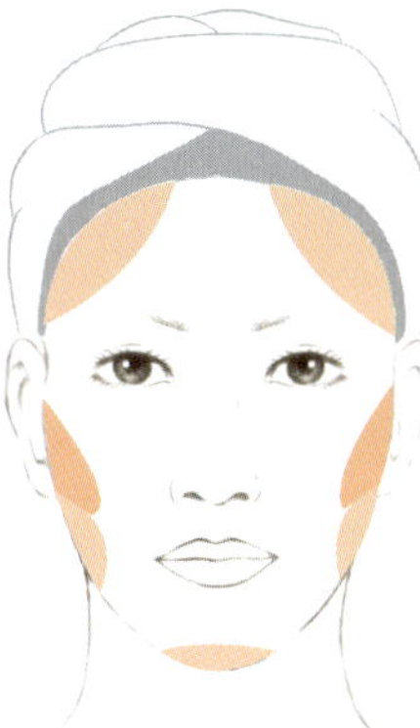

마름모형 : 이마와 턱 부분이 좁아 보이고 양 볼이 넓어 보이는 얼굴형으로 우선 이마와 볼 부분에 하이라이트를 넣어 결점을 보완하고 뾰족해 보이는 턱 부분에는 쉐이딩을 넣어 얼굴형을 수정한다. 마름모형은 광대뼈와 볼이 커 보이는 단점이 있고 이마와 턱이 상대적으로 작아 보이는 얼굴형으로 둥근형에 비해 얼굴이 넓어 보이는 효과로 고민이 많은 타입이다. 이런 얼굴형은 치크를 통한 화장 전에 베이스 단계에서 음염 효과를 충분히 주어야 효과가 더 좋다.

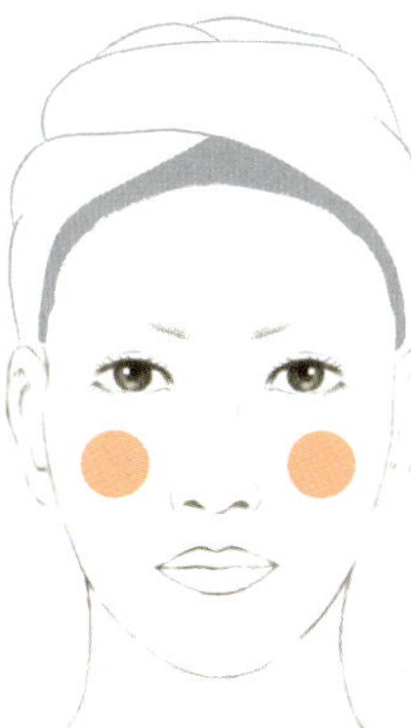

귀엽고 생기있는 표현 : 인상을 결정하는 것은 전체적인 얼굴형과 피부색, 눈빛, 표정, 헤어스타일 등의 다양한 요소가 결합되어 나타난다. 전체적으로 메이크업을 통해 귀엽고 생기있는 모습으로 연출하고 싶을 때는 화사하면서 사랑스러운 느낌이 들 수 있는 핑크색이나 코랄색을 이용하여 일명 애플존이라 불리는 웃을 때 가장 봉긋해지는 볼 중앙 부위에 둥글리듯 브러시 하며 경계선이 없도록 치크를 넣어 주는 것이다. 이때 너무 강한 치크 표현이나 경계가 뚜렷한 치크 표현, 입술색상과 상이한 치크 컬러의 선택은 마이너스가 되므로 피한다.

(5) 아이 브로우

눈썹 머리와 꼬리에 이르는 길이에서 2/3 지점에 눈썹산을 표현하여 한 올 한 올 심어 주듯이 그려주고 눈썹 솔을 이용해 빗어주며 완성한다.

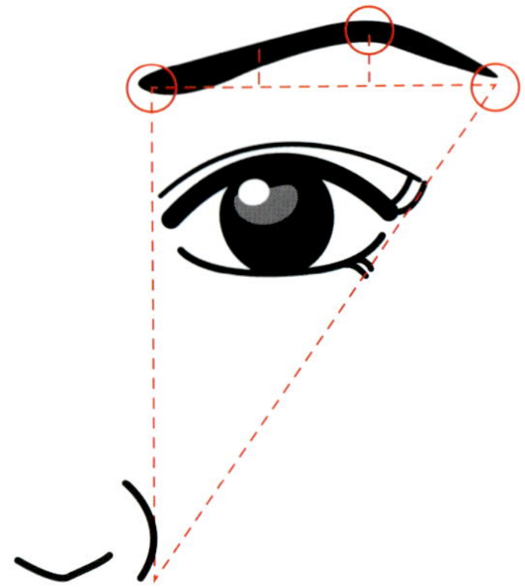

● 눈썹 형태에 따른 이미지

(6) 아이 새도우

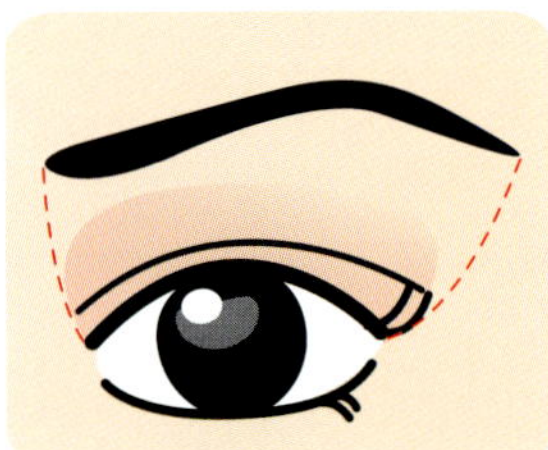

① 바탕색을 은은하게 눈두덩이에 펴 바른 후 가볍게 쓸어준다.

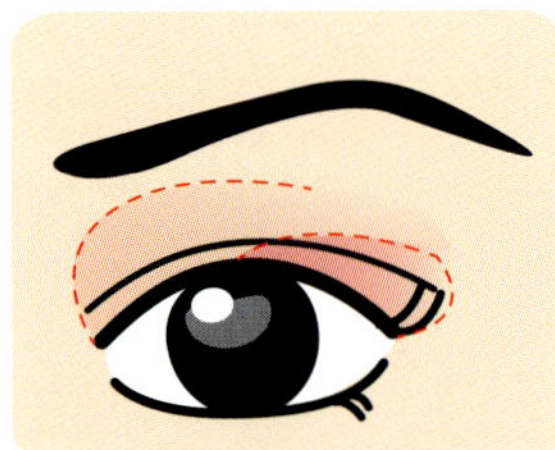

② 중간색을 이용하여 눈꼬리와 아이홀 부분에 그라데이션 한다.

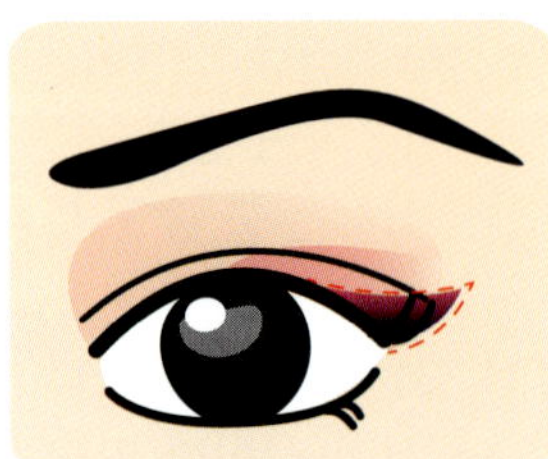

③ 엑센트 컬러로 눈꼬리에 포인트를 주고 짙게 그라데이션 한다.

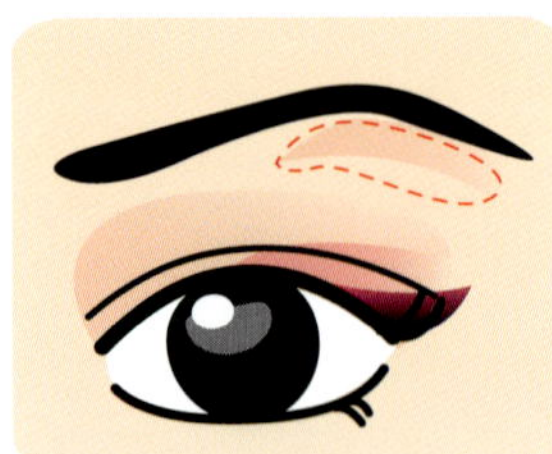

④ 눈썹뼈 위에 하이라이트를 주어 입체감을 부여한다.

● 눈 모양에 른 아이새도우 응용

미간이 넓은 눈

음푹 들어간 눈

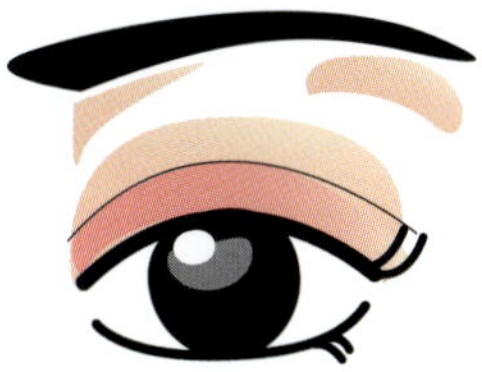

부은 눈

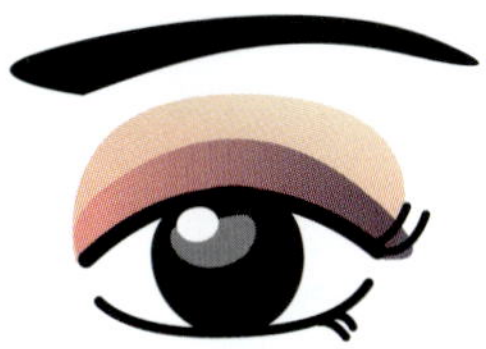

외꺼풀 눈

처진 눈

올라간 눈

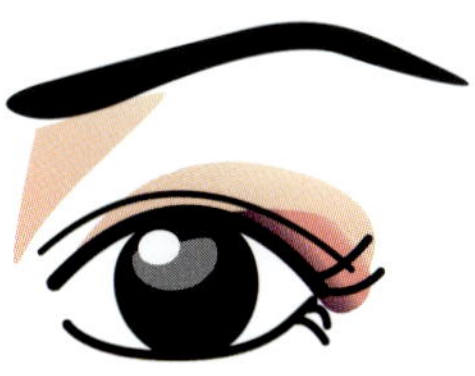

미간이 좁은 눈

(7) 아이라이너

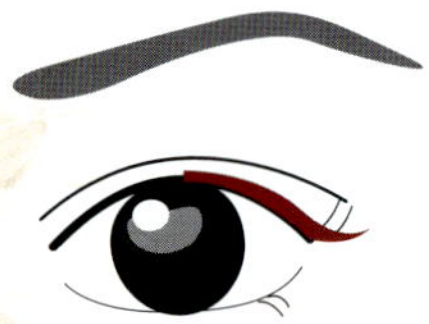

① 눈 중간부터 속눈썹 라인에 바짝 접근하여 눈꼬리까지 그려주고 눈꼬리에서는 살짝 올려 그린다.

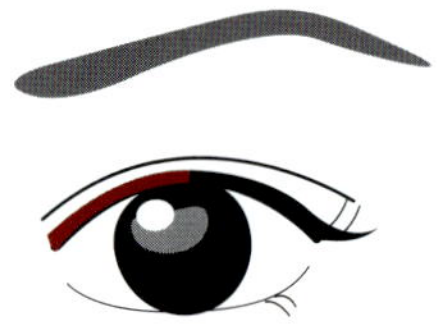

② 눈 앞머리부터 중앙까지 연결한다.

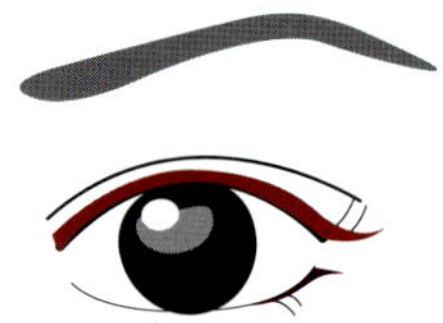

③ 아래 라인은 펜슬이나 아이 섀도우로 1/3만 연결해 준다.

● 눈 모양에 따른 아이라이너 응용

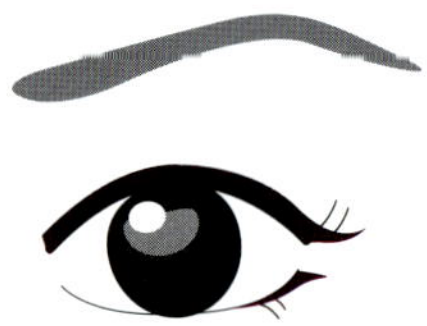

- 쌍커풀이 없는 홑겹 눈

전체적으로 균일하게 약간 굵게 그려준다.

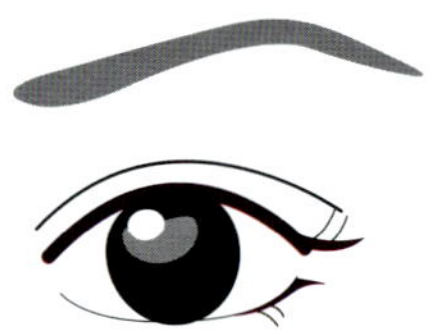

- 쌍커풀이 큰 눈

최대한 가늘게 처음부터 끝까지 같은 굵기로 그려준다.

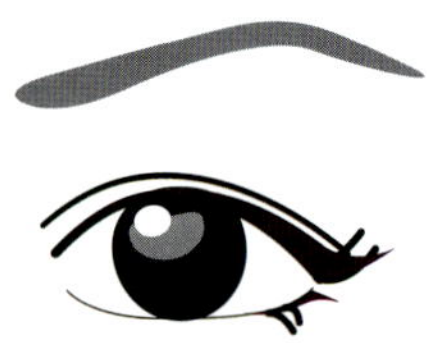

- 눈꼬리가 처진 눈

눈꼬리로 갈수록 두껍게 살짝 올려서 그려준다.

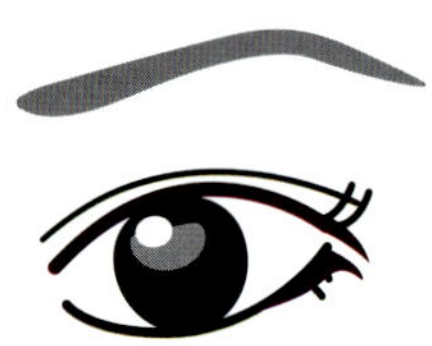

- 누꼬리가 올라간 눈

최대한 가늘게 눈꼬리 부분을 아래로 내려서 그려준다. 펜슬을 이용하여 언더라인을 두껍게 그려준다.

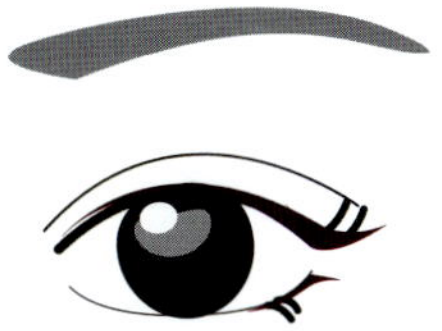

- 부은 눈

눈 앞머리에서 꼬리로 갈수록 라인이 굵어지게 그려준다.

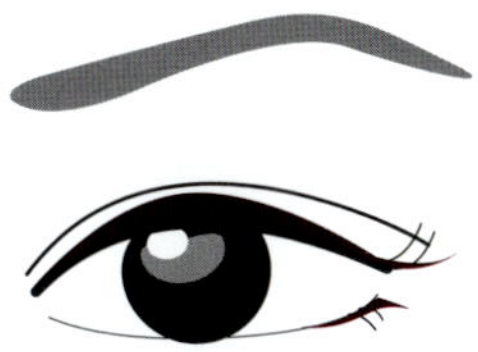

- 가늘고 긴 눈

눈 앞머리와 눈꼬리는 가늘게, 눈동자 부분은 굵게 그려준다.

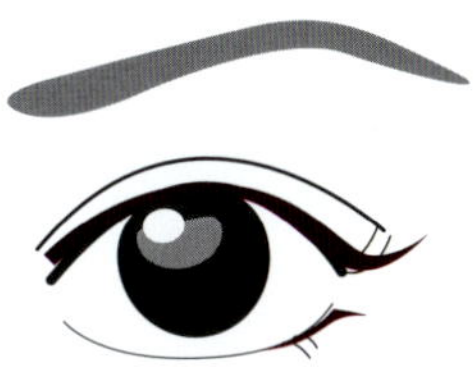

- 동그란 눈

눈 앞머리와 눈꼬리는 두껍게, 눈동자 중간 부분은 가늘게 그려준다.

(8) 마스카라

① 속눈섭을 컬링하여 결을 만든 후 위에서 브러쉬하고 다시 아래에서 위를 향해 제그재그로 올려준다.

② 하래는 한올씩 조심스레 발라준다.

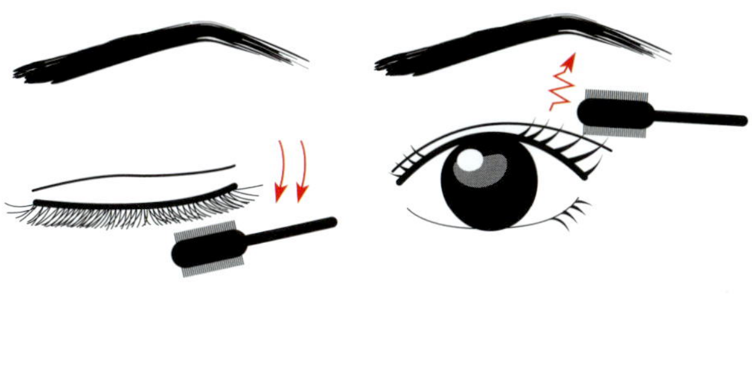

① ② ③

(9) 립스틱

입술 중앙의 선을 좌우 대칭이 되게 형태를 먼저 그려 중심을 잡고 아랫입술의 중앙을 그려 전체적인 범위를 잡은 후 구각과 연결해 형태를 잡은 후 안을 채우며 그려준다.

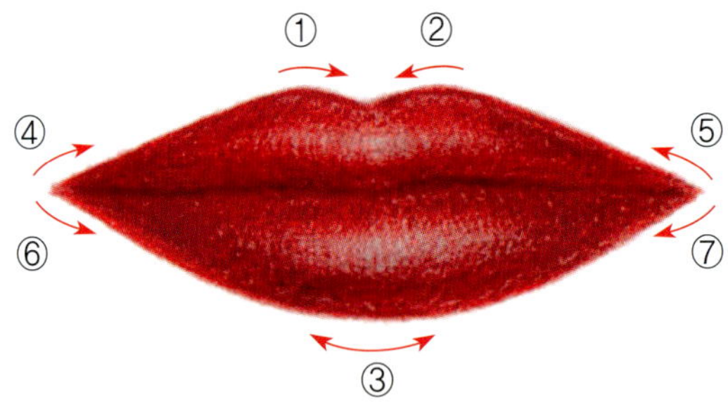

이미지메이킹

개인이 지닌 고유한 이미지를 형성하는 요소들을 분석하고 이러한 요소들의 조합을 극대화하여 호감 있는 자신만의 이미지를 만드는 분야이다.
인간은 사회적 존재로서 한 개인의 이미지 형성은 사회적, 문화적 여러 요소들의 혼합과 형성되는 과정을 통해 만들어 지는데, 이러한 이미지 형성에 필요한 내적, 외적 요소들을 분석하고 실제적인 실습 등을 통해 다양한 이미지를 연출하는 능력을 함양하는 과목이다.
이미지 메이킹의 이해 및 얼굴과 인체 이미지 파악, 뷰티 코디네이션 및 패션 코디, 컬러 이미지와 컬러 진단, 태도 이미지 및 실재적인 매너 이미지, 비즈니스 및 생활 매너를 통한 이미지 활용 등에 대해 학습할 수 있다.

뷰티 일러스트

뷰티 일러스트란 자신이 표현하고자 하는 것을 그림이나 시각적 정보를 통해 구체적으로 구현하는 것으로 메이크업 및 헤어 디자인, 패션 등의 분야에서 주로 활용된다.
작품을 구상한 후 실재로 표현하기 전에 일러스트를 통하여 구체화 하여 작품 제작 이후의 전체적인 결과를 예상할 수 있어 뷰티 현장에서 매우 유용하게 활용될 수 있다.
메이크업 분야에서는 컬러 간의 배색과 조화, 이미지, 질감 등을 미리 예상하고 시연할 수 있어 원하는 결과물을 도출하는데 매우 효과적이다.

■ 단원문제

1. 다음 중 메이크업의 설명으로 바르지 않은 것은?

① 화장(化粧)은 연지나 분 등의 화장품을 바르거나 문질러 얼굴을 곱게 꾸민다는 뜻을 가지고 있다
② 우리나라는 단장, 치장, 농장을 즐겨한 민족으로 화려한 화장은 주로 조선시대에 유행 하였다.
③ 메이크업(make up)은 '제작하다', '만들다', '꾸미다' 등의 뜻을 내포하며 화장품과 여러 도구, 기술을 이용하여 얼굴 및 신체를 가꾸고 수정, 보완하는 행위를 말한다.
④ 장점은 부각시키고, 결점이나 단점은 수정, 보완하여 개성있고 아름답게 가꾸어 준다.

2. 메이크업과 거리가 먼 분야는 무엇인가?

① 네일아트 ② 무대 분장
③ 특수 분장 ④ 바디 페인팅

3. 포인트 메이크업 제품이 아닌 것은?

① 립스틱 ② 아이 새도우
③ 치크 컬러 ④ 아이 브로우

4. 베이스 메이크업이 아닌 것은?

① 메이크업 베이스 ② 파운데이션
③ 파우더 ④ 립글로스

■ 해답과 TIP

1. ② 2. ⓢ 3. ③ 4. ④

제5장. 미용 세부전공 분야: 네일미용

1. 네일 미용의 개요

1) 네일(Nail)미용의 정의

네일 미용은 네일 기초관리, 큐티클 정리, 마사지, 컬러링, 인조네일 시술 등 손톱과 발톱에 관한 모든 관리를 뜻한다. 매니큐어(manicure)란 라틴어의 손이라는 의미의 '마누스(manus)'와 관리를 의미하는 '큐라(Cura)'에서 파생되었으며 손 관리의 총체적인 의미를 지니며, 마찬가지로 페디큐어(pedicure)는 라틴어 발을 의미하는 '페데스(pedis)'와 '큐라(Cura)'가 결합된 말로 총체적인 발 관리를 의미한다.

네일 미용은 매니큐어와 페디큐어를 모두 지칭하는 개념으로 손과 발, 손톱 및 발톱을 아름답고 건강하게 유지하기 위한 총체적인 관리를 통틀어 일컬으며 청결하고 건강한 네일을 유지하고 아름답게 만들어 미적 욕구를 충족시키는데 목적이 있다.

2) 네일 미용의 기능

(1) 보호적 기능

물건을 잡거나 긁을 때 또는 외부로부터의 방어와 공격의 기능이 있으며 손톱과 발톱 끝을 보호하며 깨끗하게 하고 세균으로부터 보호하는 기능이 있다.

(2) 정서적 기능

매니큐어를 통해 미용 전반의 아름다움을 완성하는 의미를 갖고 있다. 즉 손 · 발톱을 아름답게 가꿈으로 다른 사람에게 호감을 주며 이를 통해 자신감과 자아 존중감을 높여 마음을 풍요롭고 행복하게 하여 정서적 안정감을 부여하는 기능을 가진다.

(3) 심미적, 장식적 기능

손톱과 발톱에 미용의 장식적인 면을 부여하여 아름다움을 추구하는 기능으로 네일 관리로 자신의 개성을 살리고 아름답고 세련되게 표현하는 기능을 가진다.

(4) 사회적 기능

네일 관리는 직업, 사회적 관습, 예의를 표현하며 자신의 사회적 지위나 의사를 전달하는 기능이 있다.

2. 네일미용의 역사

1) 외국 네일 미용의 변천사

(1) 고대 이집트 및 중국

최초의 네일 관리는 B.C. 3000년경 이집트에서 시작되었다고 알려져 있다. 당시 이집트에서는 왕과 왕비는 헤나를 이용하여 붉은색으로 손톱을 염색하였는데 높은 신분일수록 짙은 색을 낮은 신분은 옅은 색으로 물들여 신분과 지위를 상징적으로 표현하였다. 또한 헤나는 주술적인 목적으로 미이라의 네일(nail)에 색상을 입히거나 태양신에게 바치는 제사와 관련하여 사용하기도 했다.

중국의 경우 특권층을 나타내기 위해 입술연지를 만드는 '홍화'를 손톱에도 발랐는데 점차 벌꿀과 계란 흰자 부분, 아라비아산 고무나무에서 얻어진 것으로 지금의 에나멜 액을 만들어 손톱에 발랐다고 전해진다. 기원전 600년경에 중국의 귀족들은 금색과 은색을 손톱에 칠하여 신분을 과시하였다.

(2) 중세시대와 15~17 세기

중세시대 유럽에서는 남성들이 전쟁터에 나갈 때에 용맹을 과시하거나 승리를 기원하기 위하여 네일을 물들였다고 전해진다. 15세기 명나라 왕조 때에는 흑색과 적색을 손톱에 발라 신분을 과시하였고 17세기 인도에서는 네일 매트릭스에 문신 바늘로 색소를 주입해서 상류층임을 과시하였다.

(3) 1800년대

1800년대에는 네일 재료들이 개발되면서 특권층의 문화이던 네일 관리가 대중화되기 시작했으며 아몬드형 네일 모양이 유행하였고 빨간 기름을 바른 후 염소나 양의 부드러운 가죽을 이용해 색깔이나 광을 내기도 하였다. 1830년에 발 전문의인 시트(Sits)가 치과에서 사용하던 기구와 도구였던 오렌지 우드스틱을 네일 관리에 사용하기 시작했다. 1885년에는 네일 에나멜의 필름형성제인 니트로셀룰로즈(nitrocellulose)가 개발되었으며 1892년에 시트의 조카에 의해 네일 관리가 새로운 직업군으로 미국에서 첫 등장하였다.

(4) 1900년대

1900년대에는 금속가위와 금속화일이 네일 관리에 사용되었고 크림이나 가루, 낙타털을 이용해 네일에 광을 내기도 했다. 1910년에는 에나멜 제조회사인 플라워리(Flowery)에서 금속파일과 사포로 된 파일을 제작하였으며 1925년에는 네일 산업이 본격화 되었고 네일 에나멜을 상점에서 구입할 수 있게 되었는데 투명한 장밋빛의 폴리쉬인 'moon manicure'가 유행했다.

1930년에는 에나멜 리무버와 워머 로션, 큐티클 오일이 최초로 등장했으며 다양한 색깔이 출시되었다. 1934년에 탈부착이 가능한 인조손톱이 특허를 획득해 개발되었고 1940년대에는 남성들도 이발소에서 습식매니큐어를 시술하였고 1948년에 매니큐어 작업에 기구를 사용하기 시작했다.

1950년에는 헬렌 걸리(Helen Gouley)가 미용학교에서 네일미용을 가르치기 시작했으며 내츄럴한 색상이 유행하였고 아크릴릭 네일(acrylic nail)이 최초로 행해졌으며 페디큐어도 등장했다. 1960년에 실크와 린넨으로 약한 네일을 보강하는 제품이 개발되었고 검은색 외의 거의 모든 색상의 폴리쉬가 개발되었다.

1970년에는 네일팁(nail tip)과 아크릴릭 네일로 긴 손톱으로 아름다움을 표현했으며 인조 손톱이 부와 사치의 상징이 되었다. 또한 올리 인터내셔널(Orly International) 회사에서 에나멜, 리퀴드, 릿지필러, 프라이머, 베이스코트 등을 제조했으며 네일아트가 미국 미용 시장에 정착하게 되었다.

1980년대에는 네일 전문 제품이 출시되었으며 네일 악세서리도 등장하고 미국 전역에 많은 네일숍이 생겨나 네일 아티스트가 종사자가 늘어나 네일 산업이 급성장하였다. 이때를 기점으로 네일 산업이 체계화, 고급화되었으며 컬러 아크릴릭, U.V.컬러젤 등의 새로운 재료가 출시되고 화려한 네일아트 기술이 등장하면서 뉴욕주에 네일 테크니션(nail technician) 면허 제도를 도입하게 되었다.

(5) 2000년대

네일아트는 뷰티 서비스 산업의 한 분야로 매니큐어와 페디큐어를 포함하여 고부가가치를 이끄는 산업이 되었으며, 네일숍의 고객층의 연령, 성별이 다양화되었다.

1990년 중반에 시작된 U.V.젤은 전 세계적으로 번영의 시대를 맞이했으며 제품 회사들은 라이트 큐어링 젤(light-curing systems)을 출시하였다. 이처럼 네일 산업이 하나의 업종으로 자리 잡으면서 핸드페인팅, 에어브러쉬, 믹스미디어, 쥬얼리피어스, 환타지 등 2D와 3D로 다양한 네일아트 기법이 등장했으며 네일림픽스(nailympic) 대회 등 전 세계인이 공유할 수 있는 다양한 네일아트 기법으로 대회가 열리고 있고 그에 따른 제품 개발도 빠른 속도로 발전하고 있다.

2) 한국 네일 미용의 변천사

(1) 고려시대(918-1392년)

부녀자와 처녀들 사이에서 '염지갑화(染指甲化)' 또는 '지갑화(指甲化)'라고 하는 봉선화로 손톱을 물들이는 풍습이 이루어진 시기로 한국 네일 미용의 기원이다.

(2) 조선시대(1392-1910년)

조선시대의 작품 '동국세시기(東國歲時記)'에 '지갑화(指甲化)'라 하여 "젊은 각시와 어린이들이 봉선화를 따서 백반을 넣고 짓찧어 손톱에 물을 들였다."는 것이 기록되어 있다. 또한 손은 "섬섬옥수(纖纖玉手)"로 표현하여 마치 봄에 솟아난 죽순 같으며, 손바닥 혈색이 붉어야 한다는 미인의 기준이 생기기도 하여 손이 붉지 않은 처녀들은 봉선화 꽃과 잎사귀를 잘 간직했다가 일 년 내내 물들이기를 했다고 전해지고 있다.

(3) 1990년대

1980년대는 미국이나 일본에서 들어 온 네일 산업은 빠른 속도로 성장한 시기로, 1988년에는 이태원에 외국인을 대상으로 한 국내 최초의 전문 네일숍이 등장하였고 1996년 압구정동에 백화점 코너에 네일숍이 입점하면서 일반인들에게 알려지기 시작했다.

1998년 네일 협회가 결성되면서 최초의 네일 민간자격증 제도가 시행되어 네일 종사자들이 증가하였으며, 네일 전문학원과 미용학교, 대학에서 네일 과목이 개설되어 이론과 실습을 교육함으로써 체계적인 네일 교육이 시작되었다. 이후 각종 국제대회를 비롯해 세계적인 위상을 펼치는 네일 기술 보유국으로 성장했다.

(4) 2000년대

2005년 이후 네일 미용이 대중화되기 시작하면서 네일 프랜차이즈의 등의 출현으로 네일 산업이 대형화 되었으며 2009년 네일 산업은 8,000여 억 원의 시장 규모로 성장하였다.

2014년 미용사 네일 국가자격증의 시행으로 독자적인 미용 영역으로 자리매김 하며 네일 재료의 수입, 유통, 판매하는 회사와 직접 제조하는 국산 제품들이 생겨나는 등 급성장하는 추이를 보이고 있다.

3. 네일 미용인의 역할

네일아티스트(nail artist) 또는 네일 미용사라고 하는 네일 산업 종사자들은 네일미용을 위한 피부학, 공중보건학, 소독학을 기초로 하여 네일미용 이론 및 실전에 대한 전문적인 네일 기술을 익히고 고객의 손톱과 발톱의 상태를 파악하여 손톱과 발톱의 손질 및 화장 등 고객의 손, 발톱을 아름답고 건강하게 관리할 수 있는 전문가를 뜻한다.

네일 미용사는 바른 자세로 서비스에 임해야 하며 서비스에 불만족한 고객을 지혜롭게 대처하는 방법을 숙지해야 한다.

네일 미용인의 자세

① 건강한 손톱과 발톱을 유지하기 위해 고객에게 유용한 정보를 제공하고 올바른 시술을 할 수 있도록 네일관리에 대한 전문적인 교육을 익히고 이수한다.
② 전염이나 감염에 대한 예방법을 숙지하고 보건 위생에 필요한 조치를 취하여 항상 청결을 유지하고 정돈하며, 네일과 피부를 분석 후 이상이 있을 때는 관리 전 병원을 찾아가도록 권유한다.

③ 살롱 내에서 사용하는 모든 전기 제품에 대하여 안전관리를 철저히 하며 사용하는 제품의 화학물질과 기구 및 도구에 대해 숙지하여 안전하게 사용하도록 주의한다.
④ 뷰티 서비스 분야에서 수행해야 할 고객에 대한 배려와 서비스 정신에 입각하여 네일 서비스를 제공해야 한다.
⑤ 뷰티 디자인 분야에서 뒤처지지 않기 위해 전문잡지나 패션 잡지 등 최신 트렌드에 맞는 전문가적 지식을 갖춰야 한다.

4. 네일의 구조학

1) 네일(손톱)의 특성 및 성장

피부의 일부분인 네일은 손톱과 발톱을 의미하며, 머리카락과 같은 케라틴(keratin)인 경단백질로 매트릭스(matrix)에서 만들어지며 네일바디(nailbody)의 앞쪽으로 자라면서 각질화 된다.

건강한 손톱의 경우 그 두께는 약 0.5~0.75mm, 수분함유량은 12~18%, 유분함유량은 0.1~1%정도이며 투명한 핑크빛을 띠고 있다. 손톱의 경도는 수분의 양과 케라틴의 조성에 따라 변화한다.

한 달에 약 3mm씩 자라고 손톱의 주기는 5~6개월, 발톱의 경우 6~12개월 정도 이다. 성장은 겨울보다 여름에 빨리 자라고 대체적으로 중지손가락이 가장 빨리 자라며 엄지손가락이 늦게 자라는데 타이핑이나 습관적으로 손톱을 깨물거나 자주 깍는 사람의 경우 일반적으로 더 빨리 자란다.

2) 네일의 구조

손톱의 구조는 3개 층으로 이루어져 있으며 조밀하게 밀집된 조직층, 섬유조직과 같은 중간층 그리고 얇은 조직으로 구성된 맨 아래층으로 구성되어 있다. 건강상태, 혈액순환, 인체에 필요한 무기질의 분포에 따라 네일의 상태 및 성장이 결정된다.

(1) 조체(Nail body, Nail plate; 네일바디)

네일 자체를 말하며 '조판'이라고도 한다. 신경이나 혈관이 없고 산소를 필요로 하지 않으며 여러 겹으로 되어 있는 각질 세포로 위로 프리엣지로 올라갈수록 단단하다. 네일 베드를 보호하는 역할을 한다.

(2) 조근(Nail root; 네일루트)

피부 아래 있어 얇고 부드러우며 새로운 세포조직을 만드는 곳으로 네일이 자라기 시작하는 손톱의 근원이다.

(3) 자유연(Free edge; 프리엣지)

손톱의 끝부분으로 길이를 조절할 수 있다.

(4) 스트레스 포인트(Stress point)

손톱이 가로로 갈라질 때 가장 많이 손상이 가는 부분으로 외부의 스트레스를 가장 많이 받는다.

(5) 조상(Nail bed; 네일베드)

네일바디 아래 있는 피부를 말하는데, 혈관과 신경이 있는 곳으로 네일이 자랄 때 수분과 영양을 공급해 준다.

(6) 조모(Matrix; 매트릭스)

네일 뿌리 아래에 존재하며 손톱의 성장을 담당하는 부분으로 림프관과 혈관, 신경이 있고 손상을 입으면 네일이 비정상적으로 자라는데 매트릭스의 길이가 손톱의 두께를 결정한다.

(7) 반월(Lunula; 루놀라)

매트릭스에 해당되며 아직 각질화가 완전히 되지 않은 여린 유백색의 반달 모양을 한 부분이다.

(8) 조소피(Cuticle; 큐티클)

신경이 없으며 죽은 세포조직이나 외부 병균의 침입으로부터 네일을 보호를

해 준다. 수분이 적당해야 탄력이 있어 갈라짐이 없다.

(9) 조구(Nail grooves; 네일그루브)

네일월과 네일바디 사이의 양쪽 홈을 말한다.

(10) 조벽(Nail wall; 네일월)

네일베드의 양쪽 면에 있는 피부를 말한다.

(11) 에포니키움(Eponychium)

네일 바로 위를 덮고 있는 새로 자라난 피부로 큐티클 아래 얇은 막을 형성하는 곳이다.

(12) 하조피(Hyponychium; 하이포니키움)

손톱 밑의 조직을 보호하는 피부로 박테리아의 침입으로부터 손톱을 보호하는 역할을 한다.

(13) 옐로우라인(Yellow line)

네일바디가 네일베드에서 분리되는 경계선을 의미하며 피부가 시작되는 노란 빛의 얇은 라인이다.

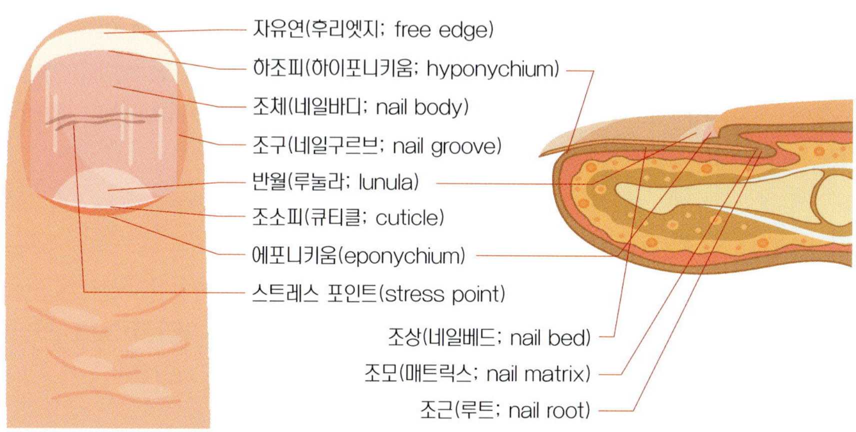

[그림 3-35] 손톱의 구조

3) 네일의 모양(shape)

자연 손톱의 기본 모양은 네모형(square), 둥근 네모형(round square), 둥근형(round), 타원형(oval), 아몬드형(almond), 스틸레토형(stiletto)의 여섯 가지로 분류할 수 있다.

(1) 네모형(Square)

프리엣지의 양쪽 모서리의 각을 그대로 살려 놓은 모양으로 스트레스 포인트에서부터 프리엣지까지 직선이며 옆면 라인과 프리에지 단면이 90° 의 각도를 유지해야 한다.

(2) 둥근 네모형(Round square)

스퀘어 오프(square off)라고도 하며 네모형의 양끝 모서리의 각을 살짝 부드럽게 다듬은 모양으로 세련되고 도회적인 느낌을 준다.

(3) 둥근형(Round)

완만하게 둥근 형태로 프리엣지의 어느 곳에서도 각이 없어야 하며 남성 고객들이 즐겨하는 모양이다. 파일의 각도는 45° 각도로 모서리에서 중앙 쪽으로 갈아준다.

(4) 타원형(Oval)

스트레스 포인트에서부터 곡선으로 프리엣지는 오발의 형태를 이루어야 하고 전체적으로 곡선을 유지해야 한다. 손의 노출이 많은 직업 서비스 직업의 여성이 선호하는 모양으로 우아한 아름다움이 매력적인 느낌을 준다. 파일의 각도는 15°이다.

(5) 아몬드형(Almond)

포인트형(point)이라고도 하고 프리엣지 끝 부분이 날카롭지 않은 깊은 곡선의 아몬드 형태를 유지하며 파일의 각도는 10°이다. 손가락이 가늘고 길어 보이나 부러지기 쉽다.

(6) 스틸레토형(Stiletto)

프리엣지 전체가 뾰족한 형태로 프리엣지의 중앙으로 갈수록 점차 가늘어져서 끝부분이 날카롭고 뾰족한 상태를 유지해야 한다.

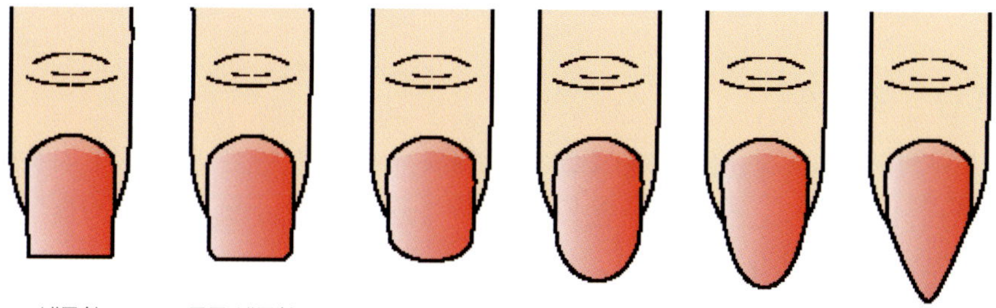

[그림 3-36] 네일의 모양

5. 네일미용의 기구 및 재료

1) 기구

(1) 작업 테이블

네일 미용사와 고객이 편안하게 시술하고 받을 수 있도록 각도 조정이 가능한 40W의 조명용 램프와 미용 재료를 보관할 수 있는 견고하고 청결한 서랍이 부착된 테이블을 고려하여 선택한다.

(2) 의자

시술자용은 회전 및 이동이 가능한 유동식 의자가 적당하며 고객용 의자는 안락하고 편안한 의자로 준비한다.

(3) 족욕기(각탕기)

페디큐어 시 발을 세척하고 발의 각질과 발톱의 큐티클을 불려주는 기기이다.

(4) 파라핀기

손의 특수관리를 목적으로 사용하는 기기로 응고된 파라핀을 녹여 용해된 파라핀액에 손을 담가서 팩 관리를 함으로써 거친 손을 예방하는데 사용한다.

(5) 자외선 소독기

자외선을 이용하여 네일 도구를 소독하는 기기이다.

(6) 습식 소독기

도구의 소독과 살균을 위해 소독제를 채워서 도구를 담가 두었다가 사용할 때 꺼내서 사용하고, 사용하지 않을 때는 뚜껑을 항상 닫아 놓고 70-90% 알코올에 20분 이상 담가둔다.

(7) 젤 램프기기

젤 네일 작업 시 젤을 경화시키는 램프로 UV, LED 전구가 들어있는 기기이다.

(8) 네일 드릴기기

네일의 파일링과 큐티클 제거 및 각질제거 등을 용이하게 작업할 수 있도록 사용하는 기기이며 젤 네일의 제거를 위해 사용하기도 한다.

(9) 전기 네일 건조기

기기 안에 팬(Fan)이 달려 있어 전원을 켜면 바람을 만들어 네일 폴리시를 빠르게 건조시켜 준다.

(10) 손목 받침대

손목 또는 팔의 안락을 위해 필요한 매니큐어 전용 팔 받침대이다.

2) 재료

(1) 핑거볼(Finger bow)

손가락을 담그는 용기를 의미하며 유리 또는 플라스틱 용기로 고객의 손끝을 미온수에 담가서 손톱 주위의 굳은살을 부드럽게 연화할 때 사용한다.

(2) 오렌지 우드 스틱(Orange wood stick)

큐티클을 밀거나 네일 주위에 묻은 폴리시를 제거할 때 등 다양하게 사용하며 일회용으로 사용하고 폐기처리 해야 한다.

(3) 푸셔(Pusher)

큐티클을 밀어 올릴 때 사용하는 도구로 손톱 표면이 상하지 않도록 45° 각로로 사용한다.

(4) 니퍼(Nipper)

손톱 주위의 굳은살이나 거스러미를 제거할 때 사용한다.

(5) 파일(File)

손톱의 모양을 다듬거나 표면을 부드럽게 만들 때 사용한다. 표면 거칠기 정도를그릿(grit) 번호로 구분하는데 그릿의 숫자가 낮을수록 면이 거칠며 숫자가 높을수록 부드러운 것을 의미한다.

(6) 버퍼(Buffer)

손톱에 광택을 낼 때 사용하며 3~4가지의 다른 입자로 구성된 블록 버퍼, 매직 버퍼, 샤미스 등이 있다.

(7) 실크 가위(Silk scissors)

얇은 실크나 화이버 글래스 등 랩을 자를 때 사용한다.

(8) 네일 브러시(Nail brush, dust brush)

습식 매니큐어 시술에서는 물에 담갔던 손톱을 깨끗하게 세척할 때 사용하며 인조 네일을 시술에서는 먼지를 털어 내는데 사용한다.

(9) 손톱깎이(Nail clipper)

자연네일과 인조네일의 길이를 자르는데 사용되는 기구이다.

(10) 팁 커터기

인조 네일의 길이를 자를 때 사용하는 도구이다.

(11) 안티셉틱(Antiseptic)

피부 소독제로 시술하기 전에 시술자와 고객의 손을 소독하는데 사용한다.

(12) 폴리시 제거제(Polish remover)

손톱에 있는 폴리시를 제거할 때 사용한다.

(13) 큐티클 리무버(Cuticle solvent of cuticle remover)

매니큐어나 페디큐어 시술 시 푸셔(pusher)를 사용하기 전 큐티클을 부드럽게 만들기 위해 사용하는데 주성분은 소디움(sodium), 글리세린(glycerin)이다.

(14) 큐티클 오일(Cuticle oil)

큐티클을 정리하기 전에 큐티클 주위에 도포하여 큐티클을 부드럽게 해주기도 하며, 피부에 영양을 공급하는 목적으로 사용된다. 식물성 오일, 호호바 오일 등 순식물성 오일을 사용하여 인체에 해가 없으며 비타민E가 풍부하다.

(15) 네일 보강제(Nail strengthen, Hardener)

찢어지거나 갈라지며, 부서지면서 표면이 일어나는 약한 손톱을 튼튼하게 만들어 주는 일종의 영양제이다. 베이스 코트 대신 사용하기도 하며 자연손톱에만 사용하는 손톱 보강제이다.

(16) 베이스 코트(Base coat)

유색 컬러를 바르기 전 손톱에 발라 자연손톱의 착색 또는 변색되는 것을 방지해 주고 컬러를 잘 밀착시켜 주는 역할을 한다. 주성분은 에틸 아세테이트, 이소프로필 알코올, 뷰틸 아세테이트, 니트로셀룰로오스, 송진, 포름알데히드 등이 포함되어 있다.

(17) 유색 폴리시(Polish), 네일 에나멜(Enamel)

손톱에 바르는 유색의 화장제이다. 제 색을 내기 위해서는 두세 번 정도는 발라야 하는데 너무 두껍게 바르지 않도록 유의한다.

(18) 탑 코트(Top coat)

유색 폴리시를 바른 후 그 위에 바르는 무색의 액체로 컬러의 광택을 증가시키고 컬러가 빨리 벗겨지는 것을 방지하는 코팅막 역할을 한다. 이는 니트로 셀룰로오스 성분이 함유되어 있기 때문이며 그 외, 톨루엔, 용해제 알코올, 폴리에스터, 송진 등을 함유한다.

(19) 네일 에나멜(폴리시) 건조제(Nail enamel dryer)

유색 폴리시를 바른 후 인공적으로 빠르게 건조시키는데 사용한다.

(20) 네일 에나멜 띠너(Nail enamel thinner)

굳어 있는 에나멜을 유화시킬 때 사용하며 폴리시의 구성 성분과 맞는 용해제를 함유하고 있어 본연의 점성으로 돌아가도록 도와준다.

그 외에 핸드크림 및 로션, 종이 타월(paper towel), 솜(cotton), 스파출라(spatula), 위생 봉투, 알코올(alcohol), 지혈제(styptic liquid&powder) 등이 필요하다.

[표 3-7] 네일 도구 및 재료

큐티클 니퍼(Cuticle nipper)	푸셔(Pusher)	핑거볼(Finger bowl)	안티셉틱(Antiseptic)
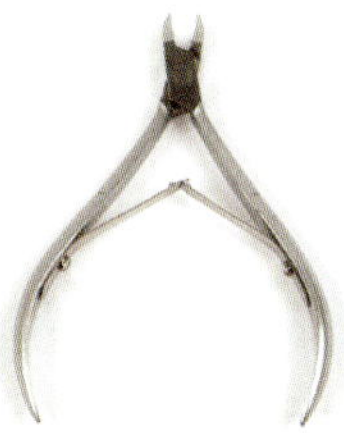			
클리퍼(Nail clipper)	팁커터기(Tip cutter)	실크가위(Silk scissors)	디스펜서(Dispenser)
	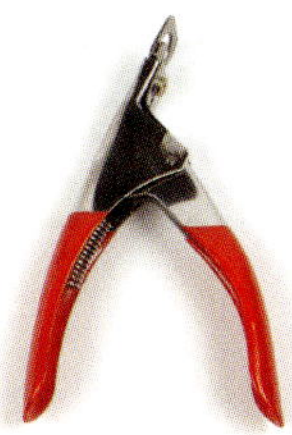		

큐티클 오일(Cuticle oil)

큐티클 리무버(Cuticle remover)

네일 폴리시(Nail polish)

베이스 코트(Base coat)

탑 코트(Top coat)

폴리시 리무버(Polish remover)

토우세퍼레이터(Toe separator)

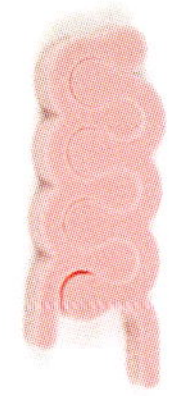

파일(Files)

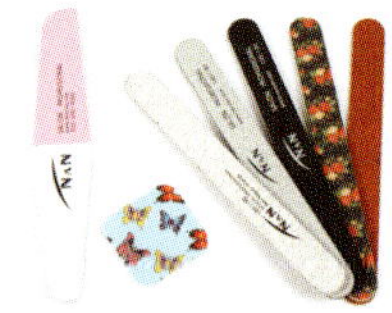

샌딩(Sanding)

더스트 브러시(Dust brush)

오렌지 우드스틱(Orange wood stick)

실크(Silk)

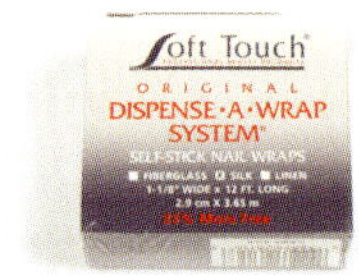

글루(Glue)

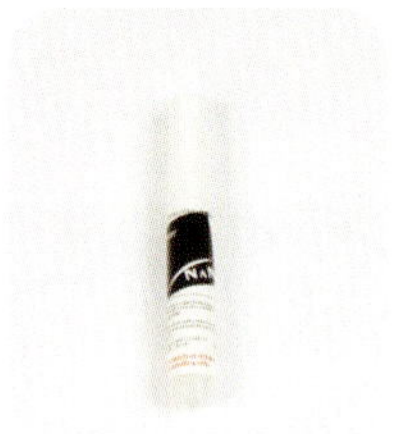

글루 드라이어(Glue dryer)

팁(Tip)

아크릴 리퀴드(Acrylic liquid)

젤 글루(Gel glue)

아크릴 파우더(Acrylic powder)

프라이머(Primer)

네일 폼(Nail form)

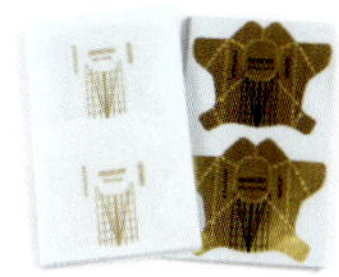

아크릴 브러시(Acrylic brush)

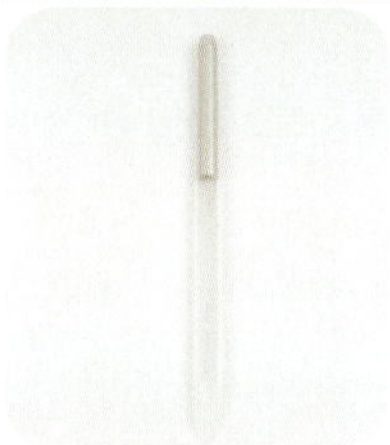

브러시 클리너(Brush cleaner)

젤 본더(Gel bonder)

베이스 젤(Base gel)

탑 젤(Top gel)

젤 클리너(Gel cleaner)

젤 브러시(Gel brush)

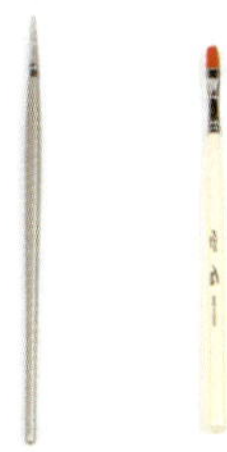

필러 파우더(Filler powder)

지혈제

다펜디시(Dappen dish)

젤(Gel)

■ 단원문제

1. 다음 중 매니큐어의 재료로 사용되었던 재료가 아닌 것은?

① 헤나　② 계란 흰자위
③ 코울타르　④ 고무나무 수액

2. 다음 중 매니큐어의 기원에 관한 설명 중 틀린 것은?

① 이집트와 중국에서 시작되었다.
② 중세시대 유럽에서는 전쟁터에 나가는 군사들이 네일케어를 시작했다.
③ 기원전 600년경에 인도에서는 금색과 은색의 에나멜을 발랐다.
④ 이집트에서는 주술적인 목적으로 미이라에 네일색상을 입히기도 했다.

3. 다음 네일 재료 중 가장 늦게 개발되었으며 최근 가장 본격화되어 정착되고 있는 것은?

① 아크릴릭　② 실크
③ 젤 네일　④ 인조 손톱

4. 다음 네일에 대한 설명 중 잘못된 것은?

① 네일은 네일 루트(nail root)에서 만들어진다.
② 네일의 두께는 0.5~0.75mm이다.
③ 네일의 주성분은 케라틴이다.
④ 건강한 손톱의 수분량은 12~18% 정도이다.

5. 다음 네일에 대한 설명 중 잘못된 것은?

① 많이 사용하는 손톱이 더 빨리 자란다.
② 손톱과 발톱의 성장주기는 5~6개월이다.
③ 엄지 손가락보다 중지 손가락이 빨리 자란다.
④ 손톱은 겨울보다 여름에 빨리 자란다.

6. 다음 중 매트릭스에 해당되며 유백색의 반달모양으로 아직 완전히 케라틴화 되지 않은 기관의 명칭은 무엇인가?

① 옐로우 라인 ② 큐티클
③ 루눌라 ④ 네일 글루브

7. 다음 네일 재료에 대한 설명으로 잘못된 것은?

① 네일 보강제: 자연손톱이 약한 고객에게 사용하면 효과적이다.
② 탑 코트: 송진 성분이 있다.
③ 큐티클 오일: 큐티클을 정리하기 전에 큐티클 주위에 바른다.
④ 네일 블리취: 에나멜을 묽게 해주기 위해 사용한다.

8. 다음은 네일의 무엇에 대한 설명인가?

- 네일 뿌리 아래 존재하며 손톱의 성장을 돕는다.
- 림프관과 혈관, 신경이 존재한다.
- 이것의 길이는 손톱의 두께를 결정한다.
- 이것이 손상되면 손톱이 비정상적으로 자란다.

9. 다음의 네일 재료는 무엇인가?

유색 팔리시를 바른 후 그 위에 무색의 투명 액으로 유색 팔리시의 광택을 증가 시키고 보호해주는 막을 만들어 준다. 이는 니트로셀룰로오스, 톨루엔, 용해제 알코올, 폴리에스터, 송진 등을 함유한다.

10. 네일 재료 중 네일 보강제(nail hardener; 네일하드너)에 대하여 설명하시오.

■ 해답과 TIP

1. ③ 이집트에서는 헤나라는 붉은 오렌지색으로 염색을 했고 중국에서는 벌꿀, 계란흰자위, 아라비아산 고무나무에서 얻어진 것으로 색을 내어 신분을 표시했다. 특히 '홍화 '를 재배하여 손톱에 연지를 칠하기도 했다.
2. ③ 기원전 600년경에 중국의 귀족들은 금색과 은색의 에나멜을 발랐고, 15세기 중국의 명나라 왕조는 흑색과 적색을 손톱에 발랐다.
3. ③ 최근 가장 유행하고 있는 젤 네일은 1994년에 등장해서 급성장하고 있다.
4. ① 네일은 네일 매트릭스(Matrix)에서 만들어진다.
5. ② 손톱은 5~6개월, 발톱은 6~12개월이 지나야 완전히 자라나 대체된다.
6. ③
7. ④ - 네일 에나멜 띠너: 에나멜을 묽게 해주기 위해 사용한다.
   - 네일 블리취: 손톱의 표면이나 끝부분이 황색으로 변해있는 것을 표백할 때 사용한다.
8. 매트릭스(matrix)
9. 탑코트
10. 베이스 코트 대신사용 하기도 하며 자연손톱에만 사용하는 손톱 보강제이다. 찢어지거나 갈라지며, 부서지면서 표면이 일어나는 약한 손톱을 튼튼하게 만들어 주기 위하 일종의 영양제를 '네일 하드너' 라고 한다.

Ⅳ. 부록

1. 미용사(일반)국가자격시험출제기준
2. 이용사국가자격시험출제기준
3. 미용사(피부)국가자격시험출제기준
4. 미용사(네일)국가자격시험출제기준
5. 미용사(메이크업)국가자격시험출제기준

1. 미용사(일반)국가자격시험출제기준

◆ 출제기준 (필기)

직무분야	이용.숙박.여행.오락.스포	중직무분야	이용.미용	자격종목	미용사(일반)	적용기간	2022.01.01 ~2026.12.31
○ 직무내용 : 고객의 미적요구와 정서적 만족을 위해 미용기기와 제품을 활용하여 샴푸, 두피 · 모발관리, 헤어커트, 헤어펌, 헤어컬러, 헤어스타일 연출 등의 서비스를 제공하는 직무							

필기검정방법	객관식	문제수	60	시험시간	1시간

필기과목명	문제수	주요항목	세부항목	세세항목
헤어스타일 연출 및 두피 · 모발 관리	60	1. 미용업 안전위생 관리	1. 미용의 이해	1. 미용의 개요
				2. 미용의 역사
			2. 피부의 이해	1. 피부와 피부 부속 기관
				2. 피부유형분석
				3. 피부와 영양
				4. 피부와 광선
				5. 피부면역
				6. 피부노화
				7. 피부장애와 질환
			3. 화장품 분류	1. 화장품 기초
				2. 화장품 제조
				3. 화장품의 종류와 기능
			4. 미용사 위생 관리	1. 개인 건강 및 위생관리
			5. 미용업소 위생 관리	1. 미용도구와 기기의 위생관리
				2. 용업소 환경위생
			6. 미용업 안전사고 예방	1. 미용업소 시설 · 설비의 안전관리
				2. 미용업소 안전사고 예방 및 응급조치
		2. 고객응대 서비스	1. 고객 안내 업무	1. 고객 응대
		3. 헤어샴푸	1. 헤어샴푸	1. 샴푸제의 종류
				2. 샴푸 방법
			2. 헤어트리트먼트	1. 헤어트리트먼트제의 종류
				2. 헤어트리트먼트 방법
		4. 두피 · 모발관리	1. 두피 · 모발 관리 준비	1. 두피 · 모발의 이해
			2. 두피 관리	1. 두피 분석
				2. 두피 관리 방법
		4. 두피 · 모발관리	3. 모발관리	1. 모발 분석
				2. 모발 관리 방법
			4. 두피 · 모발 관리 마무리	1. 두피 · 모발 관리 후 홈케어
		5. 원랭스 헤어커트	1. 원랭스 커트	1. 헤어 커트의 도구와 재료
				2. 원랭스 커트의 분류
				3. 원랭스 커트의 방법
			2. 원랭스 커트 마무리	1. 원랭스 커트의 수정 · 보완
		6. 그래쥬에이션 헤어커트	1. 그래쥬에이션 커트	1. 그래쥬에이션 커트 방법
			2. 그래쥬에이션커트 마무리	1. 그래쥬에이션 커트의 수정 · 보완
		7. 레이어 헤어커트	1. 레이어 헤어커트	1. 레이어 커트 방법
			2. 레이어 헤어커트 마무리	1. 레이어 커트의 수정 · 보완
		8. 쇼트 헤어커트	1. 장가위 헤어커트	1. 쇼트 커트 방법
			2. 클리퍼 헤어커트	1. 클리퍼 커트 방법
			3. 쇼트 헤어커트 마무리	1. 쇼트 커트의 수정 · 보완
		9. 베이직 헤어펌	1. 베이직 헤어펌 준비	1. 헤어펌 도구와 재료
			2. 베이직 헤어펌	1. 헤어펌의 원리
				2. 헤어펌 방법
			3. 베이직 헤어펌 마무리	1. 헤어펌 마무리 방법
		10. 매직스트레이트 헤어펌	1. 매직스트레이트 헤어펌	1. 매직스트레이트 헤어펌 방법
			2. 매직스트레이트 헤어펌 마무리	1. 매직스트레이트 헤어펌 마무리와 홈케어
		11. 기초 드라이	1. 스트레이트 드라이	1. 스트레이트 드라이 원리와 방법
			2. C컬 드라이	1. C컬 드라이 원리와 방법
		12. 베이직 헤어컬러	1. 베이직 헤어컬러	1. 헤어컬러의 원리
				2. 헤어컬러제의 종류
				3. 헤어컬러 방법
			2. 베이직 헤어컬러 마무리	1. 헤어컬러 마무리 방법
		13. 헤어미용 전문 제품 사용	1. 제품 사용	1. 헤어전문제품의 종류
				2. 헤어전문제품의 사용방법
		14. 베이직 업스타일	1. 베이직 업스타일 준비	1. 모발상태와 디자인에 따른 사전준비
				2. 헤어세트롤러의 종류
				3. 헤어세트롤러의 사용방법
			2. 베이직 업스타일 진행	1. 업스타일 도구의 종류와 사용법
				2. 모발상태와 디자인에 따른 업스타일 방법
			3. 베이직 업스타일 마무리	1. 업스타일 디자인 확인과 보정
		15. 가발 헤어스타일 연출	1. 가발 헤어스타일	1. 가발의 종류와 특성
				2. 가발의 손질과 사용법
			2. 헤어 익스텐션	1. 헤어 익스텐션 방법 및 관리
		16. 공중위생관리	1. 공중보건	1. 공중보건 기초
				2. 질병관리
				3. 가족 및 노인보건
헤어스타일 연출 및 두피 · 모발 관리	60	16. 공중위생관리	1. 공중보건	4. 환경보건
				5. 식품위생과 영양
				6. 보건행정
			2. 소독	1. 소독의 정의 및 분류
				2. 미생물 총론
				3. 병원성 미생물
				4. 소독방법
				5. 분야별 위생 · 소독
			3. 공중위생관리법규(법, 시행령, 시행규칙)	1. 목적 및 정의
				2. 영업의 신고 및 폐업
				3. 영업자 준수사항
				4. 면허
				5. 업무
				6. 행정지도감독
				7. 업소 위생등급
				8. 위생교육
				9. 벌칙
				10. 시행령 및 시행규칙 관련 사항

◆ 출제기준 (실기)

직무분야	이용.숙박.여행.오락.스포	중직무분야	이용.미용	자격종목	이용사	적용기간	2022.01.01 ~2026.12.31

○ 직무내용 : 고객의 미적요구와 정서적 만족을 위해 미용기기와 제품을 활용하여 샴푸, 두피 · 모발관리, 헤어커트, 헤어펌, 헤어컬러, 헤어스타일 연출 등의 서비스를 제공하는 직무

○ 수행준거

1. 고객에게 청결하고 안전한 서비스를 제공하기 위해 미용사와 서비스공간의 위생을 관리하고 안전사고를 예방하는 능력이다.
2. 고객의 두피 · 모발상태를 분석한 후 그 결과에 따라 기기와 제품을 선택하여 두피와 모발을 건강하게 관리하는 능력이다.
3. 고객의 두피 · 모발 상태에 따라 적합한 샴푸제와 트리트먼트제를 선택하여 샴푸 기술을 사용하여 세정하는 능력이다.
4. 모발에 펌제를 도포하고 로드로 와인딩하여 모발을 웨이브형태로 변화시킬 수 있는 능력이다.
5. 모발에 펌제를 도포하고 플랫 형태의 매직기를 사용하여 모발을 스트레이트 형태로 변화시킬 수 있는 능력이다.
6. 블로우 드라이어, 헤어 아이론, 헤어브러시 등의 기기 및 도구를 이용하여 모발을 스트레이트 또는 C컬 형태로 연출하는 능력이다.
7. 목적에 따라 선정한 염 · 탈색제를 모발에 원터치 또는 투터치 등의 도포법을 사용하여 모발의 색을 변화시킬 수 있는 능력이다.
8. 층이 없는 형태의 헤어커트 스타일로 두상의 모든 모발을 동일선상에서 커트하는 능력이다.
9. 모발에 층이 있는 형태의 헤어커트로 헤어스타일에 따라 원하는 부분에 무게감을 주어 볼륨을 만들 목적으로 모발을 커트하는 능력이다.
10. 모발에 층이 있는 형태의 헤어커트로 가벼운 헤어스타일을 연출할 목적으로 모발을 커트하는 능력이다.

실기검정방법	작업형	시험시간	2시간 45분 정도

필기과목명	주요항목	세부항목	세세항목
미용실무	1. 미용업 안전위생 관리	1. 미용사 위생 관리하기	1. 고객의 두피나 얼굴 등에 상해를 주지 않도록 손톱을 관리할 수 있다.
			2. 고객에게 불쾌감을 주지 않도록 체취와 구취를 관리할 수 있다.
			3. 미용 업소 내에서 복장을 청결하게 착용할 수 있다.
			4. 미용서비스 전 · 후 손을 깨끗이 씻거나 소독할 수 있다.
		2. 미용업소 위생 관리하기	1. 청소점검표에 따라 미용업소 내 · 외부를 청소할 수 있다.
			2. 미용서비스를 위한 수건과 가운 등을 위생적으로 준비할 수 있다.
			3. 설비시설과 사용기기 및 도구의 소재별 특성에 따라 소독하여 준비할 수 있다.
			4. 미용업소에서 발생하는 쓰레기를 분리한 후 주변을 청결하게 정리할 수 있다.
		3. 미용업 안전사고 예방하기	1. 전기사고 예방을 위해 전열기, 전기기기 등의 안전 상태를 점검할 수 있다.
			2. 화재사고 예방을 위해 난방기, 가열기 등의 안전 상태를 점검할 수 있다.
			3. 낙상사고 예방을 위해 바닥의 이물질 등을 수시로 제거할 수 있다.
			4. 구급약을 비치하여 상황에 따른 응급조치를 할 수 있다.
			5. 긴급 상황 발생 시 비상조치 요령에 따라 신속하게 대처할 수 있다.

미용실무	2. 두피 · 모발관리	1. 두피 · 모발 관리 준비하기	1. 두피 · 모발 관리에 필요한 기기와 도구 및 재료를 준비할 수 있다.
			2. 문진, 시진, 촉진 등으로분석한 두피 · 모발 상태에 대해 고객과 상담할 수 있다.
			3. 두피 · 모발 분석내용을 고객관리차트에 기록할 수 있다.
		2. 두피 관리하기	1. 두피 분석 결과에 따라 관리방법을 선택할 수 있다.
			2. 두피 상태에 따라 관리에 필요한 기기, 기구, 제품을 선택하여 사용할 수 있다.
			3. 두피를 샴푸, 스케일링, 두피매니플레이션, 팩, 앰플 등으로 관리할 수 있다.
		3. 모발관리하기	1. 모발 분석에 따라 관리 방법을 계획할 수 있다.
			2. 모발 상태에 따라 관리에 필요한 기기, 기구, 제품을 선택하여 사용할 수 있다.
			3. 모발을 샴푸, 팩, 앰플 등으로 관리할 수 있다.
		4. 두피 · 모발 관리 마무리하기	1. 두피 · 모발 진단기를 사용하여 관리 전 · 후의 변화를 비교하여 고객에게 설명할 수 있다.
			2. 건강한 두피 · 모발상태 유지를 위한 홈 케어 방법을 고객에게 설명할 수 있다.
			3. 두피 · 모발 관리내용을 고객관리차트에 기록할 수 있다.
	3. 헤어샴푸	1. 헤어샴푸하기	1. 고객의 편의를 위해 가운 및 무릎 덮개, 어깨타월을 착용해 주고 좌식 또는 와식 샴푸를 할 수 있다.
			2. 엉킨 모발의 정돈과 이물질 제거를 위해 사전 브러시를 할 수 있다.
			3. 고객이 불편하지 않도록 샴푸대의 높이와 수온 및 수압을 조절할 수 있다.
			4. 얼굴에 물이 튀지 않도록 모발에 물길을 만들어 모발을 충분하게 물에 적실 수 있다.
			5. 모발 길이 및 모량에 따라 적당량의 샴푸제를 사용하여 두피 매니플레이션을 할 수 있다.
			6. 샴푸성분이 남지 않도록 페이스라인, 귀, 모발, 두피 등을 충분하게 헹굴 수 있다.
		2. 헤어트리트먼트하기	1. 샴푸 후 두피 · 모발 상태를 파악하여 모발을 트리트먼트를 할 수 있다.
			2. 트리트먼트제를 모발에 도포한 후 두피 지압과 매니플레이션을 할 수 있다.
			3. 트리트먼트제가 페이스라인, 귀, 두피 등에 남지 않도록 충분하게 헹굴 수 있다.
			4. 타월로 모발의 물기를 제거한 후 두상을 타월로 감쌀 수 있다.
			5. 샴푸대 및 주변을 깨끗하게 정리한 후 고객을 서비스 공간으로 안내할 수 있다.
	4. 베이직 헤어펌	1. 베이직 헤어펌 준비하기	1. 고객에게 어깨보, 가운 등을 착용해 줄 수 있다.
			2. 베이직 헤어펌 전 사전 샴푸를 할 수 있다.
			3. 모발 길이 등 모발의 상태에 따라 사용할 호수별 로드, 밴드, 엔드페이퍼 등 필요한 도구 및 재료를 준비할 수 있다.
			4. 모발에 사전 처리 작업으로 전처리제 도포 및 연화 또는 유화작업을 할 수 있다.
			5. 헤어라인 및 두피에 보호제를 도포할 수 있다.
		2. 베이직 헤어펌하기	1. 크로키놀식 및 스파이럴식 기법으로 와인딩 할 수 있다.
			2. 와인딩 된 모발에 1제를 도포하고 타월밴드 및 비닐캡 처리를 할 수 있다.
			3. 헤어펌제의 촉진을 위해 가온기나 음이온 기기 등을 사용하여 열처리를 할 수 있다.
			4. 웨이브의 형성정도를 파악하기 위해 테스트컬을 할수 있다.
			5. 테스트컬의 결과에 따라 중간 세척을 할 수 있다.
			6. 헤어펌제의 유형과 펌디자인에 따라 2제를 도포할 수 있다.
		3. 베이직 헤어펌 마무리하기	1. 로드-오프 하여 마무리 세척을 할 수 있다.
			2. 헤어펌 디자인에 따라 잔여 수분함량을 조절할 수 있다.
			3. 헤어펌 디자인에 따라 헤어스타일링 제품을 사용하여 마무리할 수 있다.

미용실무	5. 매직스트레이트 헤어펌	1. 매직스트레이트 헤어펌하기	1. 매직스트레이트 헤어펌에 필요한 도구 일체를 준비할 수 있다.
			2. 모발 연화를 위해 펌 1제와 가온기 등을 사용할 수 있다.
			3. 연화가 끝난 모발을 충분히 헹군 후 건조시킬 수 있다.
			4. 플랫 형태의 매직기로 모발의 큐티클을 정돈하며 스트레이트 형태로 펼 수 있다.
			5. 펌 2제가 피부에 흘러내리지 않도록 도포할 수 있다.
		2. 매직스트레이트 헤어펌 마무리하기	1. 매직스트레이트 헤어펌의 마무리 세척을 할 수 있다.
			2. 스타일링을 위해 모발에 잔여 수분함량을 조절할 수 있다.
			3. 헤어스타일 연출 제품을 사용하여 마무리할 수 있다.
			4. 고객에게 홈케어 손질법을 설명할 수 있다.
	6. 기초 드라이	1. 스트레이트 드라이하기	1. 모발 상태와 헤어디자인에 따라 블로우 드라이어, 헤어 아이론, 헤어브러시 등의 기기 및 도구를 선정할 수 있다.
			2. 블로우 드라이어를 사용하여 모발을 스트레이트로 연출할 수 있다.
			3. 헤어 아이론을 사용하여 모발을 스트레이트로 연출할 수 있다.
			4. 모발 상태와 헤어디자인에 따라 기기의 온도, 각도와 방향, 텐션 등을 조절할 수 있다.
			5. 콤아웃 기법과 헤어스타일 연출 제품 등을 사용하여 헤어스타일을 완성할 수 있다.
		2. C컬 드라이하기	1. 모발 상태와 헤어디자인에 따라 블로우 드라이어, 헤어 아이론, 헤어브러시 등의 기기 및 도구를 선정할 수 있다.
			2. 블로우 드라이어를 사용하여 모발을 인컬, 아웃컬로 연출할 수 있다.
			3. 헤어 아이론을 사용하여 모발을 인컬, 아웃컬로 연출할 수 있다.
			4. 모발 상태와 헤어디자인에 따라 기기의 온도, 각도와 방향, 텐션 등을 조절할 수 있다.
			5. 콤아웃 기법과 헤어스타일 연출 제품 등을 사용하여 헤어스타일을 완성할 수 있다.
	7. 베이직 헤어컬러	1. 베이직 헤어컬러하기	1. 고객의 의복, 피부 등에 염모제 묻지 않도록 가운, 어깨보 등을 착용해 줄 수 있다.
			2. 고객에게 염모제를 사용하여 패치테스트 및 스트렌드 테스트를 할 수 있다.
			3. 두피 및 모발 상태에 따른 전처리 제품과 도구 및 재료를 준비할 수 있다.
			4. 원터치 및 투터치 등의 방법으로 염모제를 도포할 수 있다.
			5. 염모제의 발색 촉진을 위해 가온기나 음이온기기 사용여부를 선택할 수 있다.
		2. 베이직 헤어컬러 마무리 하기	1. 염모제를 제거하기 위한 마무리 샴푸를 할 수 있다.
			2. 피부에 묻은 염 · 탈색제를 제거할 수 있다.
			3. 타월 드라이 및 핸드드라이 기법으로 모발을 건조시킬 수 있다.
	8. 원랭스 헤어커트	1. 원랭스 커트하기	1. 고객에게 어깨보, 커트보 등을 착용해 줄 수 있다.
			2. 헤어커트 유형에 따라 모발의 수분 함량을 조절하거나 오염이 심한 모발은 사전 샴푸를 할 수 있다.
			3. 헤어커트 공간을 정리한 후 커트 목적에 따라 도구를 선택하여 바른 자세로 블런트 커트할 수 있다.
			4. 원랭스 스타일에 따라 블로킹과 섹션을 정확하게 구분하여 수평, 사선의 형태로 커트 할 수 있다.
			5. 커트 후 균형 및 완성도를 체크할 수 있다.
		2. 원랭스 커트 마무리하기	1. 고객의 얼굴과 목 등에 남아있는 머리카락을 제거할 수 있다.
			2. 헤어커트 후 고객 만족을 파악하여 필요한 경우 수정 및 보정커트를 할 수 있다.
			3. 헤어커트 후 원랭스 스타일에 따라 모발을 건조하여 마무리할 수 있다.
			4. 사용한 헤어커트 도구는 청결하게 관리하고 주변을 정리 · 정돈할 수 있다.

미용실무	9. 그래쥬에이션 헤어커트	1. 그래쥬에이션 커트하기	1. 그래쥬에이션 스타일에 따른 블로킹과 섹션을 할 수 있다.
			2. 그래쥬에이션 스타일에 따른 빗질의 방향과 각도를 조절할 수 있다.
			3. 빗과 커트도구를 정확하게 사용하여 그래쥬에이션 커트를 할 수 있다.
			4. 모량조절이 필요한 부분에 틴닝가위를 사용할 수 있다.
			5. 가위 또는 클리퍼를 사용하여 아웃라인을 정리할 수 있다.
		2. 그래쥬에이션커트 마무리하기	1. 고객의 얼굴과 목 등의 머리카락을 제거할 수 있다.
			2. 헤어커트 후 고객 만족을 파악하여 필요한 경우 수정 및 보정 커트를 할 수 있다.
			3. 그래쥬에이션 커트에 어울리는 스타일로 마무리 할 수 있다.
			4. 사용한 헤어커트 도구는 청결하게 관리하고 주변을 정리 · 정돈할 수 있다.
	10. 레이어 헤어커트	1. 레이어 헤어커트하기	1. 레이어 헤어커트 스타일에 따른 블로킹과 섹션을 할 수 있다.
			2. 레이어 헤어커트 스타일에 따른 빗질의 방향과 각도를 조절할 수 있다.
			3. 헤어커트 빗과 가위를 정확하게 사용하여 레이어 커트를 할 수 있다.
			4. 모량조절이 필요한 부분에 틴닝 가위를 사용할 수 있다.
		2. 레이어 헤어커트 마무리하기	1. 고객의 얼굴과 목 등의 머리카락을 제거할 수 있다.
			2. 레이어 헤어커트 마무리 후 고객 만족도를 파악하여 필요한 경우 수정 · 보완커트를 할 수 있다.
			3. 레이어 헤어커트 마무리가 종료 된 후 사용한 헤어커트 도구와 주변을 즉시 정리 · 정돈할 수 있다.
			4. 레이어 헤어커트에 어울리게 헤어스타일을 마무리할 수 있다.

2. 이용사국가자격시험출제기준

◆ 출제기준 (필기)

직무분야	이용.숙박.여행.오락.스포	중직무분야	이용.미용	자격종목	이용사	적용기간	2022.01.01 ~2026.12.31

○ 직무내용 : 고객의 미적요구와 정서적 만족을 위해 미용기기와 제품을 활용하여 샴푸, 두피 · 모발관리, 헤어커트, 헤어펌, 헤어컬러, 헤어스타일 연출 등의 서비스를 제공하는 직무

필기검정방법	객관식	문제수	60	시험시간	1시간

필기과목명	문제수	주요항목	세부항목	세세항목
이용 및 모발관리	60	1. 이용 위생 · 안전관리	1. 이용사 위생관리	1. 개인 위생관리
				2. 개인 건강관리
				3. 작업장 근무수칙 준수
				4. 이용 작업 자세
			2. 영업장 위생관리	1. 영업장 환경위생
				2. 영업장 시설 · 설비
				3. 영업장 환경의 청결유지
				4. 영업장 위생 점검
				5. 위생문제 발생 시 대책
				6. 위생서비스 수준 향상
			3. 영업장 안전사고 예방 및 대처	1. 안전 기구 및 기기 사용법
				2. 안전사고 예방 및 점검(전기, 화재, 낙상)
				3. 안전사고 시 응급조치
			4. 피부의 이해	1. 피부와 피부 부속 기관
				2. 피부유형분석
				3. 피부와 영양
				4. 피부와 광선
				5. 피부면역
				6. 피부노화
				7. 피부장애와 질환
			5. 화장품 분류	1. 화장품 기초
				2. 화장품 제조
				3. 화장품의 종류와 기능
		2. 이용 고객서비스	1. 고객 응대	1. 고객 응대방법
이용 및 모발관리	60	2. 이용 고객서비스	2. 고객 상담	1. 고객 상담방법
			3. 고객 관리	1. 고객 관리방법
		3. 모발관리	1. 모발진단	1. 두피 형태 및 유형 분석
				2. 모발 구성 성분과 작용
				3. 모발 구조
				4. 모발 특성
				5. 모발 손상의 유무 진단기법
			2. 모발의 물리적 손상 처치	1. 모발 흡습 메커니즘
				2. 손상처치 방법
				3. 모발변성
			3. 모발의 화학적 손상 처치	1. 모발구성 물질
				2. 모발의 화학구조 및 손상
				3. pH 농도에 따른 모발 손상 처치
		4. 기초 이발	1. 이용 역사	1. 이용 발전과정
				2. 이발 도구의 변천사
				3. 이발 스타일의 변천사
			2. 기본 도구 사용	1. 이발 도구의 종류
				2. 이발 도구의 사용법
			3. 기본 이발 작업	1. 이발의 기본작업 및 자세
				2. 이발 기법
		5. 이발 디자인의 종류	1. 장발형 이발	1. 장발형(솔리드형, 레이어드형, 그래쥬에이션형)의 종류 및 특징
			2. 중발형 이발	1. 중발형(상중발형, 중중발형, 하중발형)의 종류 및 특징
			3. 단발형 이발	1. 단발형(상상고형, 중상고형, 하상고형)의 종류 및 특징
			4. 짧은 단발형 이발	1. 짧은 단발형(둥근형, 삼각형, 사각형)의 종류 및 특징
		6. 기본 면도	1. 기본 면도 기초지식 파악	1. 수염 유형 및 특성
				2. 면도 도구 종류
			2. 기본 면도 작업	1. 기본 면도 기구 선정
				2. 기본 면도 위치와 자세
				3. 기본 면도 방법과 순서
				4. 기본 면도 제품 사용방법
			3. 기본 면도 마무리	1. 면도작업 후처리
				2. 크림 매니플레이션
		7. 기본 염 · 탈색	1. 염 · 탈색 준비	1. 색채 이론
				2. 모발 색소
				3. 염 · 탈색 원리
				4. 염모제
				5. 기구 종류
				6. 모발 진단
				7. 패치 테스트
			2. 염 · 탈색 작업	1. 염 · 탈색제 사용법
				2. 색상 배합
				3. 도포 방법
				4. 새치염색
				5. 멋내기 염색
				6. 탈색
				7. 컬러 체크
			3. 염 · 탈색 마무리	1. 에멀젼 작업
		8. 샴푸 · 트리트먼트	1. 샴푸 트리트먼트 준비	1. 계면활성제
				2. 두피 유형에 따른 샴푸 및 린스
			2. 샴푸 · 트리트먼트 작업	1. 샴푸 방법
				2. 샴푸 매니플레이션
				3. 린스
				4. 트리트먼트
			3. 샴푸 트리트먼트 마무리	1. 타월 사용법
				2. 모발 제품과 홈케어
		9. 스캘프 케어	1. 스캘프 케어 준비	1. 두피 관련기기와 도구
				2. 두피 관리의 효과
				3. 두피 상담
			2. 진단 · 분류	1. 두피 유형 및 특성
				2. 두피 영양
				3. 탈모유형 분류
			3. 스캘프 케어	1. 두피 유형에 따른 샴푸 방법
				2. 두피 유형에 따른 제품 적용
				3. 두피 스켈링
				4. 두피 매니플레이션
			4. 사후 관리	1. 두피 유형에 따른 관리
		10. 기본 아이론 펌	1. 기본 아이론 펌 준비	1. 펌 디자인
				2. 펌 용제
				3. 아이론 기기 선정
			2. 기본 아이론 펌 작업	1. 아이론 기기 조작방법
				2. 아이론 펌 순서와 방법
				3. 모발손상 방지방법
				4. 작업 시 안전
			3. 기본 아이론 펌 마무리	1. 기본 아이론 펌 작업 후 수정 · 보완
		11. 기본 정발	1. 기초 지식 파악	1. 블로 드라이 기본 원리
				2. 얼굴유형에 맞는 정발 스타일

필기과목명	문제수	주요항목	세부항목	세세항목
이용 및 모발관리	60	11. 기본 정발	2. 기본 정발 작업	1. 정발 기구 사용법
				2. 정발제품 사용법
				3. 정발 순서 및 방법
				4. 가르마 유형
			3. 마무리 작업 및 정리 정돈	1. 정발 작업 수정 · 보완
				2. 마무리 헤어 제품
		12. 패션 가발	1. 패션 가발 상담	1. 헤어스타일 파악
			2. 패션 가발 작업	1. 패션 가발 커트방법 및 도구
				2. 패션 가발 착용방법
			3. 패션 가발 관리	1. 패션 가발관리 및 보관방법
		13. 공중위생관리	1. 공중보건	1. 공중보건 기초
				2. 질병관리
				3. 가족 및 노인보건
				4. 환경보건
				5. 식품위생과 영양
				6. 보건행정
			2. 소독	1. 소독의 정의 및 분류
				2. 미생물 총론
				3. 병원성 미생물
				4. 소독방법
				5. 분야별 위생 · 소독
			3. 공중위생관리법규(법, 시행령, 시행규칙)	1. 목적 및 정의
				2. 영업의 신고 및 폐업
				3. 영업자 준수사항
				4. 면허
				5. 업무
				6. 행정지도감독
				7. 업소 위생등급
				8. 위생교육
				9. 벌칙
				10. 시행령 및 시행규칙 관련사항

◆ 출제기준 (실기)

직무분야	이용.숙박.여행.오락.스포	중직무분야	이용.미용	자격종목	미용사(일반)	적용기간	2022.01.01 ~2026.12.31

○ 직무내용 : 이용기술을 활용하여 머리카락 · 수염 깎기 및 다듬기, 염 · 탈색, 아이론, 가발, 정발 등을 통해 고객의 용모를 단정하게 연출하는 직무이다.

○ 수행준거

1. 고객에게 적합한 샴푸제를 선정하여 샴푸하고 트리트먼트하여 두피와 모발의 생리적 분비물과 이물질을 제거하고 혈액순환을 촉진시킬 수 있다.
2. 이용역사와 이발술의 기초를 통해 이발의 기본기를 완성할 수 있다.
3. 귀를 덮지 않도록 길이를 설정하여 원하는 스타일에 따라 양감을 조절하여 하단부에서 상단부로 갈수록 모발길이를 점차 길어지게 깎을 수 있다.
4. 두상의 모발이 눕지 않고 세울 정도의 짧은 스타일로 천정부의 형태를 둥근형, 삼각형, 사각형으로 깎을 수 있다.
5. 면도 기구를 이용하여 얼굴(面面), 목 부분 등에 있는 불필요한 털을 깎아 사람의 용모를 단정하게 정리할 수 있다.
6. 고객의 버진 모발을 대상으로 작업 목적에 따라 적합한 제품을 선정하여 염색 및 탈색을 작업할 수 있다.
7. 고객의 모발을 대상으로 블로 드라이기, 빗과 브러시 등을 이용하여 모발의 볼륨을 증가하거나 감소시켜 고객의 얼굴과 두상의 조화미를 연출할 수 있다.
8. 펌제와 아이론 등으로 물리 · 화학적인 방법을 사용하여 모발의 구조와 형태를 변화시켜 퍼머넌트 헤어 웨이브를 완성할 수 있다.
9. 건강한 두피 및 두발을 유지 · 관리하기 위하여 상담 및 진단기기 · 제품을 이용하여 두피 문제를 관리할 수 있다.
10. 영업장 내외의 위생과 안전한 이용 서비스를 제공하며 고객 및 시설의 안전관리와 사고를 예방할 수 있다.

실기검정방법	작업형	시험시간	2시간 10분 정도

필기과목명	주요항목	세부항목	세세항목
이용 실무	1. 샴푸 · 트리트먼트	1. 샴푸 트리트먼트 준비하기	1. 두피 상태를 유형별로 나누고 특징을 설명할 수 있다.
			2. 계면활성제의 기초이론과 성질, 작용, 종류 등 원리를 설명할 수 있다.
			3. 세정제와 트리트먼트의 성분, 효과 등을 관련지어 제품 유형을 분석할 수 있다.
			4. 모발상태 또는 서비스 목적에 따라 제품을 준비할 수 있다.
		2. 샴푸 · 트리트먼트 작업하기	1. 클렌징에 따른 샴푸 목적, 세정작용, pH에 대해 설명할 수 있다.
			2. 두부의 브러싱, 매니플레이션 등 실제와 관련하여 설명할 수 있다.
			3. 샴푸의 실제를 작업할 수 있다.
			4. 트리트먼트의 실제를 작업할 수 있다.
		3. 샴푸 트리트먼트 마무리 하기	1. 타월을 이용하여 모발의 수분을 제거하고 감싸기를 할 수 있다.
이용 실무	1. 샴푸 · 트리트먼트	3. 샴푸 트리트먼트 마무리 하기	2. 주변환경과 사용도구, 기구 등을 위생적으로 처리할 수 있다.
			3. 원하는 헤어 스타일 제품을 사용하여 리세트 할 수 있다.
			4. 모발 제품과 홈케어 방법을 제언해 줄 수 있다.
	2. 기초 이발	1. 이용역사 설명하기	1. 이발의 변천사를 형태와 기법으로 설명할 수 있다.
		2. 기초 이발하기	1. 이발 도구인 가위, 틴닝가위, 레이저, 바리캉, 빗 등의 구조와 사용방법을 설명할 수 있다.
			2. 이발 도구에 따른 자르기 기본 기법을 실행할 수 있다.
			3. 이발작업에 필요한 기초 이론 지식을 적용할 수 있다.
			4. 이발의 기본절차를 수행할 수 있다.
	3. 단발형 이발	1. 상상고형 이발하기	1. 천정부의 두발을 지간깎기를 할 수 있다.
			2. 천정부 아래 영역의 두발을 거칠게깎기를 할 수 있다.
			3. 바리캉을 이용하여 측면과 후면의 발제선부터 중단부이상 그라데이션하여 깎을 수 있다.
			4. 바리캉으로 깎은 후 싱글링하여 천정부의 두발과 자연스럽게 연결할 수 있다.
			5. 틴닝가위를 사용하여 질감처리를 할 수 있다.
			6. 장가위를 사용하여 수정 · 보완할 수 있다.
		2. 중상고형 이발하기	1. 천정부와 상단부의 두발을 지간깎기를 할 수 있다.
			2. 상단부 아래 영역의 두발을 거칠게깎기를 할 수 있다.
			3. 바리캉을 이용하여 측면과 후면의 발제선부터 하단부까지 그라데이션하여 깎을 수 있다.
			4. 바리캉으로 깎은 후 싱글링하여 상단부의 두발과 자연스럽게 연결할 수 있다.
			5. 틴닝가위를 사용하여 질감처리를 할 수 있다.
			6. 장가위를 사용하여 수정 · 보완할 수 있다.
		3. 하상고형 이발하기	1. 천정부와 상단부의 두발을 지간깎기를 할 수 있다.
			2. 상단부 아래 영역의 두발을 거칠게 깎기를 할 수 있다.
			3. 바리캉을 이용하여 측면과 후면의 발제선부터 후두하부까지 그라데이션하여 깎을 수 있다.
			4. 바리캉으로 깎은 후 싱글링하여 상단부의 두발과 자연스럽게 연결할 수 있다.
			5. 틴닝가위를 사용하여 질감처리를 할 수 있다.
			6. 장가위를 사용하여 수정 · 보완할 수 있다.
	4. 짧은 단발형 이발	1. 둥근형 이발하기	1. 전체 두발을 거칠게 깎기를 할 수 있다.
			2. 바리캉을 이용하여 측면과 후면의 발제선부터 후두부까지 그라데이션하여 깎을 수 있다.
			3. 천정부를 둥근형으로 깎은 후 싱글링하여 천정부의 두발과 자연스럽게 연결할 수 있다.
			4. 틴닝가위를 사용하여 질감처리를 할 수 있다.
			5. 장가위를 사용하여 수정 · 보완할 수 있다.
		2. 삼각형 이발하기	1. 전체 두발을 거칠게 깎기를 할 수 있다.
			2. 바리캉을 이용하여 측면과 후면의 발제선부터 후두부까지 그라데이션하여 깎을 수 있다.
			3. 천정부를 삼각형으로 깎은 후 싱글링하여 천정부의 두발과 자연스럽게 연결할 수 있다.
			4. 틴닝가위를 사용하여 질감처리를 할 수 있다.
			5. 장가위를 사용하여 수정 · 보완할 수 있다.

이용 실무	4. 짧은 단발형 이발	3. 사각형 이발하기	1. 전체 두발을 거칠게 깎기를 할 수 있다.
			2. 바리캉을 이용하여 측면과 후면의 발제선부터 후두부까지 그라데이션하여 깎을 수 있다.
			3. 천정부를 사각형으로 깎은 후 싱글링하여 천정부의 두발과 자연스럽게 연결할 수 있다.
			4. 틴닝가위를 사용하여 질감처리를 할 수 있다.
			5. 장가위를 사용하여 수정 · 보완할 수 있다.
	5. 기본 면도	1. 기본 면도 기초지식 파악하기	1. 면도 작업에 기초이론을 이해하고 설명할 수 있다.
			2. 모질을 이해하고 설명할 수 있다.
			3. 피부의 유형을 파악하여 설명할 수 있다.
			4. 기본 면도 도구에 종류와 관리 및 사용방법을 설명할 수 있다.
			5. 기본 면도 제품의 종류와 사용방법을 설명할 수 있다.
		2. 기본 면도 작업하기	1. 기본 면도 피부 종류나 수염 성질을 이해하고 작업할 수 있다.
			2. 기본 면도 기구를 선정하여 사용 방법에 따라 작업할 수 있다.
			3. 기본 면도 제품을 사용하여 작업할 수 있다.
			4. 기본 면도 방법과 순서에 따라 작업할 수 있다.
			5. 기본 면도 위치와 자세에 따라 작업할 수 있다.
		3. 기본 면도 마무리하기	1. 면도작업 후 크림, 비눗물을 스팀 타월로 닦기를 할 수 있다.
			2. 크림 매니플레이션을 할 수 있다.
			3. 사용한 기구를 분리하여 소독 후 위생관리할 수 있다.
			4. 고객 카드를 기록할 수 있다.
	6. 기본 염 · 탈색	1. 염 · 탈색 준비하기	1. 색채 이론을 기본으로 모발의 색, 모발 색상 이론을 설명할 수 있다.
			2. 과산화수소의 유형과 역할, 작용, 사용 범주 등을 염 · 탈색과 관련하여 설명할 수 있다.
			3. 탈색제의 성분과 구성, 종류, 작용, 손상 등 탈색과 관련하여 설명할 수 있다.
			4. 염모제의 구분과 염모제별 특징과 사용 방법 등을 염색에 관하여 설명할 수 있다.
		2. 염 · 탈색 작업하기	1. 염 · 탈색 작업과 관련하여 고객 상담, 패치 테스트, 스트랜드 테스트를 할 수 있다.
			2. 탈색제를 사용하여 블리치 레벨을 만들 수 있다.
			3. 비산화 염모제를 사용하여 다양한 결과 색상을 만들 수 있다.
			4. 산화 영구 염모제를 사용하여 백모염색과 멋내기 염색을 할 수 있다.
		3. 염 · 탈색 마무리하기	1. 에멀젼 작업을 할 수 있다.
			2. 마무리 샴푸 · 트리트먼트를 할 수 있다.
			3. 정발 제품을 사용하여 리셋할 수 있다.
			4. 고객에게 홈 케어 방법을 설명하고 제품을 추천할 수 있다.
			5. 고객관리프로그램(ERP)사용 방법을 이해하고 고객관리등록을 할 수 있다.
			6. 작업에 사용한 기구를 위생적으로 관리, 정리할 수 있다.
	7. 기본 정발	1. 기초 지식 파악하기	1. 블로 드라이 작업의 기본원리를 이해하고 설명할 수 있다.
			2. 얼굴형에 어울리는 가르마 스타일을 설명할 수 있다.
			3. 정발 작업에 필요한 기구의 사용법을 이해하고 설명할 수 있다.
			4. 정발 작업에 필요한 정발료의 사용법을 이해하고 설명할 수 있다.
		2. 기본 정발 작업하기	1. 기본 정발 작업에 필요한 기구와 정발제품을 준비할 수 있다.
			2. 정발제품을 순서와 방법에 따라 바를 수 있다.
			3. 기본 정발 스타일을 순서와 방법에 따라 작업할 수 있다.
이용 실무	7. 기본 정발	3. 마무리 및 정리 정돈하기	1. 스타일을 마무리할 수 있다.
			2. 사용한 도구 및 재료를 위생적으로 처리할 수 있다.
	8. 기본 아이론 펌	1. 기본 아이론 펌 준비하기	1. 모발의 형태 및 특성에 대하여 말할 수 있다.
			2. 펌 디자인의 이해, 펌 역사, 펌 용제에 대해 말할 수 있다.
			3. 아이론 직펌의 원리 및 모발 손상에 대해 말할 수 있다.
			4. 기본 아이론 펌 디자인의 작업 과정에 대해 말할 수 있다.
			5. 작업 전의 기술적인 전 과정을 준비할 수 있다.
			6. 작업 전의 태도에 관한 전과정을 준비할 수 있다.
		2. 기본 아이론 펌 작업하기	1. 선정된 기구를 조작할 수 있다.
			2. 기본 아이론 펌 디자인 패턴을 작업할 수 있다.
			3. 아이론 직펌 순서와 방법에 따라 작업할 수 있다.
			4. 기기 사용 시 작업장 청결과 고객 안전에 유의하며 작업할 수 있다.
		3. 기본 아이론 펌 마무리하기	1. 고객의 만족도에 따른 수정, 보완을 할 수 있다.
			2. 제품을 사용하여 리셋을 연출할 수 있다.
			3. 아이론 펌 후 홈 케어 방법과 스타일에 따른 제품을 추천할 수 있다.
			4. 사용한 도구 및 재료를 위생적으로 처리할 수 있다.
			5. 고객 기록 카드를 작성하여 정보 수집과 관리를 할 수 있다.
	9. 스캘프 케어	1. 스캘프 케어 준비하기	1. 두피 생리론을 알고 두피문제를 설명할 수 있다.
			2. 모발생리론을 알고 두피문제를 설명할 수 있다.
			3. 탈모이론을 알고 준비할 수 있다.
			4. 탈모와 관련된 영양에 대해 설명할 수 있다.
			5. 두피 관련 식이에 대해 설명할 수 있다.
		2. 진단 · 분류하기	1. 두피 상태를 진단 · 분류할 수 있다.
			2. 두피 유형에 따라 두피 유형을 분류할 수 있다.
			3. 두피 유형에 따른 관리 방법에 대해 설명할 수 있다.
		3. 스캘프 케어하기	1. 문제성 두피를 관리할 수 있다.
			2. 문제성 모발을 관리할 수 있다.
			3. 두피 관리과정을 알고 적용할 수 있다.
			4. 두피관리 매뉴얼을 작성할 수 있다.
			5. 두피 테라피를 적용할 수 있다.
		4. 사후 관리하기	1. 관리 종결 후 홈케어 상담을 제안할 수 있다.
			2. 두피 유형에 따른 샴푸 방법에 대해 제안할 수 있다.
			3. 두피 유형에 따른 제품의 사용 방법을 제안할 수 있다.
	10. 이용 위생 · 안전관리	1. 이용사 위생관리하기	1. 법정감염병 예방 수칙에 따라 전염병의 위험성과 예방 대책을 적용할 수 있다.
			2. 위생관리 지침에 따라 청결, 소독 등을 통하여 질병 등 스스로 건강상태를 관리하고 보고할 수 있다.
			3. 용모관리 지침에 따라 단정한 복장과 개인위생 장구, 언행, 금연 등의 작업장 근무수칙을 준수할 수 있다.
			4. 공중위생관리법에 따라 위생교육을 받을 수 있다.
			5. 위생점검일지를 준수하며 개선할 수 있다.
		2. 영업장 위생관리하기	1. 공중위생영업의 시설 및 위생관리 기준을 갖출 수 있다.
			2. 쾌적한 실내 환경을 위한환경인자를 조절할 수 있다.
			3. 영업장 내 시설 · 설비의 위치에 따라 청소, 소독, 정리정돈, 폐기물 분리를 할 수 있다.
			4. 공중이용시설의 정기적인 점검을 통해 위생점검일지를 작성하고 영업장 환경위생을 개선할 수 있다.

이용 실무	10. 이용 위생 · 안전관리	3. 이용기구 소독하기	1. 소독제의 종류와 특성에 따라 적정비율로 조제할 수 있다.
			2. 소독제 사용방법에 따라 이용기구를 소독할 수 있다.
			3. 사용용도에 따라 소독한 기구와 소독하지 아니한 기구를 분리하여 보관할 수 있다.
		4. 영업장 안전사고 예방하기	1. 산업재해 발생 원인에 따른 산업재해 유형을 설명할 수 있다.
			2. 영업장 내?외의 전기, 화재, 낙상사고 예방을 위해 안전상태를 사전에 점검하여 위험요소를 제거할 수 있다.
			3. 응급 및 긴급사항 발생 시안전매뉴얼에 따라 신속하게 대처할 수 있다.
			4. 정기적인 안전교육을 통해 소방시설을 점검하고 관리할 수 있다.

3. 미용사(피부)국가자격시험출제기준

◆ 출제기준 (필기)

직무분야	이용.숙박.여행.오락.스포	중직무분야	이용.미용	자격종목	미용사(피부)	적용기간	2022.07.01~2026.12.31

○ 직무내용 : 고객의 상담과 피부분석을 통해 안정감 있고 위생적인 환경에서 얼굴, 신체부위별 피부를 미용기기와 화장품을 이용하여 서비스를 제공하는 직무이다.

필기검정방법	객관식	문제수	60	시험시간	1시간

필기과목명	문제수	주요항목	세부항목	세세항목
해부생리, 미용기기 · 기구 및 피부미용 관리	60	1. 피부미용이론	1. 피부미용개론	1. 피부미용의 개념
				2. 피부미용의 역사
			2. 피부분석 및 상담	1. 피부분석의 목적 및 효과
				2. 피부상담
				3. 피부유형분석
				4. 피부분석표
			3. 클렌징	1. 클렌징의 목적 및 효과
				2. 클렌징 제품
				3. 클렌징 방법
			4. 딥 클렌징	1. 딥 클렌징의 목적 및 효과
				2. 딥 클렌징 제품
				3. 딥 클렌징 방법
			5. 피부유형별 화장품 도포	1. 화장품도포의 목적 및 효과
				2. 피부유형별 화장품 종류 및 선택
				3. 피부유형별 화장품 도포
			6. 매뉴얼 테크닉	1. 매뉴얼 테크닉의 목적 및 효과
				2. 매뉴얼 테크닉의 종류 및 방법
			7. 팩 · 마스크	1. 목적과 효과
				2. 종류 및 사용방법
			8. 제모	1. 제모의 목적 및 효과
				2. 제모의 종류 및 방법
			9. 신체 각 부위(팔, 다리 등) 관리	1. 신체 각 부위(팔, 다리 등)관리의 목적 및 효과
				2. 신체 각 부위(팔, 다리 등)관리의 종류 및 방법
			10. 마무리	1. 마무리의 목적 및 효과
				2. 마무리의 방법
			11. 피부와 부속기관	1. 피부구조 및 기능
				2. 피부 부속기관의 구조 및 기능
			12. 피부와 영양	1. 3대 영양소, 비타민, 무기질
				2. 피부와 영양
				3. 체형과 영양
			13. 피부장애와 질환	1. 원발진과 속발진
				2. 피부질환
			14. 피부와 광선	1. 자외선이 미치는 영향
				2. 적외선이 미치는 영향
			15. 피부면역	1. 면역의 종류와 작용
			16. 피부노화	1. 피부노화의 원인
				2. 피부노화현상
		2. 해부생리학	1. 세포와 조직	1. 세포의 구조 및 작용
				2. 조직구조 및 작용
			2. 뼈대(골격)계통	1. 뼈(골)의 형태 및 발생
				2. 전신뼈대(전신골격)
해부생리, 미용기기 · 기구 및 피부미용 관리	60	2. 해부생리학	3. 근육계통	1. 근육의 형태 및 기능
				2. 전신근육
			4. 신경계통	1. 신경조직
				2. 중추신경
				3. 말초신경
			5. 순환계통	1. 심장과 혈관
				2. 림프
			6. 소화기계통	1. 소화기관의 종류
				2. 소화와 흡수
		3. 피부미용 기기학	1. 피부미용기기 및 기구	1. 기본용어와 개념
				2. 전기와 전류
				3. 기기 · 기구의 종류 및 기능
			2. 피부미용기기 사용법	1. 기기 · 기구 사용법
				2. 유형별 사용방법
		4. 화장품학	1. 화장품학개론	1. 화장품의 정의
				2. 화장품의 분류
			2. 화장품제조	1. 화장품의 원료
				2. 화장품의 기술
				3. 화장품의 특성
			3. 화장품의 종류와 기능	1. 기초 화장품
				2. 메이크업 화장품
				3. 모발 화장품
				4. 바디(body)관리 화장품
				5. 네일 화장품
				6. 향수
				7. 에센셜(아로마) 오일 및 캐리어 오일
				8. 기능성 화장품
		5. 공중위생관리학	1. 공중보건학	1. 공중보건학 총론
				2. 질병관리
				3. 가족 및 노인보건
				4. 환경보건
				5. 식품위생과 영양
				6. 보건행정
			2. 소독학	1. 소독의 정의 및 분류
				2. 미생물 총론
				3. 병원성 미생물
				4. 소독방법
				5. 분야별 위생?소독
			3. 공중위생관리법규(법, 시행령, 시행규칙)	1. 목적 및 정의
				2. 영업의 신고 및 폐업
				3. 영업자준수사항
				4. 면허
				5. 업무
				6. 행정지도감독
				7. 업소 위생등급
				8. 위생교육
				9. 벌칙
				10. 시행령 및 시행규칙 관련사항

◆ 출제기준 (실기)

직무분야	이용.숙박.여행.오락.스포	중직무분야	이용.미용	자격종목	미용사(피부)	적용기간	2022.07.01~2026.12.31

○ 직무내용 : 고객의 상담과 피부분석을 통해 안정감 있고 위생적인 환경에서 얼굴, 신체 부위별 피부를 미용기기와 화장품을 이용하여 서비스를 제공하는 직무이다.
○ 수행준거
1. 피부미용 실무를 위한 준비 및 위생사항 점검을 수행할 수 있다.
2. 피부의 타입에 따른 클렌징 및 딥클렌징을 할 수 있다.
3. 피부의 타입별 분석표를 작성할 수 있다.
4. 눈썹정리 및 왁싱 작업을 수행할 수 있다.
5. 손을 이용한 얼굴 및 신체 각 부위(팔, 다리 등)관리를 수행할 수 있다.

실기검정방법	작업형	시험시간	2시간 15분 정도

필기과목명	주요항목	세부항목	세세항목
피부미용 실무	1. 피부미용 위생관리	1. 피부미용 작업장위생 관리하기	1. 위생관리 지침에 따라 피부미용 작업장 위생 관리 업무를 책임자와 협의하여 준비, 수행할 수 있다.
			2. 쾌적함을 주는 피부미용 작업장이 되도록 체크리스트에 따라 환풍, 조도, 냉 · 난방시설에 대한 위생을 점검할 수 있다.
			3. 위생관리 지침에 따라 피부미용 작업장 청소 및 소독점검표를 기록할 수 있다.
			4. 피부미용 작업장 소독계획에 따른 작업장 소독을 통해 작업장의 위생 상태를 관리할 수 있다.

과목명	주요항목	세부항목	세세항목
피부미용 실무	1. 피부미용 위생관리	2. 피부미용 비품위생 관리하기	1. 위생관리 지침에 따라 피부미용 비품의 위생관리 업무를 책임자와 협의하여 준비, 수행할 수 있다.
			2. 위생관리 지침에 따라 적절한 소독방법으로 피부관리실 내부의 비품을 소독하여 보관할 수 있다.
			3. 소독제에 대한 유효기간을 점검할 수 있다.
			4. 사용종류에 알맞은 피부미용 비품의 정리정돈을 수행할 수 있다.
		3. 피부미용사 위생관리하기	1. 위생관리 지침에 따라 피부미용사로서 깨끗한 위생복, 마스크, 실내화를 구비하여 착용할 수 있다.
			2. 장신구는 피하고 가벼운 화장과 예의 있는 언행으로작업장 근무수칙을 준수할 수 있다.
			3. 위생관리 지침에 따라 두발, 손톱 등 단정한 용모와 신체 청결을 유지할 수 있다.
	2. 얼굴관리	1. 얼굴클렌징하기	1. 얼굴피부유형별 상태에 따라 클렌징 방법과 제품을 선택할 수 있다.
			2. 눈, 입술 순서로 포인트 메이크업을 클렌징 할 수 있다.
			3. 얼굴피부유형에 맞는 제품과 테크닉으로 클렌징 할 수 있다.
			4. 온습포 또는 경우에 따라 냉습포로 닦아내고 토닉으로 정리할 수 있다.
		2. 눈썹정리하기	1. 눈썹정리를 위해 도구를 소독하여 준비할 수 있다.
			2. 고객이 선호하는 눈썹형태로 정리 할 수 있다.
			3. 눈썹정리한 부위에 대한 진정관리를 실시할 수 있다.
		3. 얼굴 딥클렌징하기	1. 피부 유형별 딥클렌징 제품을 선택 할 수 있다.
			2. 선택된 딥클렌징 제품을 특성에 맞게 적용할 수 있다.
			3. 피부미용기기 및 기구를 활용하여 딥클렌징을 적용할 수 있다.
		4. 얼굴 매뉴얼테크닉하기	1. 얼굴의 피부유형과 부위에 맞는 매뉴얼 테크닉을 하기 위한 제품을 선택할 수 있다.
			2. 선택된 제품을 피부에 도포할 수 있다.
			3. 5가지 기본 동작을 이용하여 매뉴얼테크닉을 적용할 수 있다.
			4. 얼굴의 피부상태와 부위에 적정한 리듬, 강약, 속도, 시간, 밀착 등을 조절하여 적용할 수 있다.
		5. 영양물질 도포하기	1. 피부유형에 따라 영양물질을 선택 할 수 있다.
			2. 피부유형에 따라 영양물질을 필요한 부위에 도포 할 수 있다.
			3. 제품의 특성에 따른 영양물질이 흡수되도록 할 수 있다.
		6. 얼굴 팩 · 마스크하기	1. 피부유형에 따른 팩과 마스크종류를 선택할 수 있다.
			2. 제품 성질에 맞는 팩과 마스크를 적용할 수 있다.
			3. 관리 후 팩과 마스크를 안전하게 제거할 수 있다.
		7. 마무리하기	1. 얼굴관리가 끝난 후 토닉으로 피부정리를 할 수 있다.
			2. 고객의 얼굴피부유형에 따른 기초화장품류를 선택할 수 있다.
			3. 영양물질을 흡수시키고 자외선 차단제를 사용하여 마무리 할 수 있다.
	3. 신체 각 부위별 피부관리	1. 신체 각 부위별 클렌징하기	1. 화장품 성분에 대한 지식을 이해하고 피부상태에 따라 클렌징 방법과 제품을 선택할 수 있다.
			2. 클렌징 방법을 이해하고 클렌징 제품을 팔, 다리에 도포하여 순서에 맞게 연결동작으로 가볍게 시행할 수 있다.
			3. 마무리를 위하여 온 습포 등으로 잔여물을 닦아낸 후 토너로 피부를 정리할 수 있다.
		2. 신체부위별 딥클렌징하기	1. 전신 피부 유형별 딥클렌징 제품을 선택할 수 있다.
피부미용 실무	3. 신체 각 부위별 피부관리	2. 신체부위별 딥클렌징하기	2. 선택된 딥클렌징 제품을 특성에 따라 전신 피부 유형에 맞게 적용할 수 있다.
			3. 피부미용기기 및 기구를 활용하여 딥클렌징을 적용할 수 있다.
		3. 신체 부위별 피부관리하기	1. 손, 팔, 다리의 피부유형과 피부 상태를 파악하여 피부관리에 적합한 제품을 선택, 도포할 수 있다.
			2. 손, 팔, 다리의 피부 상태를 파악하고 목적에 맞는 매뉴얼 테크닉을 적용, 피부관리를 할 수 있다.
		4. 신체부위별 팩 · 마스크하기	1. 전신 피부유형에 따른 팩과 마스크종류를 선택할 수 있다.
			2. 제품 성질에 맞게 팩과 마스크를 적용할 수 있다.
			3. 관리 후 팩과 마스크를 안전하게 제거할 수 있다.
		5. 신체부위별 관리 마무리하기	1. 전신관리가 끝난 후 토닉으로 피부정리를 할 수 있다.
			2. 고객의 전신 피부유형에 따른 기초화장품류를 선택할 수 있다.
			3. 해당 부위에 맞는 제품을 선택 후 특성에 따라 적용할 수 있다.
			4. 피부손질이 끝난 후 전신을 가볍게 이완할 수 있다.
	4. 피부미용 특수관리	1. 제모하기	1. 신체부위별 왁스를 선택하고 도구를 준비할 수 있다.
			2. 제모할 부위에 털의 길이를 조절할 수 있다.
			3. 제모 할 부위를 소독할 수 있다.
			4. 수분제거용 파우더와 왁스를 적용할 수 있다.
			5. 부위에 맞게 부직포를 밀착하여 떼어 낸 후 남은 털을 족집게로 정리할 수 있다.
			6. 냉습포로 닦아낸 후 진정제품으로 정돈할 수 있다.
		2. 림프관리하기	1. 림프관리시 금기해야할 상태를 구분할 수 있다.
			2. 림프관리시 적용할 피부상태와 신체부위를 구분할 수 있다.
			3. 림프절과 림프선을 알고 적절하게 관리할 수 있다.
			4. 셀룰라이트 피부를 파악하여 림프관리를 적용할 수 있다.
			5. 림프정체성 피부를 파악하여 림프관리를 적용할 수 있다.

4. 미용사(네일)국가자격시험출제기준

◆ 출제기준 (필기)

직무분야	이용.숙박.여행.오락.스포	중직무분야	이용.미용	자격종목	미용사(네일)	적용기간	2022.01.01 ~2026.12.31
○ 직무내용 : 고객의 건강하고 아름다운 네일을 유지 · 보호하기 위해 네일 케어, 컬러링, 인조 네일, 네일아트 등의 서비스를 제공하는 직무이다.							

필기검정방법	객관식	문제수	60	시험시간	1시간

필기과목명	문제수	주요항목	세부항목	세세항목
네일화장물 적용 및 네일 미용관리	60	1. 네일미용 위생서비스	1. 네일미용의 이해	1. 네일미용의 개념과 역사
			2. 네일숍 청결 작업	1. 네일숍 시설 및 물품 청결
				2. 네일숍 환경 위생 관리
			3. 네일숍 안전 관리	1. 네일숍 안전수칙
				2. 네일숍 시설 · 설비
			4. 미용기구 소독	1. 네일미용 기기 소독
				2. 네일미용 도구 소독
			5. 개인위생 관리	1. 네일미용 작업자 위생 관리
				2. 네일미용 고객 위생 관리
				3. 네일의 병변
			6. 고객응대 서비스	1. 고객응대 및 상담
			7. 피부의 이해	1. 피부와 피부 부속 기관
				2. 피부유형분석
				3. 피부와 영양
				4. 피부와 광선
			7. 피부의 이해	5. 피부면역

필기과목명	문제수	주요항목	세부항목	세세항목
네일화장물 적용 및 네일 미용관리	60	1. 네일미용 위생서비스	7. 피부의 이해	6. 피부노화
				7. 피부장애와 질환
			8. 화장품 분류	1. 화장품 기초
				2. 화장품 제조
				3. 화장품의 종류와 기능
			9. 손발의 구조와 기능	1. 뼈(골)의 형태 및 발생
				2. 손과 발의 뼈대(골격)
				3. 손과 발의 근육
				4. 손과 발의 신경
		2. 네일 화장물 제거	1. 일반 네일 폴리시 제거	1. 일반 네일 폴리시 성분
				2. 일반 네일 폴리시 제거 작업
			2. 젤 네일 폴리시 제거	1. 젤 네일 폴리시 성분
				2. 젤 네일 폴리시 제거 작업
			3. 인조 네일 제거	1. 인조 네일 제거방법 선택 및 제거작업
		3. 네일 기본관리	1. 프리에지 모양만들기	1. 네일 파일 사용
				2. 자연 네일 프리에지 모양
			2. 큐티클 부분 정리	1. 자연 네일의 구조
				2. 자연 네일의 특징
				3. 큐티클 부분 정리 작업
				4. 큐티클 부분 정리 도구
			3. 보습제 도포	1. 네일미용 보습 제품 적용
		4. 네일 화장물 적용 전 처리	1. 일반 네일 폴리시 전 처리	1. 네일 유분기 및 잔여물 제거
				2. 일반 네일 폴리시 전 처리 작업
			2. 젤 네일 폴리시 전 처리	1. 젤 네일 폴리시 전 처리 작업
			3. 인조 네일 전 처리	1. 인조 네일 전 처리 작업
		5. 자연 네일 보강	1. 네일 랩 화장물 보강	1. 네일 랩 화장물 보강 작업 및 도구
			2. 아크릴 화장물 보강	1. 아크릴 화장물 보강 작업 및 도구
			3. 젤 화장물 보강	1. 젤 화장물 보강 작업 및 도구
		6. 네일 컬러링	1. 풀 코트 컬러 도포	1. 풀 코트 컬러링
			2. 프렌치 컬러 도포	1. 프렌치 컬러링
			3. 딥 프렌치 컬러 도포	1. 딥 프렌치 컬러링
			4. 그러데이션 컬러 도포	1. 그러데이션 컬러링
		7. 네일 폴리시 아트	1. 일반 네일 폴리시 아트	1. 기초 색채 배색 및 일반 네일 폴리시 아트 작업
			2. 젤 네일 폴리시 아트	1. 기초 디자인 적용 및 젤 네일 폴리시 아트 작업
			3. 통 젤 네일 폴리시 아트	1. 네일 폴리시 디자인 도구 및 통 젤 네일 폴리시 아트 작업
		8. 팁 위드 파우더	1. 네일 팁 선택	1. 네일 상태에 따른 네일 팁 선택
			2. 풀 커버 팁 작업	1. 풀 커버 팁 활용 및 도구
			3. 프렌치 팁 작업	1. 프렌치 팁 활용 및 도구
			4. 내추럴 팁 작업	1. 내추럴 팁 활용 및 도구
		9. 팁 위드 랩	1. 팁 위드 랩 네일 팁 적용	1. 네일 팁 턱 제거 및 적용 작업
			2. 네일 랩 적용	1. 네일 랩 오버레이 및 네일랩 적용작업
		10. 랩 네일	1. 네일 랩 재단	1. 네일 랩 재료 및 작업
			2. 네일 랩 접착	1. 네일 랩 접착제 및 접착 작업
			3. 네일 랩 연장	1. 인조 네일 구조 및 네일 랩 연장작업
		11. 젤 네일	1. 젤 화장물 활용	1. 젤 네일 기구 및 젤 화장물 사용방법
			2. 젤 원톤 스컬프처	1. 네일 폼 적용 및 젤 원톤 스컬프처 작업
			3. 젤 프렌치 스컬프처	1. 젤 브러시 활용 및 젤 프렌치 스컬프처 작업
		12. 아크릴 네일	1. 아크릴 화장물 활용	1. 아크릴 네일 도구 및 사용방법
			2. 아크릴 원톤 스컬프처	1. 아크릴 브러시 활용 및 아크릴 원톤 스컬프처 작업
			3. 아크릴 프렌치 스컬프처	1. 스마일 라인 조형 및 아크릴 프렌치 스컬프처 작업
		13. 인조 네일 보수	1. 팁 네일 보수	1. 팁 네일 상태에 따른 화장물 제거 및 보수작업
			2. 랩 네일 보수	1. 랩 네일 상태에 따른 화장물 제거 및보수작업
			3. 아크릴 네일 보수	1. 아크릴 네일 상태에 따른 화장물 제거 및 보수작업
			4. 젤 네일 보수	1. 젤 네일 상태에 따른 화장물 제거 및 보수작업
		14. 네일 화장물 적용 마무리	1. 일반 네일 폴리시 마무리	1. 일반 네일 폴리시 잔여물 정리 및 건조
			2. 젤 네일 폴리시 마무리	1. 젤 네일 폴리시 잔여물 정리 및 경화
			3. 인조 네일 마무리	1. 인조 네일 잔여물 정리 및 광택
		15. 공중위생관리	1. 공중보건	1. 공중보건 기초
				2. 질병관리
				3. 가족 및 노인보건
				4. 환경보건
				5. 식품위생과 영양
				6. 보건행정
네일화장물 적용 및 네일 미용관리	60	15. 공중위생관리	2. 소독	1. 소독의 정의 및 분류
				2. 미생물 총론
				3. 병원성 미생물
				4. 소독방법
				5. 분야별 위생 · 소독
			3. 공중위생관리법규(법, 시행령, 시행규칙)	1. 목적 및 정의
				2. 영업의 신고 및 폐업
				3. 영업자 준수사항
				4. 면허
				5. 업무
				6. 행정지도감독
				7. 업소 위생등급
				8. 위생교육
				9. 벌칙
				10. 시행령 및 시행규칙 관련사항

◆ 출제기준 (실기)

직무분야	이용.숙박.여행.오락.스포	중직무분야	이용.미용	자격종목	미용사(네일)	적용기간	2022.01.01 ~2026.12.31

○ 직무내용 : 고객의 건강하고 아름다운 네일을 유지 · 보호하기 위해 네일 케어, 컬러링, 인조 네일, 네일 아트 등의 서비스를 제공하는 직무

○ 수행준거

1. 고객에게 안전하고 위생적인 서비스를 제공하기 위해 작업자와 고객의 위생을 관리하고 네일숍 환경을 청결하게 관리할 수 있다.
2. 고객의 네일을 손상시키지 않고 기 작업된 네일 화장물을 네일 파일과 제거제를 사용하여 제거할 수 있다.
3. 네일 폴리시와 인조 네일 화장물의 접착력을 높이기 위하여 네일 표면을 사전 작업할 수 있다.
4. 네일에 적용하는 화장물의 종류, 작업 방법에 따라 마무리 과정을 선택하여 작업할 수 있다.
5. 프리에지의 모양을 만들고 큐티클을 정리하여 네일을 보호하고 네일 주변을 건강하게 관리할 수 있다.
6. 고객의 미적요구를 충족하기 위하여 네일 폴리시를 다양한 방법으로 도포할 수 있다.
7. 네일 팁과 필러 파우더를 적용하여 네일의 길이를 연장하고 조형할 수 있다.
8. 자연 네일이 손상되지 않도록 네일 화장물을 사용하여 자연 네일을 보강할 수 있다.
9. 네일 팁과 네일 랩을 적용하여 네일의 길이를 연장하고 조형할 수 있다.
10. 네일 랩과 필러 파우더를 적용하여 네일의 길이를 연장하고 조형할 수 있다.
11. 네일 폼과 아크릴을 적용하여 네일의 길이를 연장하고 조형할 수 있다.
12. 네일 폴리시와 도구를 사용하여 네일을 디자인할 수 있다.
13. 네일 폼과 젤을 적용하여 네일의 길이를 연장하고 조형할 수 있다.

실기검정방법	작업형	시험시간	2시간 30분 정도

필기과목명	주요항목	세부항목	세세항목
네일미용 실무	1. 네일미용 위생서비스	1. 네일숍 청결 작업하기	1. 청소도구를 활용하여 실내를 청소할 수 있다.
			2. 정리요령에 따라 집기류를 정리할 수 있다.
			3. 청소 점검표에 따라 청결상태를 점검할 수 있다.
		2. 네일숍 안전 관리하기	1. 전기안전 수칙에 따라 안전 상태를 수시로 점검할 수 있다.
			2. 안전사고 발생 시 대책기관의 연락망을 확보할 수 있다.
		3. 미용기구 소독하기	1. 기구유형에 따라 효율적인 소독방법을 결정할 수 있다.
			2. 소독방법에 따라 미용기구를 소독할 수 있다.
			3. 일회용 네일 용품을 위생적으로 관리할 수 있다.
			4. 위생 점검표에 따라 미용기구의 소독상태를 점검하고 정리할 수 있다.
		4. 개인위생 관리하기	1. 소독제품의 특성에 따라 소독방법을 선정할 수 있다.
			2. 작업자의 개인위생 관리를 위해 손을 소독할 수 있다.
			3. 고객의 개인위생 관리를 위해 네일과 네일 주변을 소독할 수 있다.
	2. 네일 화장물 제거	1. 일반 네일 폴리시 제거하기	1. 일반 네일 폴리시 제거를 위한 제거제를 선택할 수 있다.
			2. 기 작업된 일반 네일 폴리시 제거를 위해 제거제를 사용할 수 있다.
			3. 일반 네일 폴리시의 완전제거 상태를 확인할 수 있다.
		2. 젤 네일 폴리시 제거하기	1. 젤 네일 폴리시 제거를 위한 제거제를 선택할 수 있다.
			2. 기 작업된 젤 네일 폴리시 제거를 위해 네일 파일과 제거제를 사용할 수 있다.
			3. 젤 네일 폴리시의 완전 제거 상태를 확인할 수 있다.

네일미용 실무	2. 네일 화장물 제거	3. 인조 네일 제거하기	1. 인조 네일 제거를 위한 제거제를 선택할 수 있다.
			2. 기 작업된 인조 네일 제거를 위해 네일 파일과 제거제를 사용할 수 있다.
			3. 인조 네일의 완전 제거 상태를 확인할 수 있다.
	3. 네일 화장물 적용 전 처리	1. 일반 네일 폴리시 전 처리하기	1. 고객의 요청에 따라 적합한 네일 길이와 모양을 만들수 있다.
			2. 네일 상태에 따라 표면을 정리하여 일반 네일 폴리시의 밀착력을 높일 수 있다.
			3. 네일 상태에 따라 큐티클을 정리할 수 있다.
			4. 네일 상태에 따라 유분기와 잔여물을 제거할 수 있다.
		2. 젤 네일 폴리시 전 처리하기	1. 고객의 요청에 따라 작업에 적합한 네일 길이와 모양을 만들 수 있다.
			2. 네일 상태에 따라 표면을정리하여 젤 네일 폴리시의 밀착력을 높일 수 있다.
			3. 네일 상태에 따라 큐티클을 정리할 수 있다.
			4. 젤 네일 접착력을 높이기 위하여 전 처리제를 도포할 수 있다.
		3. 인조 네일 전 처리하기	1. 고객의 요청에 따라 작업에 적합한 네일 길이와 모양을 만들 수 있다.
			2. 네일 상태에 따라 표면을 정리하여 인조 네일 화장물의 밀착력을 높일 수 있다.
			3. 네일 상태에 따라 큐티클을 정리할 수 있다.
			4. 인조 네일 접착력을 높이기 위하여 전 처리제를 도포할 수 있다.
	4. 네일 화장물 적용 마무리	1. 일반 네일 폴리시 마무리하기	1. 일반 네일 폴리시의 잔여물을 네일 폴리시리무버를 사용하여 정리할 수 있다.
			2. 일반 네일 폴리시의 건조를 위해 네일 폴리시 건조촉진제를 사용할 수 있다.
			3. 보습을 위해 네일 주변에 큐티클 오일을 사용할 수 있다.
		2. 젤 네일 폴리시 마무리하기	1. 경화 상태에 따라 미경화젤을 젤 클렌저를 사용하여 제거할 수 있다.
			2. 네일 표면을 매끄럽게 네일 파일 작업을 할 수 있다.
			3. 작업 완료를 위해 톱 젤을 도포할 수 있다.
			4. 청결을 위해 냉 · 온 수건과 멸균거즈를 사용할 수 있다.
			5. 보습을 위해 네일 주변에 큐티클 오일을 사용할 수 있다.
		3. 인조 네일 마무리하기	1. 작업된 화장물에 따라 네일 표면의 광택 방법을 선택할 수 있다.
			2. 분진 제거를 위해 미온수와 네일 더스트 브러시를 사용할 수 있다.
			3. 청결을 위해 냉 · 온 수건과 멸균거즈를 사용할 수 있다.
			4. 보습을 위해 네일 주변에 큐티클 오일을 사용할 수 있다.
		4. 네일 기본관리 마무리하기	1. 작업 방법에 따라 네일과 네일 주변의 유분기를 제거할 수 있다.
			2. 청결을 위해 냉 · 온 수건과 멸균거즈를 사용할 수 있다.
			3. 고객의 요청에 따라 마무리 방법을 선택할 수 있다.
			4. 사용한 제품의 정리정돈을 할 수 있다.
	5. 네일 기본관리	1. 프리에지 모양 만들기	1. 고객의 요청에 따라 자연네일의 길이를 조절할 수 있다.
			2. 고객의 요청에 따라 자연네일의 프리에지 모양을 만들 수 있다.
			3. 자연 네일의 상태에 따라 표면을 정리할 수 있다.
			4. 프리에지의 거스러미를 정리할 수 있다.
		2. 큐티클 부분 정리하기	1. 큐티클 부분을 연화하기 위해 손톱과 손톱 주변을 핑거볼에 담글 수 있다.
			2. 큐티클 부분을 연화하기 위해 발톱과 발톱 주변을 족욕기에 담글 수 있다.
			3. 큐티클 부분을 연화하기 위해 큐티클 연화제를 선택하여 사용할 수 있다.
			4. 큐티클 부분 정리 작업 과정에 따라 도구를 선택할 수 있다.
			5. 큐티클 부분의 상태에 따라 정리할 수 있다.
			6. 정리된 큐티클 부분을 소독할 수 있다.
네일미용 실무	5. 네일 기본관리	3. 보습제 도포하기	1. 피부 상태에 따라 보습 제품을 선택할 수 있다.
			2. 보습 제품을 사용하여 큐티클을 부드럽게 할 수 있다.
	6. 네일 컬러링	1. 풀 코트 컬러 도포하기	1. 풀 코트 컬러를 위해 베이스코트와 베이스 젤을 얇게 도포할 수 있다.
			2. 풀 코트 컬러 도포 방법을선정하고 네일 폴리시를 도포할 수 있다.
			3. 네일 폴리시를 얼룩 없이 균일하게 도포할 수 있다.
			4. 젤 네일 폴리시 작업 시젤 램프기기를 사용할 수 있다.
			5. 풀 코트의 컬러 보호와 광택 부여를 위해 톱코트와 톱젤을 도포할 수 있다.
		2. 프렌치 컬러 도포하기	1. 프렌치 컬러를 위해 베이스코트와 베이스 젤을 얇게 도포할 수 있다.
			2. 프렌치 컬러 도포 방법을 선정하고 네일 폴리시를 도포할 수 있다.
			3. 균일한 스마일 라인을 위하여 옐로우 라인에 맞추어 프리에지 부분에 네일 폴리시를 도포할 수 있다.
			4. 스마일 라인을 고려하여 얼룩 없이 균일하게 도포할 수 있다.
			5. 젤 네일 폴리시 작업 시젤 램프기기를 사용할 수 있다.
			6. 프렌치의 컬러 보호와 광택 부여를 위해 톱코트와 톱젤을 도포할 수 있다.
		3. 딥 프렌치 컬러 도포하기	1. 딥 프렌치 컬러를 위해 베이스코트와 베이스 젤을 얇게 도포할 수 있다.
			2. 딥 프렌치 컬러 도포 방법을 선정하고 네일 폴리시를 도포할 수 있다.
			3. 균일한 스마일 라인을 위하여 자연 네일 길이의 1/2이상 부분에 네일 폴리시를 도포할 수 있다.
			4. 스마일 라인을 고려하여 얼룩 없이 균일하게 도포할 수 있다.
			5. 젤 네일 폴리시 작업 시젤 램프기기를 사용할 수 있다.
			6. 딥 프렌치 컬러 보호와 광택 부여를 위해 톱코트와 톱젤을 도포할 수 있다.
		4. 그러데이션 컬러 도포하기	1. 그러데이션 컬러 도포를 위해 베이스코트와 베이스젤을 얇게 도포할 수 있다.
			2. 그러데이션 컬러 도포 방법을 선정하고 네일 폴리시를 도포할 수 있다.
			3. 그러데이션의 위치를 선정하여 경계 없이 그러데이션을 표현할 수 있다.
			4. 젤 네일 폴리시 작업 시젤 램프기기를 사용할 수 있다.
			5. 그러데이션 컬러 보호와 광택 부여를 위해 톱코트와 톱 젤을 도포할 수 있다.
	7. 팁 위드 파우더	1. 네일 팁 선택하기	1. 자연 네일의 모양에 따라 적합한 네일 팁을 선택할 수 있다.
			2. 자연 네일의 크기에 알맞은 네일 팁의 크기를 선택할 수 있다.
			3. 고객의 요청에 따라 다양한 네일 팁을 선택할 수 있다.
		2. 풀 커버 팁 작업하기	1. 큐티클 부분 라인의 형태에 따라 풀 커버 팁을 사전 조형할 수 있다.
			2. 필러 파우더를 선택적으로 적용하여 자연 네일의 굴곡을 매끄럽게 할 수 있다.
			3. 네일 접착제를 사용하여 기포가 들어가지 않도록 풀커버 팁을 접착할 수 있다.
			4. 고객의 요청에 따라 길이와 모양을 조절할 수 있다.
		3. 프렌치 팁 작업하기	1. 자연 네일의 크기와 모양에 따라 알맞은 프렌치 팁을 선택할 수 있다.
			2. 네일 접착제를 사용하여 기포가 들어가지 않도록 프렌치 팁을 접착할 수 있다.
			3. 필러 파우더를 사용하여 프렌치 팁의 구조를 조형할 수 있다.
			4. 프렌치 팁의 완성을 위하여 네일 파일을 선택하여 작업할 수 있다.
		4. 내추럴 팁 작업하기	1. 네일의 크기와 모양에 따라 알맞은 내추럴 팁을 선택할 수 있다.
			2. 네일 접착제를 사용하여 기포가 들어가지 않도록 내추럴 팁을 접착할 수 있다.
			3. 내추럴 팁의 팁 턱을 자연네일의 손상 없이 제거할 수 있다.

네일미용 실무	7. 팁 위드 파우더	4. 내추럴 팁 작업하기	4. 필러 파우더를 사용하여 내추럴 팁의 구조를 조형할 수 있다.
			5. 내추럴 팁의 완성을 위하여 네일 파일을 선택하여 작업할 수 있다.
	8. 자연 네일 보강	1. 네일 랩 화장물 보강	1. 네일 랩을 이용하여 약해진 자연 네일을 전체적으로 보강할 수 있다.
			2. 네일 랩을 이용하여 손상된 자연 네일을 부분적으로 보강할 수 있다.
			3. 네일 랩을 이용하여 찢어진 자연 네일을 보강할 수 있다.
		2. 아크릴 화장물 보강	1. 아크릴을 이용하여 약해진 자연 네일을 전체적으로 보강할 수 있다.
			2. 아크릴을 이용하여 손상된 자연 네일을 부분적으로 보강할 수 있다.
			3. 아크릴을 이용하여 찢어진 자연 네일을 보강할 수 있다.
		3. 젤 화장물 보강	1. 젤을 이용하여 약해진 자연 네일을 전체적으로 보강할 수 있다.
			2. 젤을 이용하여 손상된 자연 네일을 부분적으로 보강할 수 있다.
			3. 젤을 이용하여 찢어진 자연 네일을 보강할 수 있다.
	9. 팁 위드 랩	1. 팁 위드 랩 네일 팁 적용하기	1. 자연 네일의 크기와 모양에 따라 네일 팁을 선택할 수 있다
			2. 손가락과 손톱 방향에 따라 네일 팁을 접착할 수 있다.
			3. 네일 팁의 종류에 따라 팁턱을 제거할 수 있다.
		2. 네일 랩 적용하기	1. 인조 네일의 보강을 위하여 네일 랩을 적용할 수 있다.
			2. 네일 상태에 따라 팁 위드랩의 두께를 조절할 수 있다.
			3. 형태를 조형하기 위해 기초 구조를 만들 수 있다.
		3. 팁 위드 랩 네일 파일 적용하기	1. 팁 위드 랩 구조를 고려하여 네일 파일을 선택할 수 있다.
			2. 네일 파일을 사용하여 팁위드 랩 형태를 조형할 수 있다.
			3. 팁 위드 랩 완성도를 위하여 순차적인 네일 파일을 선택하여 광택을 낼 수 있다.
	10. 랩 네일	1. 네일 랩 재단하기	1. 자연 네일 크기에 따라 네일 랩의 폭과 길이를 측정할 수 있다.
			2. 자연 네일 상태에 따라 네일 랩의 재단 방법을 선택할 수 있다.
			3. 방법에 따라 네일 랩을 자연 네일에 맞추어 재단할 수 있다.
		2. 네일 랩 접착하기	1. 네일 랩에 기포가 들어가지 않도록 네일 표면에 접착할 수 있다.
			2. 접착된 네일 랩의 상태에 따라 여분을 자를 수 있다.
			3. 네일 랩 고정을 위해 네일 접착제를 도포할 수 있다.
		3. 네일 랩 연장하기	1. 고객의 요구에 따라 프리에지의 길이를 연장할 수 있다.
			2. 고객의 요구에 따라 랩 네일의 프리에지 형태를 조형할 수 있다.
			3. 고객의 요구에 따라 랩 네일의 두께를 조절할 수 있다.
			4. 고객의 요구에 따라 랩 네일의 형태를 조형할 수 있다.
	11. 아크릴 네일	1. 아크릴 화장물 활용하기	1. 연습용 인조 손에 자연 네일 대용의 네일 팁을 장착할 수 있다.
			2. 연습용 인조 손을 활용하여 아크릴 화장물의 사용방법을 숙련할 수 있다.
			3. 연습용 인조 손을 활용하여 올바르게 네일 폼을 적용할 수 있다.
			4. 적합한 방법으로 아크릴 브러시를 사용할 수 있다.5. 네일 파일을 활용하여 아크릴 네일의 파일 방법을 숙련할 수 있다.
		2. 아크릴 원톤 스컬프처하기	1. 고객의 요구에 따라 프리에지의 길이를 연장할 수 있다.
			2. 고객의 요구에 따라 아크릴 원톤 스컬프처를 위한 두께를 조절할 수 있다.
			3. 고객의 요구에 따라 아크릴 원톤 스컬프처의 형태를 조형할 수 있다.

네일미용 실무	11. 아크릴 네일	3. 아크릴 프렌치 스컬프처하기	1. 화이트 아크릴 파우더로 스마일 라인을 조형할 수 있다.
			2. 고객의 요구에 따라 프리에지의 길이를 연장할 수 있다.
			3. 고객의 요구에 따라 아크릴 프렌치 스컬프처를 위한 두께를 조절할 수 있다.
			4. 고객의 요구에 따라 아크릴 프렌치 스컬프처의 형태를 조형할 수 있다.
	12. 네일 폴리시 아트	1. 일반 네일 폴리시 아트하기	1. 네일미용 도구를 사용하여 일반 네일 폴리시 아트를 작업할 수 있다.
			2. 페인팅 브러시를 사용하여 일반 네일 폴리시를 조화롭게 디자인할 수 있다.
			3. 일반 네일 폴리시의 성질을 이용하여 마블 기법을 시행할 수 있다.
			4. 톱코트를 사용하여 일반 네일 폴리시 아트의 지속성을 높일 수 있다.
		2. 젤 네일 폴리시 아트하기	1. 네일미용 도구를 사용하여 젤 네일 폴리시 아트를 작업할 수 있다.
			2. 젤 페인팅 브러시를 사용하여 젤 네일 폴리시를 조화롭게 디자인할 수 있다.
			3. 젤 네일 폴리시의 성질을 이용하여 마블 기법을 시행할 수 있다.
			4. 톱 젤을 사용하여 젤 네일폴리시 아트의 지속성을 높일 수 있다.
		3. 통 젤 네일 폴리시 아트하기	1. 네일미용 도구를 사용하여 통 젤 네일 폴리시 아트를 작업할 수 있다.
			2. 젤 페인팅 브러시를 사용하여 다양한 색상의 통 젤네일 폴리시 아트를 조화롭게 디자인할 수 있다.
			3. 통 젤 네일 폴리시의 성질을 이용하여 세밀한 디자인을 작업할 수 있다.
			4. 톱 젤을 사용하여 통 젤네일 폴리시 아트의 지속성을 높일 수 있다.
	13. 젤 네일	1. 젤 화장물 활용하기	1. 연습용 인조 손에 자연 네일 대용의 네일 팁을 장착할 수 있다.
			2. 연습용 인조 손을 활용하여 젤 화장물의 사용방법을 숙련할 수 있다.
			3. 연습용 인조 손을 활용하여 올바르게 네일 폼을 적용할 수 있다.
			4. 적합한 방법으로 젤 브러시를 사용할 수 있다.
			5. 네일 파일을 활용하여 젤네일의 파일 방법을 숙련할 수 있다.
			6. 젤 램프기기를 이용하여 젤을 경화할 수 있다.
		2. 젤 원톤 스컬프처하기	1. 젤 원톤 스컬프처를 위한 베이스 젤을 적용할 수 있다.
			2. 고객의 요구에 따라 프리에지의 길이를 연장할 수 있다.
			3. 젤 램프기기를 이용하여 인조 네일을 경화할 수 있다.
			4. 고객의 요구에 따라 젤 원톤 스컬프처를 위한 두께를 조절할 수 있다.
			5. 고객의 요구에 따라 원톤 스컬프처의 형태를 조형할 수 있다.
		3. 젤 프렌치 스컬프처하기	1. 젤 프렌치 스컬프처를 위한 베이스 젤을 적용할 수 있다.
			2. 화이트 젤로 스마일 라인을 조형할 수 있다.
			3. 고객의 요구에 따라 프리에지의 길이를 연장할 수 있다.
			4. 젤 램프기기를 이용하여 젤을 경화할 수 있다.
			5. 고객의 요구에 따라 젤 프렌치 스컬프처를 위한 두께를 조절할 수 있다.
			6. 고객의 요구에 따라 젤 프렌치 스컬프처의 형태를 조형할 수 있다.

5. 미용사(메이크업)국가자격시험출제기준

◆ 출제기준 (필기)

직무분야	이용.숙박.여행.오락.스포	중직무분야	이용.미용	자격종목	미용사(메이크업)	적용기간	2022.01.01 ~2026.12.31

○ 직무내용 : 특정한 상황과 목적에 맞는 이미지, 캐릭터 창출을 목적으로 위생관리, 고객서비스, 이미지분석, 디자인, 메이크업 등을 통해 얼굴·신체를 연출하고 표현하는 직무이다.

필기검정방법	객관식	문제수	60	시험시간	1시간

필기과목명	문제수	주요항목	세부항목	세세항목
이미지연출 및 메이크업 디자인	60 60	1. 메이크업 위생관리	1. 메이크업의 이해	1. 메이크업의 개념
				2. 메이크업의 역사
			2. 메이크업 위생관리	1. 메이크업 작업장 관리
			3. 메이크업 재료·도구 위생관리	1. 메이크업 재료, 도구, 기기관리
				2. 메이크업 도구, 기기 소독
			4. 메이크업 작업자 위생관리	1. 메이크업 작업자 개인 위생관리
			5. 피부의 이해	1. 피부와 피부 부속 기관
				2. 피부유형분석
				3. 피부와 영양
				4. 피부와 광선
				5. 피부면역
				6. 피부노화
				7. 피부장애와 질환
			6. 화장품 분류	1. 화장품 기초
				2. 화장품 제조
				3. 화장품의 종류와 기능
		2. 메이크업 고객서비스	1. 고객 응대	1. 고객 관리
				2. 고객 응대 기법
				3. 고객 응대 절차
		3. 메이크업 카운슬링	1. 얼굴특성 파악	1. 얼굴의 비율, 균형, 형태 특성
				2. 피부 톤, 피부유형 특성
				3. 메이크업 고객 요구와 제안
			2. 메이크업 디자인 제안	1. 메이크업 색채
				2. 메이크업 이미지
				3. 메이크업 기법
		4. 퍼스널 이미지 제안	1. 퍼스널컬러 파악	1. 퍼스널컬러 분석 및 진단
			2. 퍼스널 이미지 제안	1. 퍼스널 컬러 이미지
				2. 컬러 코디네이션 제안
		5. 메이크업 기초화장품 사용	1. 기초화장품 선택	1. 피부 유형별 기초화장품의 선택 및 활용
		6. 베이스 메이크업	1. 피부표현 메이크업	1. 베이스제품 활용
				2. 베이스제품 도구 활용
			2. 얼굴윤곽 수정	1. 얼굴 형태 수정
				2. 피부결점 보완
		7. 색조 메이크업	1. 아이브로우 메이크업	1. 아이브로우 메이크업 표현
				2. 아이브로우 수정 보완
				3. 아이브로우 제품 활용
			2. 아이 메이크업	1. 눈의 형태별 아이섀도우
				2. 눈의 형태별 아이라이너
				3. 속눈썹 유형별 마스카라
			3. 립&치크 메이크업	1. 립&치크 메이크업 컬러
				2. 립&치크 메이크업 표현
		8. 속눈썹 연출	1. 인조속눈썹 디자인	1. 인조 속눈썹 종류 및 디자인
			2. 인조속눈썹 작업	1. 인조속눈썹 선택 및 연출
		9. 속눈썹 연장	1. 속눈썹 연장	1. 속눈썹 위생관리
				2. 속눈썹 연장 제품 및 방법
			2. 속눈썹 리터치	1. 연장된 속눈썹 제거
		10. 본식웨딩 메이크업	1. 신랑신부 본식 메이크업	1. 웨딩 이미지별 특징
				2. 신랑신부 메이크업 표현
			2. 혼주 메이크업	1. 혼주 메이크업 표현
		11. 응용 메이크업	1. 패션이미지 메이크업 제안	1. 패션 이미지 유형 및 디자인 요소
			2. 패션이미지 메이크업	1. TPO 메이크업
				2 . 패션이미지 메이크업 표현
		12. 트렌드 메이크업	1. 트렌드 조사	1. 트렌드 자료수집 및 분석
			2. 트렌드 메이크업	1. 트렌드 메이크업 표현
			3. 시대별 메이크업	1. 시대별 메이크업 특성 및 표현
		13. 미디어 캐릭터 메이크업	1. 미디어 캐릭터 기획	1. 미디어 특성별 메이크업
				2. 미디어 캐릭터 표현
			2. 볼드캡 캐릭터 표현	1. 볼드캡 제작 및 표현
			3. 연령별 캐릭터 표현	1. 연령대별 캐릭터 표현
				2. 수염 표현
			4. 상처 메이크업	1. 상처 표현
		14. 무대공연 캐릭터 메이크업	1. 작품 캐릭터 개발	1. 공연 작품 분석 및 캐릭터 메이크업 디자인
			2. 무대공연 캐릭터 메이크업	1. 무대공연 캐릭터 메이크업 표현
이미지연출 및 메이크업 디자인	60	15. 공중위생관리	1. 공중보건	1. 공중보건 기초
				2. 질병관리
				3. 가족 및 노인보건
				4. 환경보건
				5. 식품위생과 영양
				6. 보건행정
			2. 소독	1. 소독의 정의 및 분류
				2. 미생물 총론
				3. 병원성 미생물
				4. 소독방법
				5. 분야별 위생·소독
			3. 공중위생관리법규(법, 시행령, 시행규칙)	1. 목적 및 정의
				2. 영업의 신고 및 폐업
				3. 영업자 준수사항
				4. 면허
				5. 업무
				6. 행정지도감독
				7. 업소 위생등급
				8. 위생교육
				9. 벌칙
				10. 시행령 및 시행규칙 관련사항

◆ 출제기준 (실기)

직무분야	이용.숙박.여행.오락.스포	중직무분야	이용.미용	자격종목	미용사(메이크업)	적용기간	2022.01.01 ~2026.12.31

○ 직무내용 : 특정한 상황과 목적에 맞는 이미지, 캐릭터 창출을 목적으로 위생관리, 고객서비스, 이미지분석, 디자인, 메이크업 등을 통해 얼굴·신체를 연출하고 표현하는 직무

○ 수행준거

1. 작업자와 고객 위생관리를 포함한 메이크업 용품, 시설, 도구, 기기 등을 청결히하고 지속적인 성능을 유지하여 안전하게 사용할 수 있도록 관리·점검할 수 있다.
2. 상담을 통해 고객의 얼굴특성, 피부상태, 고객의 요구를 파악하여 고객에게 메이크업 디자인을 제안할 수 있다.
3. 고객의 얼굴 피부상태 및 디자인에 따라 기초화장품을 선택하여 사용할 수 있다.
4. 피부 이미지 표현을 극대화하기 위하여 색조 메이크업 전 단계로 메이크업 베이스에서 파우더까지 실행할 수 있다.
5. 고객의 얼굴 형태와 특성, 이미지 등과 조화를 이룰 수 있는 아이브로우, 아이, 립&치크 메이크업을 실행할 수 있다.
6. 눈의 형태 등을 고려하여 인조 속눈썹을 디자인하고 제작하여 연출할 수 있다.
7. 고객의 눈매에 따른 속눈썹 길이, 굵기, 컬 등을 선택하여 연장하고 리터치 후 제거할 수 있다.
8. 고객의 만족감을 향상시키기 위하여 메이크업 샵을 방문하는 고객, 전화 상담 고객, 불만족 고객을 응대, 관리할 수 있다.
9. 웨딩 이미지를 반영하여 신랑, 신부, 혼주 메이크업을 할 수 있다.
10. 작품분석을 통해 캐릭터를 설정하고 재료의 종류와 사용법을 구분하여 표현할 수 있다.
11. 패션, 헤어스타일, 컬러, 메이크업, 제품 정보 등의 트랜드를 파악하고 시대별 메이크업 특성을 반영한 디자인을 실행할 수 있다.

실기검정방법	작업형	시험시간	2시간 35분

필기과목명	주요항목	세부항목	세세항목
메이크업 실무	1. 메이크업 위생관리	1. 메이크업 위생관리하기	1. 메이크업시설, 설비 및 도구/기기 등을 소독하거나 먼지를 제거할 수 있다.
			2. 상담실, 제품보관실, 메이크업 작업 환경을 청결하게 청소할 수 있다.
			3. 상담실, 제품보관실 메이크업 작업 환경의 실내공기를 환기시킬 수 있다.
			4. 메이크업 시행에 필요한 도구관리 체크리스트를 만들 수 있다.
			5. 메이크업 도구관리 체크리스트에 따라 사전점검 작업을 실시할 수 있다.
		2. 메이크업 재료·도구 위생관리하기	1. 고객 예약시간, 전담디자이너 일정 등을 시스템으로 관리할 수 있다.
			2. 예약현황, 대기상황, 메이크업 절차 등을 고객에게 안내할 수 있다.
			3. 메이크업 서비스에 대한 고객의 요구와 문제 상황에 대응할 수 있다.
			4. 메이크업샵 고객 서비스 매뉴얼을 작성할 수 있다.
		3. 메이크업 작업자 위생관리하기	1. 고객에게 제공되는 재료, 도구, 기기 등을 청결하게 관리하여 제공할 수 있다.
			2. 구강, 손, 복장 등을 청결하게 관리 할 수 있다.
			3. 고객위생과 관련한 감염관리 지침개발과 예방교육을 실시할 수 있다.
	2. 메이크업 카운슬링	1. 얼굴특성 파악하기	1. 관찰, 질문 등을 통해 얼굴형태, 이미지, 특성 등을 진단지에 기록할 수 있다.

메이크업 실무	2. 메이크업 카운슬링	1. 얼굴특성 파악하기	2. 고객요구, 스타일, 콘셉트 등을 고려하여 얼굴 특성을 파악할 수 있다.
		2. 메이크업 디자인 제안하기	1. 고객의 요구와 얼굴 특성을 반영한 메이크업 시안을 고객에게 설명할 수 있다.
			2. 고객의 요구를 반영하여 메이크업 디자인을 제안할 수 있다.
	3. 메이크업 기초화장품 사용	1. 기초화장품 선택하기	1. 피부분석법을 통해 고객의 피부를 진단할 수 있다.
			2. 피부타입별 제품을 선택하여 클렌징을 할 수 있다.
			3. 피부유형에 따라 기초 화장품의 제형을 선택할 수 있다.
		2. 기초화장품 사용하기	1. 기초화장품을 바르는 순서를 선택할 수 있다.
			2. 피부의 일시적인 이상, 트러블에 대해 조치를 취할 수 있다.
	4. 베이스 메이크업	1. 피부표현 메이크업하기	1. 얼굴의 피부색 및 피부 톤에 따른 베이스 제품을 구분할 수 있다.
			2. 베이스 제품의 질감, 발림, 밀착성 등을 고려하여 제품을 선택할 수 있다.
			3. 베이스 제품의 특성에 따른 표현 도구를 사용할 수 있다.
		2. 얼굴윤곽 수정하기	1. 얼굴 피부 유형, 피부 톤상태에 따른 윤곽 수정 제품을 사용할 수 있다.
			2. 피부의 추가적인 결점 보완을 위한 제품을 선택할 수 있다.
	5. 색조 메이크업	1. 아이브로우 메이크업하기	1. 눈썹형태, 얼굴형, 디자인 등에 따른 아이브로우 이미지를 구분할 수 있다.
			2. 얼굴형태, 메이크업 디자인을 위한 눈썹을 정리할 수 있다.
			3. 아이브로우 이미지 표현을 위해 색상, 형태 등을 수정 · 보완 할 수 있다.
			4. 메이크업디자인, 스타일 등에 따른 아이브로우를 표현할 수 있다.
		2. 아이 메이크업하기	1. 재료의 특성에 따른 질감, 발색, 밀착성, 발림성 등을 구분 · 선택할 수 있다.
			2. 눈의 형태, 결점보완을 위한 아이섀도우를 사용할 수 있다.
			3. 메이크업 디자인에 적합한 눈매를 표현할 수 있다.
			4. 눈의 형태, 눈동자, 모발 및 눈썹 등을 고려하여 아이라인을 표현할 수 있다.
			5. 속눈썹 상태, 메이크업 디자인에 적합한 마스카라 제품을 사용할 수 있다.
		3. 립&치크 메이크업하기	1. 입술 형태에 따른 립 메이크업을 디자인할 수 있다.
			2. 입술 형태, 상태에 따른 립 메이크업 제품을 선택할 수 있다.
			3. 입술 형태에 따른 립 메이크업을 수정 보완할 수 있다.
			4. 얼굴 형태, 피부 톤, 메이크업디자인에 따른 치크 메이크업을 디자인 할 수 있다.
			5. 제품 유형별 표현 이미지를 구분하여 치크 메이크업을 실행 할 수 있다.
			6. 메이크업 이미지에 따른 립&치크 컬러를 연출 할 수 있다.
	6. 속눈썹 연출	1. 인조속눈썹 디자인하기	1. 고객의 속눈썹의 상태, 눈의 형태 등을 구분할 수 있다.
			2. 눈의 형태에 따라 인조속 눈썹을 디자인하여 제작할 수 있다
		2. 인조속눈썹 작업하기	1. 인조 속눈썹 부착을 위한 제품, 도구를 사용할 수 있다.
			2. 속눈썹과의 자연스러운 조화를 위해 수정할 수 있다.
			3. 제품 · 도구 등을 활용하여 인조속눈썹을 제거할 수 있다.
			4. 작업에 사용한 제품 · 도구 등을 위생적으로 관리할 수 있다.
	7. 속눈썹 연장	1. 속눈썹 연장하기	1. 스킨 테이프 및 패치를 이용하여 사전작업 준비를 할 수 있다.
			2. 속눈썹 연장을 위한 이물질 및 유분기를 제거할 수 있다.
			3. 고객의 눈매에 따른 속눈썹 길이, 굵기, 컬 등을 선택할 수 있다.
			4. 속눈썹 연장 용도에 맞는 도구를 활용할 수 있다.
			5. 속눈썹 연장을 위한 글루의 양을 조절하여 사용할 수 있다.

메이크업 실무	7. 속눈썹 연장	2. 속눈썹 리터치하기	1. 접착상태, 눈매와의 조화를 고려하여 속눈썹을 리터치 할 수 있다.
			2. 접착상태가 불량한 속눈썹 일부를 제거하고 재 부착할 수 있다.
			3. 리터치를 위한 인조 속눈썹과 잔여물 등을 제거할 수 있다.
	8. 본식웨딩 메이크업	1. 신랑신부 본식 메이크업하기	1. 웨딩 콘셉트를 반영하여 본식 신랑, 신부 메이크업을 할 수 있다.
			2. 웨딩 메이크업 유지를 위해 메이크업을 수정 · 보완 할 수 있다.
		2. 혼주 메이크업하기	1. 혼주의 연령, 얼굴 형태, 피부 상태를 파악할 수 있다.
			2. 혼주의 이미지에 적합한 메이크업을 할 수 있다.
			3. 혼주의 이미지 유지를 위한 메이크업을 수정 · 보완할 수 있다.
	9. 미디어 캐릭터 메이크업	1. 미디어 캐릭터 기획하기	1. 작품 분석을 통해 인물 간 역학관계, 성격, 특성 등 캐릭터를 파악할 수 있다.
			2. 연기자(모델)의 이미지, 체형 등을 분석할 수 있다.
	9. 미디어 캐릭터 메이크업	1. 미디어 캐릭터 기획하기	3. 캐릭터의 특성이 반영된 메이크업 디자인을 일러스트로 표현할 수 있다.
			4. 캐릭터 특성을 표현하기 위해 부가적인 소품을 활용할 수 있다.
			5. 작품의도, 촬영 현장 사정에 따라 캐릭터 콘셉트를 수정할 수 있다.
		2. 볼드캡 캐릭터 표현하기	1. 볼드캡을 제작하기 위한 재료를 선택하고 제작할 수 있다.
			2 볼드캡을 부착하여 대머리 캐릭터를 표현할 수 있다.
			3. 볼드캡을 사용하여 다양한 캐릭터를 연출할 수 있다.
			4. 볼드캡 리무버를 사용하여 제거할 수 있다.
		3. 연령별 캐릭터 표현하기	1. 연령대별 캐릭터 표현을 위해 재료를 구분하여 사용할 수 있다.
			2 파운데이션을 이용하여 음영을 표현할 수 있다.
			3. 망수염을 손질하고 부착할 수 있다.
			4. 생사 또는 인조모를 사용하여 수염을 표현할 수 있다.
			5. 부착물을 안전하게 제거할 수 있다.
		4. 상처 메이크업 하기	1. 병증으로 인한 피부 증상을 표현 할 수 있다.
			2. 시간 경과에 따른 멍을 표현할 수 있다.
			3. 단순 상처를 표현할 수 있다.
			4. 단계별 화상 상태를 표현할 수 있다.
			5. 동상에 걸린 피부를 표현할 수 있다.
	10. 메이크업 고객 서비스	1. 방문 고객 응대하기	1. 방문 고객에게 인사예절을 갖추어 인사할 수 있다.
			2. 고객의 소지품과 의복 등을 보관 · 관리한 후 배웅 시 전달할 수 있다.
			3. 예약을 원하는 경우 메이크업아티스트의 스케줄을 고려하여 예약할 수 있다.
			4. 고객의 방문사유를 확인한 후 대기 또는 작업 공간으로 안내할 수 있다.
			5. 대기하고 있는 고객에게 다과 및 책자 등을 제공할 수 있다.
			6. 작업 종료된 고객에게 작업내역과 요금을 안내한 후 정산할 수 있다.
			7.고객에게 배웅인사를 할 수 있다.
		2. 전화 상담 고객 응대하기	1. 전화를 받고 끊을 때 응대요령에 따라 할 수 있다.
			2. 잘못 걸려온 전화를 예절에 맞게 받을 수 있다.
			3. 전화 상담 또는 온라인 시스템 이용 고객에게 예약서비스를 할 수 있다.
		3. 불만 고객 응대하기	1. 불만 고객에게 정중하게 사과할 수 있다.
			2. 고객의 불만족 사유를 적극적인 자세로 경청할 수 있다.
			3. 불만 사항에 대해 파악할 수 있다.
			4. 요구사항에 대하여 신속하게 대처할 수 있다.
			5. 불만 사항 처리 후 그 결과에 대한 만족도를 확인할 수 있다.
	11. 트렌드 메이크업	1. 트렌드 조사하기	1. 패션, 헤어스타일, 컬러, 메이크업, 세품 정보 등의 트렌드를 파악할 수 있다.

메이크업 실무	11. 트렌드 메이크업	1. 트렌드 조사하기	2. 패션, 헤어스타일, 컬러 등의 트렌드 정보를 포트폴리오로 구성할 수 있다.
		2. 트렌드 메이크업 하기	1. 최신 메이크업 트렌드를일러스트로 표현할 수 있다.
			2. 최신 트렌드 정보를 메이크업에 적용할 수 있다.
		3. 시대별 메이크업 하기	1. 시대별 사회 · 문화적 배경, 패션, 메이크업 스타일의 특징을 파악할 수 있다.
			2. 시대별 메이크업 특성을 일러스트로 표현할 수 있다.
			3. 시대별 메이크업 특성을 반영한 디자인을 실행할 수 있다.

참고 문헌

1. NEW 미용문화사 / 김옥연 외 / MD 메디시언
2. NEW 피부과학 / 권혜영 외 / MD 메디시언
3. 공중위생관리학 / 권혜영 외 / MD 메디시언
4. 기초메이크업 / 조고미 외 / MD 메디시언
5. 네일케어 & 네일 아트 / 권태일 외 / MD 메디시언
6. 뉴 미용경영관리 / 임은진 외 / 가담플러스
7. 뉴 화장품학 / 고혜정 외 / 가담플러스
8. 두피모발관리 / 임은진 외 / MD 메디시언
9. 미용기기학 / 김유정 외 / 구민사
10. 미용인을 위한 공중보건학 / 김은화 외 / 가담플러스
11. 에센스 미용학 개론 / 권오혁 외 / MD 메디시언
12. 워크북으로 쉽게 배우는 미용해부생리학 / 김은숙 외 / 가담플러스
13. 최신 공중보건학 / 강정인 외 / 가담플러스
14. 피부과학 & 화장품학 / 강정인 외 / 가담플러스
15. 피부미용학 / 김유정 외 / 구민사
16. 피부미용학 총론 / 김남연 / 구민사

저자소개

임은진 유원대학교 교수

김은하 서경대학교 교수

김현옥 제이코리아

박민선 유원대학교 교수

안채리 세명대학교 교수

김윤정 명지전문대학교 교수

최신 미용학개론

인쇄 2025년 2월 28일 1판 1쇄
발행 2026년 2월 13일 1판 2쇄

지은이 임은진 · 김은하 · 김현옥 · 박민선 · 안채리 · 김윤정
펴낸이 고범석
발행처 Gadam PLUS 가담플러스
주소 서울시 마포구 동교로 144-7 영일빌딩
전화 02.322.7303 / 팩스 070.4324.1775
홈페이지 www.gadamplus.com
메일 gadambooks@naver.com
출판등록 2014년 3월 18일 제2014-000094호
ISBN 979-11-86447-54-3 (93590)
정가 30,000원